地球の論点

現実的な環境主義者のマニフェスト

スチュアート・ブランド
訳 仙名 紀

英治出版

Whole Earth Discipline
A Ecopragmatist Manifesto
by
Stewart Brand

ジョン・ブロックマンに捧ぐ

地球の論点　目次

第1章　地球の趨勢　5
第2章　都市型惑星　39
第3章　都市の約束された未来　77
第4章　新しい原子力　111

第5章　緑の遺伝子　169
第6章　遺伝子の夢　241
第7章　夢想家、科学者、エンジニア　295
第8章　すべてはガーデンの手入れしだい　335
第9章　手づくりの地球　395
訳者あとがき　437

LeBlanc concludes,
For the first time in history, technology and science enable us to understand Earth's ecology and our impact on it, to control population growth, and to increase the carrying capacity in ways never before imagined. The opportunity for humans to live in long-term balance with nature is within our grasp if we do it right. It is a chance to break a million-year-old cycle of conflict and crisis.

Note that the word positive in the cybernitic term positive feedback does not mean "good". It usually means trouble, because it amplifies change.

Their potential sudden release is fondly known as the clathrate-gun hypothesis. David Archer, a climate modeler at the University of Chicago, has said, "The worst-case scenario is that global warming triggers a decade-long release of hundreds of gigatons of methane, the equivalent of ten times the current amount of greenhouse gas in the atmosphere. We'd be talking about mass extinction."

Of the tools that com to hand, this book will examine four that environmentalists have distrusted and now need to embrace, plus one we love that has to be scaled up. The unwelcom four are urbanization, nuclear power, biotechnology, and geoengineering. The fimiliar as megagardening-restoring Gaia's health at every scale from local soil to the whole atmosphere.

It is not accurate to say, 'We can still stop climate change.' We are now working to stop worse climate change or much-worse-than-worse climate change.

How did we start worrying about climate?

On the move toward what?

A glaciation is now overdue, and we are the reason.

We are as gods and HAVE to get good at it.
——Whole Earth Discipline

第1章
地球の趨勢

I am employed half-time by a consulting company I helped found in 1987 called Global Business Network/ Monitor (GBN). What happened in 2003 was that GBN got a request from the office of the U.S. Secretary of Defense to build a scenario about "abrupt" climate change. My role was peripheral: I did a few of the phone interviews with climatologists and contributed one idea. We delivered the report that fall?"An Abrupt Climate Change Scenario and Its Implications for United States National Security," by Peter Schwartz and Doug Randall.

"Saving the planet" is overstated. Earth will be fine, no matter what; so will life. It is humans who are in trouble. But since we got ourselves into thi[illegible]le to get ourselves out of it.

Humans perpetually fight.

Two men were flying in an airplane. Unfotunately one fell out. Fortunately there were a haystack. Unfortunately there was a pitchfork in the haystack.

That's the prospect, I realized, reading LeBlanc. With climate change under way, we have to make a choice. If we do nothing or not enough, we face a carrying-capacity crisis leading to war of all against all, this time with massively lethal weapons and a dieback measured in billions. Alternatively,

Whole Earth Catalog encouraged individual power, Whole Earth Discipline is more about aggregate power.

気候変動、都市化、バイオ技術の進化。——姿かたちが次第に明確になってきたこれら三つの潮流が、今世紀を包み込むことになる。それが何をもたらすかは私たちの捉え方によって変わる。三つの潮流については さまざまな虚像も語られているが、本質を突き止めることはできる。

気候変動に直面しているいま、だれもが、環境保護の活動家だ。環境保護に反対する人たちにとっても気候変動は困難な問題だし、これまで運動の先頭に立ってきた「グリーン派」にとっても厄介な難問だ。活動家ビル・マッキベンは最近、「環境保護運動は、次第に気候変動防止運動になりつつある」と述べた。つまりグリーン派の主眼は、文明から自然システムを守ることばかりでなく、文明をも守ることへと変わってきている。だれもが活動すべき時代になった。

役割が変われば、イデオロギーも変わらざるを得ないが、それは容易ではない。次善の策はプラグマティズム——「理論や原則ではなく結果が大事」という実用主義。だが現在の変化は、イデオロギーの変容というより、イデオロギーなど吹き飛ばしてしまうほどの勢いだ。

いま世界で進行している「力」を理解して対処するためには、考え方を根本的に変えなければならない段階になってきた。この「力」の大きさは全地球規模で、その力が及ぶ期間は数世紀にもわたる。文明の帰趨がかかっている。それは限りなく進行するテクノロジーの成長スピードや異常気象に見てとれる。だが、「地球を救う」というのは、大げさな言い方だ。地球は、何が起こっても安泰だろう。生命も同様。

トラブルを抱えているのは人類だ。しかし、この状況の原因は私たち人類なのだから、そこから脱出できるはずだ。

環境収容力の限界

気候変動に関して私が読んだ本のなかで最も役立つ指針になったのは、それが中心テーマではないのだが、ハーバード大学の考古学者スティーヴン・ルブランの『絶え間ない戦闘』(*Constant Battles*)だった。考古学的・民俗学的なおびただしい証拠に基づき、人類は絶え間なく残虐な戦争を繰り返してきた、とルブランは記す。狩猟採集の時代から農耕部族の時代を経て、首長が率いる集合体の時代、複雑な文明社会の初期に至るまで、つねに成人男子のおよそ四分の一が戦争で死んでいた。戦争好きな者はいなかったが、飢え死にしたくなければ近隣の住民から食料を略奪しなければならなかった。その解決手段としてよく採られたのが、隣の民族のみな殺しだ。

その本では、厳しい事実が数多く明かされている。人類の埋葬場所を子細に調べると、敵の無差別殺戮は日常的に起こっていたことがわかる。人食いという野蛮な習慣も、儀式としてではなく、食料調達の手段として必要だった。多くの古代遺跡で「調理用の石」と思われていたものの多くは、実は投石器の発射台という兵器だった(ダビデが巨人ゴリアテを殺した石つぶては、その小型版パチンコ)。最初に家畜にされた動物はイヌだが、それは吠えるという特質が見張りとして役立ったからだ(オオカミは吠えない)。そしてほとんどの町は、防壁に囲まれていた。

人類はつねに戦争してきた、とルブランは言う。なぜかといえば、自然環境が作り出す食料が十分ではなく、資源をめぐって争わなければならなかったからだ。各地の定住者は、簡単に育てられる食物を敬遠し、手のかかる作物を作る複雑な知識を身につけた。平和な時代になると、土地の環境収容力(キャリイング・キャパシティ)はにわかに高まり、農業が発達し、効率的な政治組織も確立された。遠方との交易が始まり、新たな技術が突破口を開いた。伝染病の大規模な蔓延による大量の死者も、平和に貢献した――ヨーロッパではペストの大流行によって、アメリカではヨーロッパ人が持ち込んだ疾病が原住民に流行したためだ。だがこのように戦争が中断された期間は、短かった。人口はすぐに復元し、環境収容力を高めなければならなくなり、戦争が再開された。

ルブランによると、世界的な大戦や大量虐殺があったにしても、最近の三世紀になって戦死者の数はやっと人口の三％にまで下がったという。従来のように敵方を全滅させなくても、ある程度までの殺戮で勝利を収めることができ、生き残った者は仕事に復帰できるようになった。国家は官僚機構を機能的に動かし、進んだ技術を動員し、国家間の連携を強化し、環境収容力を高め、ときには用心深く協定を結ぶ。

だが高度な文明社会においても、気候変動によって世界的に環境収容力が下がり、文明が崩壊する恐れがないとはいえない。資源が不足すれば、人類は旧来の姿に戻って戦争を繰り返しかねない。平和愛好者は戦争愛好者に殺され、餌食にされてしまう。

――これは、ルブランの本を読んだ私の印象批評だ。進行する気候変動のために、私たちは選択を迫られている。もし私たちが何もやらないか、あるいはやり方が不十分であれば、環境収容力の危機が訪れ、全面戦争が勃発し、今度は大量破壊兵器が動員され、一〇億人単位の大量死がもたらされる。そうならないために、ルブランは次のように結論づけている。

技術と科学のおかげで、私たちは史上はじめて地球のエコロジーについて知ることができたし、人類が生態系にどのような影響を与えたのかが解明された。人口抑制を学び、かつては想像できなかったほど環境収容力を高めた。知識を正しく応用すれば、長期にわたって自然との調和のなかで暮らしていけるだろうし、一〇〇万年にもわたって繰り返されてきた対立と危機の構図を回避できるかもしれない。

「突然の」気候変動

二〇〇三年の時点まで、私は気候変動を懸念しても、深刻には捉えていなかった。私と女房は一九八二年に、住宅用として古いタグボートを買った。カリフォルニア州では地震や山火事などの災害が多いが、船なら被害を被りにくいと考えたからだ。それにカリフォルニア湾に浮かんでいたほうが安上がりだし、地球温暖化によって海面の水位が上がっても安全だ。気候変動には関心があるし、重大なことかもしれないが、憂慮すべき状況はまだはるか先のことだと思えた。

一九八七年にコンサルティング会社グローバル・ビジネス・ネットワーク（GBN）が設立された際に私は手助けし、非常勤で働いていた。GBNは二〇〇三年に、アメリカ国防長官から要請を受け、「突然の」気候変動に対処するシナリオを作成することになった。何人かの気象学者に電話インタビューして、私たちは一つのアイデアをまとめ、その年の秋に報告書を提出した。ピーター・シュワルツとダグ・ランドール編の「突然の気候変動およびその余波に対するアメリカの国家安全保障シナリオ」だ。

私たちのシナリオは、八二〇〇年前に起こった気候変動に基づいている。そのころ、一〇年の間に気温が二・七度も下がった。わずか一世紀間だけの、急変ぶりだった。また一万二七〇〇年前には全世界で突如として一五度も急落し、それが一〇〇〇年間も続いた。そのヤンガードリアス時代を、人類はなんとか生き延びた。いずれについても、地球が温暖化したために氷が解け、それによって北大西洋に真水が増え、メキシコ湾流の流れが緩くなったか止まってしまったために気温が下がったという説がある。

現在も地球温暖化によって北極の氷が解け、北大西洋では真水が増えている。GBNの予測によると、たとえば二〇一〇年には、八二〇〇年前の状況と同じく、突然「軽度」の寒冷状況が生まれる。気温や湿度が急激に下がり、風が強まり、主要な農業地域で干ばつが起こる。厳冬になり、思いがけない地域で強烈な嵐や洪水に見舞われる。私たちの予測によると、ヨーロッパの気候は二〇二〇年までにシベリアなみに近づく気配だ。

地球全体の食糧、飲料水、エネルギーの供給量が心もとなくなる。地球の環境収容力は、二〇二〇年時点における推定人口七五億人を維持できなくなる。環境収容力が限界に達した際には、過去一〇〇万年の教訓にあるように、資源をめぐる争いが再燃する。二〇二〇年の時点では、戦争、疾病、飢餓のために人口は減少し、その時点における環境収容力に見合ったところで落ち着く。――アメリカ国防総省は、このようなシナリオにふさわしいクライアントだった。

この文書は機密扱いにはされていないため、オンラインで読むこともできるし、『フォーチュン』誌は要約を掲載した。はじめはこの予測を軽視する気象研究者もいたが、次第にあちこちで引用されるようになった。「突然の」という文言(もんごん)が、気候変動に関する一般の関心を呼び起こした。「気候」が眼前の危機として感じ取られるようになったのは前代未聞のことで、現在の役人たちが将来の世代に責任を感じるという事態も前例がない。この問題に対する世論も突然に変化した。

ポジティブ・フィードバック

もしGBNのシナリオが不安を掻き立てたとしても、心配するには及ばない。二〇〇七年にIPCC（気候変動に関する政府間パネル）は二三の気候モデルを検討し、メキシコ湾流に関する一部の気象学者の懸念は論拠が薄いと結論した。ノルウェーのヘルゲ・ドランゲ博士は、こう述べている。

「間違いなく言えることですが、大気の気温の急上昇によって北大西洋海流の流れが緩やかになっても、ヨーロッパを寒冷化させるほどの影響はありません」

だが一方で、懸念材料もある。二〇〇八年におこなわれたグリーンランドの氷床コア調査では、一万二〇〇〇年前に起きたと見られるメキシコ湾流の変化のように、何十年にもわたる気候変動ではないにしても、一年ないし三年の期間での変動は起こり得ることがわかった。

気象科学の最近の予想を見ていると、まるで子どもたちが「運よく」「運わるく」を繰り返す次のようなジョークに似ている。――二人の男が、飛行機で空を飛んでいました。あいにく、一人が落ちてしまいました。でも、運よく下にはわらの山がありました。ところが運わるく、わら山のなかには三つ又のするどい金属熊手が上を向いていました。幸い、熊手からは外れました。ところが惜しいことに、わら山からも外れてしまいました。

幸い、IPCCの気候モデルが公開されたために多くの科学者が検討し、地球温暖化は疑いない事実であると確認された。その原因が主に人間が作り出した温室効果ガス（大部分が二酸化炭素ガスとメタンガス）であることもはっきりした。放置すれば二〇四〇年には深刻な結果をもたらし、やがてさらに悪化することも明らかになった。だが残念なことに、IPCCの気候モデルは北極圏の氷がこれほど急速に解けていくとは想定していなかった。氷が半減するのは二〇五〇年代になってからと予測していたが、二〇〇七年の夏には半分に減ってしまった。

GBNは二〇〇六年と二〇〇八年の二回、北極圏海洋審議会（北極圏に位置する八カ国で構成）の要請を受け、これから北極圏を航行する船舶のためのシナリオの見直しをおこなった。北極に向かう船舶はこれまでに六五隻あったが（潜水艦を除く）、北極圏を訪れるクルーズ船は何百隻にも達し、魚群も漁船も北へ向かう。かつては伝説的だったカナダ北方の北西航路も容易に航行できるようになり、ロシアは北海ルート沿いの沿岸に数多くの港を建設し、ヨーロッパとアジアを結ぶ海路の短縮化を図っている。最初の作業部会には、それぞれ一家言を持つ船舶の船長、沿岸警備隊の幹部、北極を研究している科学者、外交官、企業のCEOなど二四人が出席した。航海の自由、安全、環境保護を前提にしたうえで、輸送需要の変化による影響の違い、各国がこれから打ち出す政策などによって北極海洋航行が今後どのように変化していくのか可変要因を踏まえて、四つのシナリオが用意された。いずれも、「氷は解け続けていく」ものとしている。

この論理は、ポジティブ・フィードバック（正帰還）に基づいている。氷は、太陽光の八五％を反射する。それに対して、黒っぽい海面は太陽光をほぼ吸収してしまうので、反射するのは五％にすぎない。北極の氷が解けて減れば、太陽熱はより多く吸収され、氷の融解は促進される。そうなると熱吸収が進み、氷はさらに解ける。これが、ポジティブ・フィードバックだ。この現象を、アルベド（反射率）の転換と呼ぶ。

ここで気をつけなければならないのは、サイバーネットの用語では、「ポジティブ」は「いい」意味ではない、という点だ。これは変化を促進するため、むしろ「トラブル」を意味する。ウィキペディアでは、次のように定義している。

ポジティブ・フィードバックは、「積み重ねられた原因」という意味で使われる場合もある。……出力の一部を、入力へ同相のまま戻す（帰還）ことをいう。逆に出力を逆位相で出力に戻すことを、ネガティブ・フィードバック（負帰還）と呼ぶ。……ポジティブ・フィードバックの結果、効果が拡大されて「爆発的」になることも多い。つまり、些細なことが大きな変化を引き起こす。

北極で進行中のもう一つのポジティブ・フィードバックは、ツンドラの永久凍土の融解だ（もはや永久ではなくなった）。かつて凍結していた植物が露出して腐敗し、スーパー温室ガスであるメタンガスを大量に大気中に放出する。そのうえ、永久凍土に含まれている可燃性のメタンハイドレート〔氷状メタン。別名クラスレート〕が蒸発する。大気中のメタンが増えれば永久凍土の融解がさらに促進され、この面でも増幅が進む。さらに、北極が温暖化すれば高木限界〔高木の生育が不可能になる境界線〕は急速に北上し、白っぽいツンドラに代わって黒っぽい針葉が広がり、多くの太陽熱を吸収する。ここでも、ポジティブ・フィードバックが作用する。

それとは逆のネガティブ・フィードバックが進んでいる気配もある。だがこのメカニズムには、不可思議なところがある。大気の組成が変わったためなのか、人間の行動のためなのかはよくわからないが、このところ陸地では、人間が放出するより多くの二酸化炭素が吸収されたり蓄積されたりしている。気象科学者のスコット・デニングは、次のように述べている。

「驚くべきことだが、この何十年間か、光合成が分解より多い状態が世界規模で進んでいる。植物の寿命が延びて、枯れるスピードを上回っている。つまり、植物を経由して大地に貯め込まれる二酸化炭素の量が、放出量より多くなっている」

その結果、過剰な二酸化炭素が肥料になって、植物の成長を促しているのかもしれない。つまり温室効果が商売繁昌につながっているともいえる。また植物の生育シーズンが延びたために、森がいっそう鬱蒼（うっそう）と茂るようになった地域もあるようだ。あるいは、人間が山火事をうまく防げるようになったため、森が豊かになっているのかもしれない。または、畑作をやめて放置して休耕が増えたために森林がはびこった可能性もある。あるいは、過度に放牧したために牧草地が失われ、灌木の雑木林に転化したのか。それとも、農業で過剰に使った窒素肥料とか自動車の排気ガスのなかの窒素が、森の生育を助けているのか。炭素の「不可解な沈殿」の増加が解明されない限り、私たちの気候モデルはあいまいなままで、将来を的確に見通すことができずに、いらつくことになる。

何億年にも及ぶ地球の歴史では、「突出した異常気象」が恒常的に繰り返されてきた、と氷河研究者のリチャード・アリーは言う。現在は、その突出異常期に入ったかのように見える。ポジティブ・フィードバックのような現象が引き金になり、敷居効果〔高い敷居をまたいで広まる「なだれ現象」〕も起こる。しかしこれらの要素は、気候モデルにまだうまく組み込めずにいる。非線形数理などを応用した画期的な理論が生まれない限り、むずかしいのかもしれない。この問題を的確に論じた好著としては、フレッド・ピアスの『スピードと蛮勇』（*With Speed and Violence*）がある。

ロシアン・ルーレット

過去の歴史においても、突然変異的な大変動が気候変動の誘因になるケースがあった。一万二八〇〇年前、北米の大きな淡水湖の水が大西洋になだれ込んで干上がった。更新世のヤンガードリアス期のことで、それによって急激な寒冷化が進んだ。もう一つ、五五〇〇万年前にも不思議な現象が起こった。海底の氷状メタンハイドレートが一気に解け、一兆トンものメタンガスが海から噴き出た。水温が一気に八度も上昇し、海に住む生物種の三分の二が死に絶えた。それより一〇〇〇万年前、小惑星が地球に衝突して陸上で恐竜を絶滅させたときに似たような大災害だった。フレッド・ピアスの本によると、海底には現在、一兆トンから一〇兆トンものメタン・クラスレートが凍った状態で眠っているという。これがいつの日か突如として噴出する可能性は、「クラスレート銃仮説」と呼ばれている。シカゴ大学で気候モデルを作成しているデイヴィッド・アーチャーは、次のように語る。

「最悪のシナリオは、地球温暖化が引き金になって、何億トンというメタンガスが海底から一〇年にもわたって放出されることで、いま大気中にある温室効果ガスの一〇倍の量に達する可能性もある。そうなれば、生物の大量絶滅につながる」

もうひとつ引き金になりかねない要素が、南極にある。南極大陸西部の巨大な西南極氷床は、幸いいまのところ南極大陸のロス氷床につながっている。ところが不幸なことに、ロス氷床は驚くべきスピードで解けている。もし西南極氷床が分離して解けるようなことがあれば、海面は一気に四・八七メートルも上昇する。グリーンランドの氷も解けるだろうから、実際にはもっと上昇する。

敷居効果も、油断がならない。少しずつ増えていくために、ちょっと見ただけではなんら異常がないように思える。だが症状が進んでいくとやがて大変化が起こり、気づかないうちに異質な状態になっている。この何十年の間も、熱帯雨林はそれまでと同じように、雨を降らせるプロセスを繰り返し、太陽熱を反射する雲を作り続けてきた。そのおかげで多くの炭素を閉じ込めることができ、地球温暖化を遅らせてきた。したがって、なんの心配もいらなかった。だがある時点で、敷居効果が露呈し始めた。熱帯雨林は北極の氷のように、もはや押しとどめる術（すべ）がないままに瓦解し、その跡地は大草原（サバンナ）や雑木林になり、砂漠と化した。炭素が放出され、太陽を遮光していた雲がなくなり、無数の生物種が姿を消し去って、もう戻ることはない。熱帯雨林が消滅した場合の致命的な敷居効果は何か。リチャード・ベッツとピーター・コックスという二人の研究者は、気温が現在より三度ほど上がるものと試算している。ＩＰＣＣが二〇〇七年に発表した報告によると、熱帯雨林は二〇五〇年までに消滅するだろうと予測している。

海洋における敷居効果では、解明されている部分もあるがまだ不明の部分もある。水温が一四度ほどになると海の表面に層ができて、養分が豊かな冷たい海水は太陽光から遮断される。海藻は育たなくなり、海全体が死んでしまう。すると、炭素を固定していた機能がマヒする。そればかりでなく、大気中に二酸化炭素が増えるために海水が酸化するという臨界点に達する。酸性度が高まるとサンゴや貝殻が炭酸塩を作る機能が衰えるし、すでにできている炭酸塩の組成物も分解していく。海洋は人間が生活上で排出する二酸化炭素の三分の一を吸収しているのだが、それが炭素を沈めるのではなく、放出する逆作用に切り替わる。つまり問題解決ではなく、むしろ難問を増やす。その際の敷居効果は、どのような形で広がっていくのだろうか。まだ、だれにもわかっていない。

二〇〇五年、サイエンス・ライターのジョン・コックスは、著書『気象の衝突』（*Climate Crash*）で以下のように要約しているが、要するに未解決の問題が多すぎるため気候モデルによって今後を正確に予測しがたい理由を説明している。

気候システムというのは直線的な連続ではなく、アウトプットがインプットに見合うとは限らない。ほんのわずかに条件が変化しても、ときには予測できないほど大きな差異をもたらす。おびただしい数のフィードバックの可能性があるし、独自のタイムスケールで永続的に相互作用が繰り返される。しかも、気候以外の要素を増幅したり、邪魔したりする。正帰還と負帰還の双方のフィードバックが交錯しながらそれなりのバランスをとり、システム内で重要な敷居効果を生みかねない。引き金が外部要因であっても内部要因であっても、敷居効果によって重要な変動要因が揺れ動き始める。その結果、システムは突如として大幅に異なった方向に傾き、不安定なモードに入ってやがて新たな均衡状態に落ち着く。このように特異な変動要因やタイムスケールが存在するおかげで、システム全体はびっくり仰天の結果をもたらす。……気候は微妙なバランスを保つ非線型のシステムであり、寒冷と温暖、乾燥と湿潤という両極端の間で絶えず揺れ動いている。

気候は、びっくり玉手箱の要素をたっぷり備えている。だが隠れたところでは安定要因も備えていて、これにも驚かされる。しかしこれらさまざまな要因をすべて考慮しても、たとえて言えば、一か八かのチャンスにかけて頭に向けて撃つロシアン・ルーレットに似たところがある。

波状攻撃

異常気象は、すでに人類に衝撃を与えている。私たちは災害を抑えようと努力しているが、世界各地で大きな山火事が増加している。あるサイエンス・ライターが言っているように、「地球が温暖化しても、それが火事の原因ではない。ただし、消失面積が二乗されている」。乾燥した森林で大火災が発生し、新たに開けた土地に広大な泥炭沼が出現し、大量の二酸化炭素が大気中に放出される。これが温暖化を促進し、地表の植物相には水分が不足する。そのため、さらに火災が起きやすくなる。二〇〇七年にギリシャ南部で大火災が発生し、ひところ人気のあったコスタス・カラマンリス政権が崩壊した。オーストラリアでは干ばつが続き、気候変動に目をつぶってきた首相は二〇〇七年に退陣し、新首相の最初の仕事は、温室効果ガス排出規制を謳った京都議定書を批准することだった。この新政権も、ただちに大火災に対処しなければならなかった。

ヨーロッパでは、一〇年に四〇キロのスピードで気温の上昇線が北上している。だが動植物の北上スピードは、一〇年で六キロほどにとどまっている。つまり、これは絶滅のパターンだ。オリーブやアボカドの木は、いまやロンドン郊外のキューガーデンの屋外でも生育している。魚類を乱獲した海洋では水温が上昇し、酸性化が進んでいる。大集団のクラゲが北に向かって漂い始め、アイリッシュ海では養殖中の魚が全滅した。アフリカでは、高い気温を好む蚊が増えてマラリアやデング熱が標高の高い山地にまで広がっている。熱帯性の病気が、ヨーロッパの南部にも進出した。

チベット高原の氷河が解けて流れ出た豊富な水は、これまで中国、インド北部、東南アジアの河川をすべて潤してきたが、それが枯渇しかかっている。流域の住民およそ三〇万人が、この水源に頼っている。

またインドでは一〇億人が、気まぐれなモンスーンがもたらす降雨に依存している。モンスーンは海面温度が急上昇するエルニーニョ現象のサイクルに左右されるし、太平洋中心部の貿易風にも影響を受ける。貿易風は、海洋の温暖化に翻弄されて弱まる傾向にある。

これら気候の大災害に人類はどう対処していくべきなのか、まだ定かではない。GBNでは、頻度が増しつつある異常気象——たとえば二〇〇三年には熱波によってフランスとイタリアで三万五〇〇〇人が死んだ——が引き起こす事態について研究を重ねている。GBNのニルズ・ギルマンは、次のように語る。

「一過性のものであれば、厳しくてもなんとか耐えられても、引き続いて起こると、災害は大規模になる。各国政府とも次第に学んでいくだろうが、気候変動は緩やかに進んでいくのではなく、断続的に激しく襲ってくる。舌打ちして狼狽するような災害が、繰り返し起こる。環境がまったく破壊し尽くされる可能性も、あり得る」

繰り返し災害に見舞われたら、だれでも打ちのめされる。それが長期にわたれば、死に至る。一回の干ばつは、精緻に組み立てられた社会なら対処できる。だが、干ばつが続けば堪え切れない。歴史上、干ばつはときとして文明を滅ぼした。考古学者のブライアン・フェイガンは、中東や中米でそのような事例があると指摘する。都市は機能しにくくなって過疎化し、残るのはかつての栄華の名残である建造物の残骸のみ。今世紀についていえば、海面水位の上昇は、長引く干ばつと似たような形で、一時的にも長期的にも大災害をもたらすものと思われる。

ガイア仮説

大気化学者のジェームズ・ラブロックは、二〇〇七年にロンドン王立協会で、こう述べた。

「私たちが理解しなければならないのは、地球のシステムは現在ポジティブ・フィードバックの状態、つまり正帰還になっていて、否応なく過去の温暖期と同じような安定状態に向かって進んでいるという点だ。ポジティブ・フィードバックのときにどれほど大きな危険が待ち受けているかは、いくら強調しても足りないくらいだ」

ラブロックの最近の二冊の著書『ガイアの復讐』(秋元勇巳監修、竹村健一訳、中央公論新社)と『消えゆくガイアの顔』(*The Vanishing Face of Gaia*)には、私たちが直面している大きな危機が明確に述べられていて、それらに対処するためには断固とした措置が必要だと強調している。一九七四年以来、私はラブロックの判断を信頼している。この年、私が編集していた季刊誌『コーエボリューション』で、ラブロックと共同執筆者である微生物学者リン・マーグリスの「ガイア仮説」をはじめて紹介した。地球は自己調整できる生命体であり、「物理・化学・生物・人間が合体した」システムだという考え方は、仮説から次第に理論へと発展していった。これは「地球システム科学」という一つのジャンルを形成し、ラブロックは称賛されるようになった。

ロンドン王立協会における講演のあと、私はラブロックに電話し、三〇年も穏やかな楽観主義者だったあなたが、なぜこれほど危機感を強めているのかと尋ねた。彼の答えは、こうだ。

「IPCCの予測によると、二〇四〇年にはヨーロッパでもアメリカでも中国でも、食糧生産ができない状態になって住めなくなるからだ。いま気温が上昇している状況を、だれもが過小評価している。

二〇四〇年どころか、二〇二五年にもそのような状況になりかねない。時間がほとんど残されていないことに、みんな気づいていない。地球は、動き始めている」

「どこへ向かって動いているんですか？」

私は重ねて尋ねた。彼の答えはこうだ。

「この問題に取り組んでいる少数の者にはもはや疑いないことだが、地球の温暖化状況は、全地球規模で五度くらい上がった時点で定着しそうな状況だ。そうなるとふたたびネガティブ・フィードバックが働いて、そこで安定してしまう。すると海洋は地球システムにほとんど影響力を発揮できなくなり、陸だけの生物相になる。このような状況が過去にも起こったという地質学的な証拠がたくさんある。五五〇〇万年前の事例が好例だ。北極海の水温が二三度まで上がり、ワニが泳いでいた。地球全体が、おそらく熱帯のようだった。そのときのような状態が、すでに起こりつつある」

〝暑い地球〟における人間の環境収容力は、どれくらいになるのだろうか、と私はさらに聞いた。

「生き延びられるのは、一〇億人以下だろう。暑すぎて、生物の成長が抑えられる。私たちがどのような対策をとっても、地球の温度はさらに上がり続ける。ハドリー・センターのピーター・コックスは慎重な試算をしているが、ほんのわずかな二酸化炭素でも、大気が冷たい状態から暑い状態に転化する可能性のあることがわかった。一年に炭素が四分の一ギガトンだ（一ギガトンは一〇億トン）。私たちはいま、八ギガトンを大気中に放出している。したがって、現状で安定させようと思うなら、四分の一ギガトンまで抑えなければならない。だがすでに暑くなるコースをたどり始めているならば手遅れだ。もう後戻りはできない」

ゾッとする話だ。もし住みにくい地球へ移行しつつあるなら、私たちは燃える丸太に乗っているアリみたいなものだ。あらゆる方策を講じなければならない。だがアリは、なんら問題の解決手段を持ち合わせていない。

いくつかのヒントはある。起こり得る最悪の事態も、予測できる。阻止するのか共存するのか、取り得る方策の範囲を広げる必要も出てくるだろう。気候変動に対処する方法としては、①緩和、②適応、③改善の三つが考えられる。①の緩和策は、温室効果ガスの放出を減らすことだ。制御できない状態を回避する方法を、探し求めなければならない。②の適応は、避けられない状況に対応する次善の策を考えることだ。たとえば、沿岸の住民を標高の高い地域に移動させる、乾燥状態に強い作物を開発する、大量の天候難民に備えて準備を整える、各地方で資源備蓄を考える、などをぬかりなく手当する。③の改善は、地球全体の植物に大規模なジオエンジニアリング（地球工学）技術を施して、自然界を気候変動に順応させる。

文明は、危殆（きたい）に瀕している。だが、その文明自体が問題の核心だ。地球システムにおける現在の主要なポジティブ・フィードバックの起因は、私たち人間だ。富を急速に蓄える人々（とくに顕著なのは新興国）、人口の増加傾向、発展しつつある産業などが、おびただしい量の温室効果ガスを大気中に放出している。

オーストラリアの生物学者ティム・フラナリーは、こう語っている。

「経済の新陳代謝（メタボリズム）は、地球の新陳代謝と真っ向から衝突している」

「グリフィス」の考え方

ラブロックの気候変動シナリオ――地球の気温は五度上がったところで安定し、わずかな人口しか生き残れない——が最悪のものだとすれば、最善のシナリオとはどのようなものだろう。望み得る最高の筋書きできわめて現実的な構想を持っているのは、素材科学者で発明家、二〇〇七年にマッカーサー「天才賞」を受賞したソール・グリフィスの考え方だ。彼は、こう言う。

「『私たちはまだ温暖化を止めることができる』というのは、正しい表現ではない。私たちはすでに最悪、ないし最悪中の最悪の気候変動を止めて救う方策に着手している」

気候変動に関する達成可能な目標として最もわかりやすいのは、大気中の二酸化炭素の濃度を四五〇ppm以下にとどめようようという協定だ。グリフィスは、それを踏まえて分析している。現在の数値は三八七ppmだが、毎年二ppmあまりのペースで急速に増えている。グリフィスが四五〇ppmを上限目標にしているのは、そうしておけば気温の上昇を二度ほどにとどめておけるからで、その範囲内であれば、「種の絶滅も最小限で食い止められるし、強烈な嵐や洪水、干ばつも発生しないし、海面の上昇による避難も避けられる。また、そのほか不愉快で経費がかかる非人間的な状況を起こさずにすむ」からだ。

発電量の単位は、ギガワット（一〇億ワット）で表される。石炭を燃料にした大規模な火力発電所では、年間で一ギガワットを発電できる。世界最大のフーバーダムも、同じく一ギガワット。一基の原発も同じだ。それを一〇〇〇倍すると、テラワット（一兆ワット）になる。人類はいま約一六テラワットの電力を消費しているが、その大部分は化石燃料を燃やして発電したものだ。一〇〇ワットの電球を一六〇〇億個、つけっぱなしにできる電力量だ。そのおかげで、致死的なほど大量の二酸化炭素を大気中に放出している。グリフィスの試算によると、大気中の二酸化炭素の濃度を四五〇ppm以下に抑えておくために、われわれはかなり困難だと思われることまで実行していかなければならない。年間三テラワット分の化石燃料を減らす——つまり、残りの発電には化石燃料以外の資源を使う必要がある。二五年以内にその対策を講じなければ、四五〇ｐｐｍ以下に抑え込むことは不可能になる。

グリフィスは、次のように語っている。

「二テラワット分を風力発電でまかない、二テラワット分を太陽電池で、二テラワット分を太陽熱で、二テラワット分を地熱発電で、二テラワット分をバイオ燃料で、三テラワット分を原発でまかなえれば、一三テラワット分がクリーンエネルギーで発電できる、と主張する人もいる。それに加えて、これまでのバイオ燃料と原発による一・五テラワット分がある。石炭と石油による分も、三テラワット分だけ残っている。それらを合わせれば一七・五テラワットに達するから、現行の一六テラワットを上回り、いくぶんかの成長も見込める。二五年もかからずに、達成可能なはずだ」

では、具体的に検証してみよう。

二テラワットの太陽光発電をするためには、一五％の利用効率を持った一〇〇平方メートルの太陽電池パネルを、毎秒一台、二五年間、休まず作り続けなければならない。言い換えれば、毎年、一二〇〇平方マイルの太陽電池を二五年間作り続け、合わせて三万平方マイルもの太陽電池パネルが必要になる。二テラワットの太陽熱発電の場合、三〇％の利用効率を持たせるには、反射効率のいい五〇平方メートルの巨大鏡を二五枚、毎秒、作らなければならない。二テラワットの、バイオ燃料の場合はどうか。オリンピックの競泳用プール四つ分にＧＥ（遺伝子操作）加工した海藻をたっぷり入れ、一秒ごとに作る必要がある。二テラワットの風力発電なら、長さ九〇メートルの羽根を持つタービンを、五分ごとに一台、年間一〇万五〇〇〇基、二五年間作って風の強い場所に建てなければならない。二テラワットの地熱発電なら、毎日、一〇〇メガワットの蒸気タービンを三基、年に一〇九五基、二五年間、作らなければならない。三テラワットを原発で作り出すには、毎週三つの原子炉、三ギガワットのプラントを二五年間、作る必要がある。

以上の施設をすべて合わせると、アメリカ全土ほどの面積が必要になる。「リニューアルランド」とでも呼べばいいだろうか、とグリフィスは茶化す。つまり、アメリカ全土が人間のエネルギーを生産するための設備で覆われてしまう。しかもこのほかに、送電線や蓄電、各種材料や補助インフラが必要だ。さらに、不要になった旧来の石炭関連の施設や石油精製工場を処理する費用もかかる。それでも新しい施設に移行する方向に踏み切れるのだろうか、とグリフィスに問いかけた。彼の答えはこうだ。

「論理的には可能だ。技術的に言えば、人智を集めれば可能だろう。だが政治的には、どのようにしたら実現できるのかわからない。しかし、やってみるしかない。人類として逃げられないのだし、現実問題なんだから」

産業資本主義と自然資本主義

穏やかな気候は、文明が栄え、生き延びるうえで必要な「エコシステム・サービス」であることがわかってきた。気候史のなかで変動の少ない安定的な「長い夏」（九回の氷河期で凍りついた静かな時期を除いて）は一回だけで、その過去一万年の間に人類は農業を進歩させ、都市を作り、複雑な社会を築いてきた。私たちは、穏やかな気候はごく当たり前のことだと考えている。文明社会は、それ以外の状況を体験していないのだから。

では、エコシステム・サービスをどう評価すべきなのだろうか。すべての事物は、経済的な価値を度外視した存在だ。だが人間は、努力していないわけではない。エコロジー関連のあるテキストによると、そのための努力を貨幣換算すると年に四〇兆ドルにも達するという。この額は、現在の世界全体のGDP（国内総生産）の総計に近い。私たちがひとたびエコシステム・サービスの価値が算定できたとすれば、私たちはそれと歩調を合わせていく姿勢を学んでいくのではないか、と期待できる。

グリーン派の人々に大きな影響力を与えた教科書的な本として、ポール・ホーケンとエイモリー・ロビンス共著の『自然資本の経済』（佐和隆光監訳、小幡すぎ子訳、日本経済新聞社）がある。この本によれば、産業資本主義は「自然資本を収奪してそれを収入と称して」おり、それに対して自然資本主義はすべての面ではるかに能率がよく、生物学にヒントを得た産業モデルは製品よりもサービスに重点を置き、自然システムにおける自給の手段を復活させる、という示唆に富む好著だ。

しかし私は、エコシステムがインフラ整備のうえで果たしてきた役割を考えたほうが有意義だと思う。橋もインフラだし、橋の下を流れる川もインフラだ。どちらも生活を支える根幹で、ともに手入れが欠かせない。無線周波数帯はインフラの一つであり、オゾン層を保持しておくこともインフラ整備だ。どちらも生活を支えるうえで重要だし、「万人の悲劇を避けるために」国際的な協定が必要だ。

ひたすら利益を追求する産業資本主義と、忍耐を持って対処しなければならない自然資本主義の間にはペースの差があり過ぎるから、両者のギャップを埋めることは困難だ。だがインフラの耐用年限や責任の所在については意見が一致しており、自然の仕組みに無理に歩み寄る必要はない。既存のインフラで問題が起これば、これまでも世論の支持を受けながら科学や技術を動員して解決してきたし、それに債券などの金融面でも公私双方が協力して対処してきた。自然のインフラ面においても、同じように手を組むことができる。

人間はこれまで数千年にわたってインフラを整備してきたが、不思議なことにこの分野ではあまり知的な改善がされてこなかった。インフラの経済理論などは、いまだ目にしたことがない。インフラのある定義によると、「つながった鎖の背後にある、何やら灰色をしたわけのわからない物体」などと皮肉られている。そこに込められている隠れたメッセージは、「見ちゃいけない、触っちゃいけない、この灰色の物体について考えることさえよろしくない」ということで、要するに私たちはインフラを無視するように仕向けられてきた。

だが、例外的な要素もある。鉄道マニアは少なくないし、橋や船のファンもいる。小さな町では、給水塔をきれいに彩色しているところもある。だが操業中の鉱山、コンテナ船の港、発電所、送電線、携帯電話用の塔、精油工場、廃棄物処理場、下水処理場などは、いずれも立ち入り禁止になっている。作業に従事している労働者は、あまり高く評価されていない。

エコシステムのインフラにも、同じことが言える。たとえば、分水嶺、湿地、漁業、土壌、気候などだ。よく言われるように、私たちはインフラに不具合が生じたときだけ、その存在を意識する。これまで何十年にもわたって、自然のインフラが崩壊しないよう目を光らせてきた環境運動家たちには、深く感謝したい。

気候変動への最初の警鐘

私たちが気候変動を懸念し始めたのは、何がきっかけだったのだろうか。一九四八年に自然保護活動家のフェアフィールド・オズボーンが著した『傷ついた地球』(*Our Plundered Planet*)が、警鐘を鳴らした最初の本だった。彼はローレンス・ロックフェラーとともに、ニューヨークで自然保護財団を設立した。チャールズ・キーリングが一九五八年に、時代を画すことになる大気中の二酸化炭素の量の連続測定を始め、その増加傾向が明らかに懸念すべき段階に達したと見たオズボーンらは、一九六三年に最初の気候変動会議を開いた。その結果は、「大気中の二酸化炭素濃度の上昇に関する懸念」という報告書にまとめられている。スペンサー・ワートの『温暖化の〝発見〟とは何か』（増田耕一／熊井ひろ美訳、みすず書房）には、こうある。

「この報告書によると、次の世紀には二酸化炭素の量が倍増し、世界の大気温は四度も上昇し、沿岸では大規模な冠水などの被害が起こるだろう」

　自然保護財団ではキーリングの二酸化炭素計測に急いで研究費を追加し、アメリカ科学アカデミーに対しては、この問題への注意を喚起した。それ以後、気候変動に対する関心は、キーリング曲線〔キーリングは、一九五八年からハワイで二酸化炭素の濃度測定を継続的に続け、急上昇ぶりを記録した〕のように右肩上がりに急上昇した。一九七一年になると、バリー・コモナーの『クロージング・サークル』（*The Closing Circle*）が環境問題のベストセラーになり、温室効果ガスに警鐘を鳴らした。一九七八年には、テネシー州選出の若い下院議員アルバート・ゴアが地球温暖化に関する公聴会を開き、ハーバード大学の師だったロジャー・レヴェルが脚光を浴びた。彼は長いこと、キーリングの二酸化炭素計測を支援してきたからだった。

　一九七三年にOPEC（石油輸出国機構）が石油の禁輸措置をとったため、環境運動家たちの間では、エネルギー問題やその効率、再生可能なエネルギー源についての論議が高まった。ソーラーパネルがにわかに注目の的になり、風力発電が発展していま見るような巨大インフラができた。断熱窓が開発され、精巧になってきた。これらさまざまな改革、とくに効率の改善はあったにしても、大気中には副産物の二酸化炭素ガスが大量に漂ったままだ。

アメリカとヨーロッパの環境運動家たちは一九七〇年代から八〇年代にかけて、炭素を放出しない原発の推進に待ったをかけた（幸いフランスでは、一九七三年のオイルショックを機に発電方式を転換し、電力の八割を原子力に依存するようになった）。原発反対のグリーン派は、石炭やガスを燃やして膨大な二酸化炭素を大気中に放出するのを助けた。私もその一人だったことを恥じ、おわびしなければならない。

氷河期が来ない

もう一冊、ご紹介しておきたい本がある。古代気候学者ウィリアム・ラディマンの『鋤（すき）とペストと石油』（*Plows, Plagues and Petroleum*）だ。この本は、地球の二七五万年間を概観している。その間、地球には何十回も氷河期があった。その期間の長さと規模の大きさは、太陽活動に影響を与える三回の天文サイクルに左右された。グリーンランドの氷床コアを調べると、このサイクルが実証できる。およそ五〇〇〇年まではこのパターンがきれいに繰り返されてきたが、現在の間氷期になると、大気中のメタンの急激な減少が見られなくなったばかりか、逆に急増して気温も上がる傾向を見せ、その状況が現在も続いている。いったい何が起こったのだろうか。

引き起こした張本人は、私たちだ。ラディマンは、中国と南アジアにおける水稲栽培が改革され、灌漑（かんがい）が急速に進んだためではないかと推測している。新しい人工湿地のなかで、植物の腐敗は急速に進む。これによってメタンガスが放出される。水田が広がるにつれて、メタンの量も増える。家畜の数も増え続け、げっぷの放出量も増加する。農業のために、次々と森林が焼き払われる。これらの要素も異常をもたらした原因だ。実は八〇〇〇年前にも大気中の二酸化炭素が理由不明のまま急上昇したが、ラディマンはそのころと何か共通点があるはずだと考えた。図星だった。人類が大々的に農業を始め、森を焼き払って畑や放牧地を作った。すべての社会が拡張し、移住も盛んになると、森の面積は減り、大気には温室効果が現れたのだ。天文の周期によれば、二〇〇〇年から三〇〇〇年前に氷河期が始まってもおかしくなかった。

ラディマンは、こう結論づける。

「氷河の周期到来が、大幅に遅れている。そのような状況を作ったのは人間だ」

もう一つ、細かい点を上げておこう。大気中の二酸化炭素が、過去にも減った時期がある。西暦二〇〇年から六〇〇年までの間、一三〇〇年から一四〇〇年の間、一五〇〇年から一七五〇年までの間。なぜだろう。これらの時期には、疫病の大流行によって人口が激減した。最初はローマ時代の疫病のため、二番目はヨーロッパのペストのため、三番目は北米原住民がヨーロッパの白人が持ってきた疾病のためだった。いずれも放棄された畑の跡地に森が急速に復活したし、二酸化炭素の量も激減した。

もしラディマンの説が正しければ、気候は人間が左右していることになり、きわめて微妙なものであることを示している。ビル・マッキベンの好著『自然の終焉』（鈴木主税訳、河出書房新社）そのものだ。その「自然の終わり」は、二〇〇年前の産業革命から始まったのではなく、農業革命が起こった一万年前に端を発している。畑と牧草地が、氷で覆われていない陸地面積の三分の一を占めるようになった。ラディマンは、次のように述べている。

「農業は自然の状態そのものを保持したわけではなく、大地の表面にそれまでにないほど大幅な手を加えた。……鉄器時代、いや石器時代末期の人々でさえ、自然界に現代の人間よりはるかに多大な変化を与えた」

本書のポイント

火星を人間が住めるように改造するなんてとんでもない、と尻込みする必要はない。私たちは地球の表土だって改良して、ここに住んでいるのだから。人類は一万年もかけて、氷河期さえものともせず、無計画に改造してしまった。私たちは不幸にも大気中に過剰な炭素を取り込んで地獄絵(インフェルノ)になりかけているが、幸いにも、「地球を暗くする」別の汚染物質エアロゾルのガスによって、暑すぎる状況の一部が帳消しにされている。私たちは今後どれくらいの間、幸運に恵まれた状態で暮らすことができるのだろうか。

これまでの土壌改造は、計画に基づいた意図的なものではなかった。だがいま進行中の状況のマイナス面もプラス面も知った以上、このまま無計画に成り行き任せにしておくわけにはいかない。ずいぶん前から自然とは妥協を繰り返してきたが、当てにできるものとはいえない。地球という生命体「ガイア」も、救い主としては期待できない。〝彼女〟はアイスエイジが好きだが、ホットエイジになったところで気にしない。私たちは主体的に行動しなければならず、しっかり方向性を定め、確固とした技術を持って取り組む必要がある。気候を手玉に取らなければならず、さもなければ気候が人間を振り回すことになる。

その手段として、この本では四つのポイントを取り上げる。いずれも環境運動家が従来は毛嫌いしていたものの、最近になってやはり真剣に取り組むべきだと考え直し始めている諸点だ。それにもう一つ、力点を置きたいものを付け加える。あまり歓迎されてこなかった四つのポイントは、①都市化、②原子力、③バイオテクノロジー、④ジオエンジニアリング。もう一つは、ガイアの健康を回復させて自然のシステムを取り戻そうとするもので、「メガガーデニング（巨大庭園事業）」の取り組みだ。各地の土壌改善から大気の浄化まで、すべての自然環境を包含している。

神のように振る舞い、巧みにやり遂げる

気候システムを考える際にもう一つ頭に入れておかなければならないのは、自己触媒反応(オートカタリティック)、つまり自ら加速する技術を開発することだ。それは、世界の工業化に伴う自己加速的な諸問題を抑制するために展開すべきもので、気候そのもののポジティブ・フィードバックに対抗する手段でもある。将来、急速に伸びていく技術を運用していくうえで留意すべきことは、過去の技術によって生じた効果を払拭していく心がけだ。ラブロックが言うように、現在の技術を停止しただけでは、地球は暑くなって住みづらくなる。私たちが目指すべき目標は、気候と人間という二つのシステムがうまく調和し、健康で安定したネガティブ・フィードバックが支配する世の中だ。

すべての技術が、自己触媒反応する必要はない。新しい発見が、急速な技術の進歩をもたらすとも限らない。自動車の生産技術が進歩すればもっといいクルマが作られるだろうし、風力利用の技術が進めば風力発電装置は改善されるに違いない。だが、技術を使いこなす技能や道具も同じく進歩するとは限らない。現在の自己触媒反応技術としてめざましく成長しているのは、情報関連のインフォテク(コンピュータ、通信、人工知能を含む)、ならびにバイオテク、ナノテクなどの分野だ。これらはお互いに刺激し合い、急激に力を伸ばしている。

私は四〇年前に雑誌『ホール・アース・カタログ』を立ち上げたが、その巻頭にこう書いた。「私たちは神のごとく、ものごとをうまく処理することが望まれる」――ずいぶんと、のどかな時代だった。新た

な状況には、新たなモットーが必要だ――「私たちは神のように振る舞わなければならず、しかも巧みにやり遂げなければならない」。『ホール・アース・カタログ』は、各人の力を呼び覚ました。本書は、もっと前向きの力を結集することを狙っている。

気候変動のスケールはあまりにも膨大であるため、どれほど熱心なグリーン派でも、草の根運動や企業の努力だけでは対処しきれない。国家がルールを作り、それを強制的に実行する必要がある。とくにエネルギーを大量に消費している四つの国と地域――ＥＵ、アメリカ、中国、インド――が、強力に推進しなければならない。もしこれらの諸国が正しい措置をとれば、まだ望みはある。現在までのところ、ＥＵ諸国が先導している。

私たちの文明が、気候変動を起こしてしまった。そして今度は、気候無変動の状態に定着させようとしている。さまざまな手を打つことによって（もし成功すれば）、気象状況は戻るかもしれないが、文明はおそらく同じところにとどまってはいないだろう。もし私たちが今世紀中に気候を安定化できれば、それは二一世紀最大の収穫になり、人類は変質できるに違いない。だが私たちが気候の安定化に失敗すれば、私たちの文明は消えてなくなるか、歴史にとどめられないほど影の薄い存在になってしまう。

スチュアート・ブランド

この本の著者は、いったいどのような人物だろう。私は二〇〇八年から〇九年にかけて本書を執筆している時点で七〇歳を超えた。七〇年間にわたって、私自身の過ちや他人の間違いに遭いながらも、人生を楽しみながら世の中に流されてきた。私は、エコロジストになる教育を受けた。職業は、未来学者。だが心づもりとしては、ハッカーだ（つまり、怠慢なエンジニア）。熱心な科学者志向に傾いていて、地球全体の未来図を描くジオエコノミーに凝っている。そしてエンジニアにありがちな偏見によって、すべてのものごとはデザインの問題として解決できると思っている。

いやしくも未来を予見するのが仕事なのだから、私は明確に見解を述べるべきだと確信している。だが、自説にむやみに固執するわけではない。明確に述べるのは論点をはっきりさせるうえで役立つからで、臨機応変にしておけば、新たな事実や反論が説得力を持つようになったときに転進できるからだ。私の意見など、さして重要なわけではない。ただの戯言(たわごと)だ。顧客ないし読者の、進んだご意見のほうが大切だ。もしあなたがこの本を読んで自説を確認できて「ご説ごもっとも」と思うだけであれば、コンサルタント選びを間違えたことになる。

私は生涯、環境運動家(エンバイロンメンタリスト)だ。一〇歳のときに決意した。

「ボクは、アメリカの天然資源――空気や土、鉱物、森、水、野生動物――を守るために一生懸命に闘う」

この「自然保護の誓い(プレッジ)」を雑誌『アウトドアライフ』に投稿して、それをあちこちに貼り出し、周りの人たちにも言いふらした。ところがやがて、「誓い」という概念が色あせた。学童たちが、超現実的な「国旗（国家）への忠誠(プレッジ)」を暗唱させられるようになったからだ。だが一九四八年当時、そしていままでも、私が誓った内容は変わらない。

スタンフォード大学で生物学を専攻して、一九六〇年に卒業した。専門は進化論で、そのころ生態学のなかではきわめて評価が低かった。教授陣のなかに、のちに有名になるポール・エーリックがいた。私は、スタンフォードの周辺に生息する二種類のタランチュラの生態観察をしていた。ガウゼの原理〔異種の生物が長期にわたって同じ場所で暮らすことはない」に反して、この二種のクモはつねに一緒にいるように見えた。エーリック教授はこの結果を公表するよう勧めてくれたが、軍の将校になりたくて陸軍に入隊した。

除隊後、グリーン運動に加わって体験を積み、人生は方向転換した。私が以前に書いた著作は、ニューメディアや適応型成長構造物（アダプティブ・ビルディング）に関する、ジャーナリストふうのエッセイで、客観的な観察だった。この本もジャーナリスティックだと言えるが、問題を内部からえぐったものだ。したがって、副題に「宣言（マニフェスト）」と謳っている。取り上げたテーマのうち、私が深く関わり合っている問題もある。登場する人々のなかには、友人もいる。それに、私の体験で役立ちそうなものも加えた。

本書には、雑誌『ホール・アース・カタログ』を立ち上げた一九六八年からずっと引きずってきた問題も包含されている。私は一九八四年まで同誌の編集・発行人を続けてきたが、それと並行して、『コーエボリューション』という季刊誌も発行していた。ホールアース出版社は、環境運動家たちが意見を述べ合い技量を示す教練場になっていたし、その他の役割も果たしていた。とりわけ生物学の面で、貴重な情報発信をしてきた。エコロジストのピーター・ウォーシャルは、分水嶺や土壌、エコロジーについて寄稿したり、論評を書いたりした。リチャード・ニルソンとローズマリー・メニンガーは、有機農法や公共公園について論じた。J・ボールドウィンは、「適切な技術」であるソーラー、風力、断熱、自転車などに関して、しっかりした論旨を展開していた。ロイド・カーンは、すべて手作りの家について書いた。私たちが推進したのは、各家庭における「自然環境の生物地域主義（バイオリージョナリズム）、復元（レストレーション）、再定住（リ・インハビテーション）」だ。これらをすべて網羅した本としては、アンドルー・カークの『対抗文化としてのグリーン派』（*Counterculture Green*）がある。

最近の私は、GBNとその関連財団で、半々の時間を過ごしている。一九九〇年代に、発明家ダニー・

ヒリスは長い時系列で世の中を眺望するよう提唱し、一万年時計〔一万年間、稼働する時計をを設計中で、ネバダ州に設置する予定〕を考案した。一九九六年、私は彼に呼応して「ロング・ナウ・ファウンデーション」を設立した。その役割は、「長期間にわたって責任を持つこと」で、長期間とは、過去一万年とこれからの一万年という概念規定だ。人類がいま考え及ぶ範囲は、それぐらいが限度だ。

地球の仕組みを知る

ラブロックは、「地球はつねに動き続けている」と言っている。文明も、同じように動いている。一万年前に始まった文明は、都市集中型に移行するプロセスをほぼ完了しつつある。今世紀における「エコ・プラグマティズム（現実的な環境主義）」の考え方の出発点は、農村から都市への大移住が進行する際に、人間性がどのように変化するのかを認識するところにあった。さらに、それがどのような状況を生んでいくのか、予兆をつかんでいく必要もある。このテーマはきわめて大きいので、それに二つの章を当てる。「都市型惑星」では、都市を運用していく動力、つまり電力供給網が必要だ。現時点で考えると、炭素の排出を抑えるという意味では、原子力がベストだ。気候問題を強く意識しているグリーン派の意向に原子力がどれほど合致しているのか、私は一章を費やして論じる。そのあと、遺伝子工学（ジェネティック・エンジニアリング）に二つの章を割く。農業は自然のインフラに多大のダメージを与えているが、バイオテクはそれを減らすうえで大きな役割を果たせるからだ。そして、遺伝子や微生物に関する数々の新発見がエコ化学を変質させている。

科学はこれまでも、環境運動にさまざまな情報を提供してきた。だがこれからは否応なく大規模なエコシステム・エンジニアリングの時代に入っていくのだから、私たちは自らの行動の意味合いをしっかり把握しておかなければならない。それを理解していただくために、一章を用意した。ビーバーはエコシステムのエンジニアとして有益な実績を上げ、環境に貢献している〔川をせきとめて枝などで巣を作り、そのダムが環境保全に貢献している〕。土壌を豊かにしてくれるミミズも同様だ。ネイティブ・アメリカンであるインディアンたちは、アメリカ大陸のあちこちで耕地にふさわしい土壌改造をおこなってくれた。自然インフラを回復するために努力しているすべての人々も、貢献している。そのために割いた一章は、そのまま結論につながる。地球の仕組みを知ることは、ミミズと同じ業績ながら、もっと広大な面積で生活レベルの向上に役立つ。

The world will be normal again; it will be an Asian world, as it always was except for these last thousand years. They are working like hell to make that happen, whereas we are consuming like hell."

A major impact of the move from countryside to city is that it unleashes woman power. Lenders have learned that microfinance credit works best when provided to women instead of men; and women are the more responsible holders of property deeds. The Challenge of Slums summarizes: "In many cases, women are taking the lead in devising survival strategies that are, effectively, the governance structures of the developing world when formal structures have failed them. However, one out of every four countries in the developing world has a constitution or national laws that contain impediments to women owning land and taking mortgages in their own names."

Women play

Women play a pivotal role in all this. The UN report notes that CBOs "are frequently run and controlled by impoverished women and are usually based on self-help principles, though they may receive assistance from NGOs, churches and political parties." A major impact of the move from countryside to city is

For the first time in her life she had got rid of her husband, her in-laws, her village and their burdens. A few months after she arrived, Shimu, now able to support her children, mustered the courage to return to her town and file for divorce. ... Shimu prefers living in Dhaka because "it is safer, and here I can earn a living, live and think my own way," she says. In her village none of this would have been possible. But she thinks that when she is older she will go back there. She plans to buy a piece of land and settle there.

Cities are engines of rural devel opment......Impro ved infrastructure between rural areas and cities increases rural productivity and enhances rural resdents' access to education, health care, markets, credit, information and other services. On the other hand, enhanced urban-rural goods and services and added value derived from agricultural produce.

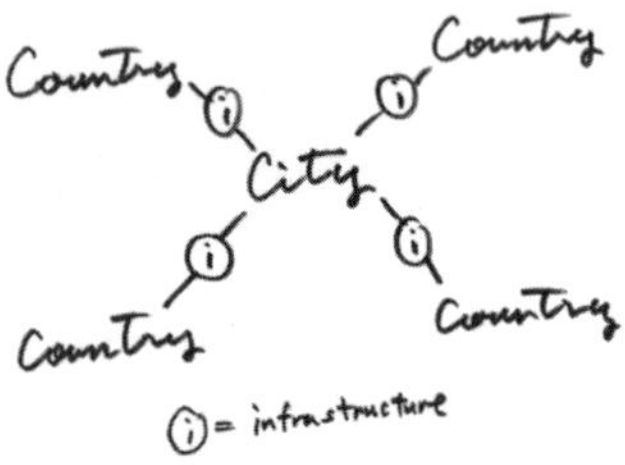

Against the dark sceen of night, Vimes had a vision of Ankh Morpork. It wasn't a city, it was a process, a weight on the world that ddistored the land for hundreds of miles around. People who'd neve see it in their whole life neverthless spent that life working for it. Thousands and thousands of green acres were part of it, forests were part of it. It drew in and consumed...

...and gave back the dung from its pens, and the soot from its chimneys, abd steel, and saucepans, and all the tools by which its food was made, And also clothes, and fashions, and ideas, and interesitng vices, songs, and knowledge, and something which, if looked at in the right light, was called civilization. That was what civilization meant; it meant the city.

——Terry Pratchett, Night Watch

第 2 章

都市型惑星

Gandhi idealized ...

Gandhi idealized villages as the way to return Indians to their precolonial state. B. R. Ambedkar, the Dalit, or untouchable, leader who helped write India's Constitution, saw it differntly: he called villages a cesspool, "a den of ignorance, narrow mindedness and communication," and urged untouchables to flee them for urban anonymity.

Social cohesiveness is the crucial factor differentiating "slums of hope" from "slums of despair." This is where CBOs (community-based organizations) and the NGOs (national and global nongovernmental organizations) shine. Typical CBOs include, according to UN-HABITAT's The Challenge of Slums (2003), "community theatre and leisure groups; sports groups; residents associations or societies; savings and credit groups; child care groups; minority support groups; clubs; advocacy groups; and more. ... CBOs as interest associations have filled an institutional vacuum, providing basic services such as communal kitchens, milk for children, income-earning schemes and cooperatives."

都市は、富を生む。いつの世でも、それは変わらない。都市は、人々を吸い込む。これもまた、不変の真理だ。農業は人間の環境収容力を高めたが、都市も同じ役割を果たした。都市化が進むにつれて、従来の「絶え間ない戦闘」の時代に比べれば、死亡率は下がった。スティーヴン・ルブランは言う。

「都会人は道具を作り、技術を改良し、それによって農業も改善されて効率がよくなって収量が増えたため、農耕をやめて都市に移っても支障はきたさなかった。したがって、都市は膨張した。そのおかげで、農民は資源と人口の重圧から解放された」

一万年にわたって人々は都市へ流入し続けたが、その動きがやがて奔流になった。一八〇〇年の時点で、都市人口は全体の三%に過ぎなかった。一九〇〇年にはそれが一四%に膨らみ、二〇〇七年には五割に達した。この時点で農村人口の過半数時代は終わり、都市人口の過半数状況が加速した。私たちはいま、都市型惑星に住んでいる。しかもこれから見ていくように、以前よりグリーン化は促進された。今世紀における環境プロジェクトを正しく遂行していくためには、都市化がどのような形で進行しているのか、そしてこれからどう対処すべきかを把握しなければならない。

現在のような都市化の趨勢が続けば、今世紀の半ばには都市人口が八割を超える。週ごとに一三〇万人ずつ都市人口が増えている。年に七〇〇〇万人が、何十年間にもわたって増加する計算だ。これは、史上空前の大移動だと言える。実際には、どのようなことが起こっているのだろうか。

プッシュ・プル理論

二〇〇一年に、私はガンジーのようにロマンティックな動機で、村落に関する会議を開いた。席上、世界女性基金のカヴィータ・ラムダス理事長は、次のように語った。

「農村部で女性がやるべきことといえば、亭主や親類にひたすら従い、歌いながらキビを叩いて脱穀するだけでした。もし町に出られれば仕事はあり、商売を始めることも、子どもを学校にやることもできます」

彼女が私の関心を喚起してくれて以来、辺地から出てきた人たちに田舎の様子を聞いて回った。村には人なんていない、という返事ばかりが返ってくる。世界中どこでも、状況は同じだった。

人口動態学者は、都市部への人口流入を「プッシュ・プル理論」(押し出す力と引っぱる力)で説明する。「プッシュ」は、次のように働く。村における仕事は背中が痛くなる重労働で、貧乏たらしく行動に制約もあり、風雨にさらされるうえに危険も伴い、しかも退屈だ。山賊に襲われるかもしれないし、どのような災害に遭うかわからない。疫病に見舞われる可能性も高いし、近くに助けてくれる人もいない。馬車馬のように働いても天気に恵まれずに凶作になれば、食料を口にすることも売ることもできない。

町に住む親類のところへ行けば、「プル」の要因がよくわかる。町の生活には心弾むものがあり、労働も過酷ではない。収入もたくさんある。どこへでも自由に出歩けるし、仕事も変えられる。プライバシーを保つこともできるし、ケガも少ない。そして、上を目指して励むことも可能だ。そのようなメリットがあるのなら、スラム暮らしでも我慢できるんじゃないか。ルネサンス期のドイツ人たちは、「都会の空気を吸えば自由を感じる」と言って、胸を高鳴らした。だがヨーロッパ・ルネサンス期の解放感は、現在と比べればささやかなものだった。都市に行くことは解放されることで、二〇〇五年の『ニューヨーク・タイムズ』紙は、次のようなエピソードを紹介している。

ガンジーは、インドの農村部が植民地以前の状況に戻ることが理想だと考えていた。だが憲法の起草にも参画したアンタッチャブルのリーダーである、B・R・アンベドカーは、そのようには見ていなかった。農村は「無知と偏狭な心、コミュナリズム（地方自治主義）がはびこる巣窟」で、「社会のゴミため」だと彼は見ていたから、アンタッチャブルは都会に出て、人ごみのなかに埋もれてしまうほうを奨励した。

同じ記事のなかで、インドの六〇万の村々の住民が、人口三五〇万の都市スラート（グジャラート州）などに集中していった最大の理由を、次のように分析している。

二八歳のラジェシュは、郷里で一年間、農業をやってみたが、水利が悪いために断念した。スラートに移り住んで三年が経った現在、彼は月に五〇〇ドルあまりを稼げるようになった。この額は、郷里で農業を続けている父親の年収を上回る。彼はいまでは自分の家を持ち、バイクとバンも所有している。

彼のような意欲を持つ人間が、九億人もいる。これは、インドの総人口一三億人の約七割に当たる。さらに、途上国で農村部に暮らしている人数は、二八億人と推定される。そのうえ、都会で得られる仕事の魅力はどんどん大きくなる一方だし、田舎暮らしは厳しくなるばかり。耕地は養分を収奪するために疲弊し、個人の保有面積は子孫に分割されて細分化されるからだ。また、内戦や対立激化の恐れもある。途上国の農民がギリギリまで追い詰められている状況に同情する人は多いが、やむを得ない趨勢だとあきらめている場合が多い。しかし、これは貧困の罠であると同時に、環境面でも悲劇だ。苦しいからといって農業を放棄すれば樹木や灌木がはびこり、薪を集める人もいなくなって深い森が復活し、野生動物を狩猟して食肉にする者もいないから動物が増殖する。

アジア主体の世界へ

北米やヨーロッパのような先進地域では、田舎のプッシュ要素と都会のプル要素のメカニズムは異なるものの、やはり同じく強力な作用が働く。ルー・リードの歌には、こうある。「小さな町で育った者は／みみっちくまとまってしまう／小さな町育ちのメリットはただ一つ／地元ばなれする勇気を与えてくれること」

アメリカ北部の高原地帯――ファーゴ、ビスマーク、グランド・フォークスなどの都会（いずれもノースダコタ州）――はにぎわっているが、広大な草原地帯は住民もまばらで、ゴーストタウン化し、荒廃した農家が残骸をさらしている。『ナショナルジオグラフィック』誌の描写によると、「完全に潮が去ってしまい、教会は放棄され、校舎は閉鎖され、全体が遺跡のようだ」。ヘラジカやピューマなど大型動物の数がまた増え始めた。モンタナ州の東部からテキサス州の北部にかけての山岳地帯では、環境運動家たちが渇望していたように、バッファローが珍しくないような状況が出現しつつある。

アメリカのような先進国では、人々は退屈で孤独で住みにくい場所から、にぎやかで楽しい沿岸や日照の多い地域、メガポリタンと呼ばれる人口稠密（ちょうみつ）地帯に向かって移動している。たとえば、ボストンからバージニア州リッチモンドに至る東海岸、あるいは私が住むサンフランシスコからネバダ州リノに至る「海から空まで」楽しめる地帯だ。先進諸国でかつて人気のあった、ひなびた漁村はまるきり寂れてしまった。漁業自体は盛んになっているが、いまや主体は残念ながら、都市に拠点を置いた〝工場船〟だ。共産主義体制が崩壊したとき、それまで政府が財政支援してきたロシア中部や東欧の小都市からは、若者たちと彼らの将来がたちどころに消えてしまった。

だが都市化の大波が押し寄せた主な舞台は、ヨーロッパや北米ではない。アメリカには人口一〇〇万都市が四九あるが、中国にはなんと一六〇もある。一九五〇年以来、中国では三億もの人が都市になだれ込み、これから数十年の間にさらに三億人が移住するとみられている。中国の総人口一三億人の半数近くだ。この現象は、途上国ないし新興国に共通している。

「文明は都市において起こる現象だ」と言う歴史家もいる。私はカリフォルニア州に住んでいるが、『ニューヨーカー』誌や『ニューヨーク・タイムズ』紙を読んでいる。フランス人が『パリ・マッチ』誌を好んで読み、イギリス人がロンドンの新聞を読みたがるのと同じだ。どの国でも、最大の都市が国家を象徴する存在だし、同時代で最大の都市を調べれば、その時代の特色や進歩の度合も判断できる。私が知っている人々の多くが基準としてあげるのは、ロンドン、ニューヨーク、パリ、ベルリンなど西欧の首都だ。これらはたしかに、一〇〇年前には世界最大の都市だった。一九〇〇年の時点で、トップのロンドンの人口は六五〇万人、ニューヨークは四二〇万人だった。以下、パリ、ベルリン、シカゴ、ウィーン、東京、サンクトペテルブルク、マンチェスター、フィラデルフィア、と続いた。東京だけがアジアに属する、異質の存在だった。

それから五〇年後の一九五〇年、トップテンの大都市は人口が倍増し、上海、ブエノスアイレス、カルカッタが顔を出した。さらに五〇年あまりが経った二〇〇三年、トップテンの都市人口はさらに三倍増になったが、大変動があったのは人口数だけではなかった。東京が三五〇〇万人〔国連が発表した統計に基づくもので、東京都の人口ではなく、首都圏の人口を指す〕でトップになり、メキシコシティが一九〇〇万、ニューヨークは一八〇〇万でまだ上位にいたが、サンパウロも一八〇〇万で並び、ムンバイが一七〇〇万、デリーが一四〇〇万、カルカッタ、ブエノスアイレス、上海が一三〇〇万で並び、ジャカルタが一二〇〇万で続いた。数字の大きさ、つまり人口の多さには一驚する。国連の予測によると、二〇一五年に新たにトップテンに顔を出すと思われる都市として、バングラデシュのダッカ、ナイジェリアのラゴスがあげられ、躍進いちじるしい都市としては、カラチ、カイロ、マニラ、イスタンブール、リマ、テヘラン、北京などが連なる。

このようなリストを見れば、トレンドは明らかだ。「西欧の優位」は終わった。世界は一〇〇〇年前の姿に戻った。そのころのトップテン都市は、スペインのコルドバ、中国の開峰、コンスタンチノープル(現イスタンブール)、カンボジアのアンコール、京都、カイロ、バグダッド、イランのニシャプール、サウジアラビアのアルハサー、インドのパタンなどだった。スウェーデンの統計学者ハンス・ロースリンクは、こう評している。

「世界はふたたび、ノーマルな形に戻りつつある。これからは、アジアが主体の世界になる。この一〇〇〇年ほどを例外として、世界はそのような趨勢で推移していた。アジアの人たちは、そのために一心不乱で働いてきた。一方、西欧の人々は消費にかまけてきた」

世界の二四の大都市について考察してみるのも、一興だろう。つまり、一〇〇〇万都市だ。国連の概念規定によると、小都市とは人口五〇万以下で、世界の都市人口の約半数がこのような小都市で暮らしている。中都市は人口一〇〇万から五〇〇万規模で、世界都市人口の二二％がこれら中都市に住んでいる。国連報告は、次のように指摘している。

「家族や個人にとっての社会変革が最も起こりやすいのが、これらの中都市だ。農村経済と都市経済が結びつきやすいし、農村部の貧困から抜け出し、都会においてチャンスを狙える〝第一歩〟になるからだ」

マルクス経済学者のマイク・デイヴィスは、二〇〇六年に刊行した『スラムの惑星』（酒井隆史監訳、篠原雅武／丸山里美訳、明石書店）で、次のような見通しを語っている。

アフリカでは……ラゴスなど少数の大都市は、ワガドゥグー（ブルキナファソ）、ヌアクショット（モーリタニア）、ドゥアラ（カメルーン）、アンタナナリボ（マダガスカル）、バマコ（マリ）など何十もの都市、そしてもう少し規模の小さな都市やオアシスと同じく、住民に大きなインパクトを与えた。ここに列記した各国の首都は、サンフランシスコやマンチェスターよりも人口の多い大都市になった。ラテンアメリカでは、長いこと首都だけが成長していたが、いまではティファナ（メキシコ）、クリティーバ（ブラジル）、テムコ（チリ）、サルバドル（エルサルバドル）、ベレム（ブラジル）など、首都に次ぐ都市も急成長している。

言い換えれば、ほとんどの西欧人が聞いたこともないような場所から、たくさんのニュースが伝わってくる。開発途上諸国の都市化は、スピードにおいても質の面でも、ヨーロッパや北米で進行してきた都市化とは異質だ。三倍も速いし、九倍もスケールが大きい。私たちが注目していない彼方で、世界は変質している。

都市の無限の可能性

人間が作った組織のなかで、都市は最も寿命が長い。企業として現在でも続いているスウェーデンの製紙会社ストラ・エンソも七〇〇年の歴史しかない。日本の住友グループも四〇〇年だ。ボローニャ（イタリア）やパリにある最古の大学でも、歴史はたかだか一〇〇〇年だ。だがヒンドゥー教やユダヤ教の古都は三五〇〇年もの歴史があり、最古の町ジェリコ（パレスチナ自治区）は、一万五〇〇〇年も人間が住み続けている。すぐ近くにあるエルサレムは、三六回も占領や破壊を繰り返しながら、五〇〇〇年にわたって重要な都市であり続けている。その間に、統治宗教は一一回も移り変わっている。死滅したり、めっきり衰退した都市も数多い半面、一〇〇〇年にわたって繁栄している都市もある。

絶えず改変していることが都市が長く生き延びる要因に思える。ヨーロッパでは、二、三年ごとに外見（建物や道路などの建造物）が改修されたり、建て替えられたりする。実際に五〇年も経つと、都市全体が新しくなっている。アメリカや途上国の変化は、もっと激しい。ただし外見は変容したように見えても、根源では不変の要素を維持している。地理的な要素のほか、経済・文化面でも特質は引き継がれ、ひどい戦禍を受けても（ワルシャワや東京）、大火で焼失しても（ロンドンやサンフランシスコ）、それぞれの特色が保たれる場合が多い。

都市は、おそろしくカネがかかる。環境面でも経済面でもカネ食い虫だ。だが、それを上回る価値がある。国連の人間居住計画（ハビタット）〔一九七八年から世界中のデータを蓄積し、それを根拠に都市化を推進する姿勢を明確に打ち出している〕には、次のように記されている。

「都市は、国を富ませる。高度に都市化した国家は、国庫収入も大きく、経済は安定し、企業や組織もしっかりしている。都市化が進んでいない国に比べると、国際経済が破綻した場合でも耐えられる力を持っている」

急速な都市化に関しては、二〇〇三年に国連ハビタットが出した報告「スラムの挑戦」が、悲観論から楽観論へ反転するきっかけになった。この報告は、世界の三七カ所のスラムでおこなった画期的な実地調査がベースになっている。これは単に統計数字を羅列したものではなく、現地の実情を知らない遠方の研究者が分析したものでもなく、調査員がスラムを歩いて住民にインタビューしてまとめた記録だ。そして得られた結論は、次のように意外なものだった。

「都市は、新たな収入源を生むうえできわめて成功している。しかも住民は、都市のさまざまなサービスを格安で享受できる。専門家たちは、貧困を減らす現実的な戦略として、できるだけ多くの人々を都市に送り込むことを提案しているほどだ」

国連人口基金の二〇〇七年の報告は、「都市化の無限の可能性」と謳い上げている。中心になって執筆したのは、カナダの人口動態学者ジョージ・マーティンで、次のように記している。

「都市は貧困の巣窟になっているが、貧困から抜け出す最善の好機も提供してくれる。ＧＮＰ（国民総生産）の八割から九割は、都市で作り出される。……世界の人口の半分は都市に住んでいるが、それは陸地面積のわずか二・八％に過ぎない。……都市は人口密度が高いために、教育、保健、衛生、水道、電力などの社会サービスを提供しやすいし、一人当たりの費用も割安になる」

都市は、「集積の経済」というメリットがある。人口の稠密さが経済を加速させ、また最近ではグローバリゼーションのおかげでさらに利点が増えている。情報通信の進化と販路の多様化によって、国境を超えやすくなった。途上国のなかには、政府の信頼度が低いケースもあり、支援団体は正規ルートを迂回して需要の多い都市に直接、接近することが多い。多国籍企業になると、労働力や新興市場が期待できるとなれば都市に殺到する。

都市の専門家リチャード・フロリダは、こう記している。

「世界で最も人口が密集している四〇カ所に、総人口の約一八％が集中しており、そこで世界の経済生産の三分の二が作られている。新特許の九割がこの地域で生み出されている」

国家は国境で区切られているが、都市は人口が密集した結節点で、それぞれがある意味で世界都市だ。それぞれが特異な文化を持ち、異なった経済の流れや住民の流動性を持っている。人々は仕事を求めて外国からも集まってくるし、国内で移動する限り、貧乏だからという理由で移り住むことを拒否されることもない。最近は、複数の都市に住む者も珍しくない。このような「渡り鳥族」の職種はさまざまで、おおむね富裕層だ。都市のグローバリゼーションは急速に進んでおり、それが都市を豊かにしている。一九八〇年から二〇〇四年の間に国際貿易は五八〇〇億ドルから六兆ドル超まで、一一倍にも膨らんだ（だが二〇〇八年には、世界金融危機のあおりを受け、成長率は鈍化した）。豊かさが広まったため、都市国家が復活したケースもある。シンガポールやドバイの隆盛は、古代アテネや一五世紀のヴェネツィアを思い起こさせる。

多様なコントラスト

都市はどうあるべきか、都市はこれからどのような姿になっていくのか——。従来の概念規定をご破算にするような、新たな学説が唱えられている。「クライバーの法則」〔動物の標準代謝は、体重の四分の三乗に比例する〕と呼ばれる現象を応用したもので、ネズミとゾウの対比に見られるように、都市も規模が大きくなるにつれて代謝効率がよくなるという考え方だ。物理学者のジェフリー・ウェストは、次のように言っている。

「都市の基本原理の一つは、住民を結びつける効率的な仕組みを備えていることだ。一人あたりの必要量は減り、過不足なく供給されるメリットがある。生物と同じだ。動物も大きくなると、それぞれの組織に必要なエネルギーは低減する」

ただし動物の場合、体格が大きくなるにつれて、心臓の鼓動はゆっくりになる〔ネズミの早鐘のようなビートに比べて、ゾウの鼓動はゆっくり重々しく打つ〕。ところが都市の場合は、大きくなるにつれて加速する。

この説を唱えた論文は、画期的なものだった。二〇〇七年版の「科学アカデミー報告」に掲載された「都市の成長・革新・規模と、その速度」の共著者の一人が、ジェフリー・ウェストだ。研究者たちは各都市のさまざまな指標——たとえば特許の取得数、個人所得、電線の延長距離などを比較して、新たな事実を発見した。都市は、大きくなると創造力を発揮する。だが相互の関連性は、高速の「スーパーリニア」型だ。都市の規模が倍になると、改革の度合はそれをさらに上回る。『サンタフェ・インスティテュート・ブレティン』紙は、論文の骨子を次のようにまとめている。

　都市の規模が倍増すると、だれもが忙しくなり、一人あたりの生産性は一五％上昇する。歩く速度も、平均すると早まる。ビジネス分野はもちろん、公共の広場やナイトクラブなどでも電力消費量が増す。すると都市はさらに発明家やアーティスト、研究者や資本家を引き付ける。富は膨らむが、住宅の値段も上がる。

都市が大きくなれば、問題も引き起こす。そうなると、欠陥を改善しようとして都市の改革は加速する。論文の共著者は、次のように主張する。

「都市の規模が拡大すると、面積が広まるとともに生活のテンポも早まる。都市を維持していくためには、新しいものを取り入れて、変革のスピードはさらに早まる」

論文の結論は、こうだ。

「これまで見てきたように、変革によって都市の成長は促され、都市は際限なく広がり、旧来の都市経済の概念に対する反論が噴出してくる」

ウェストは、私にこう語った。

「つまり、都市はとどまることなく成長できる可能性があります。蒸気機関や自動車の発明、デジタル革命などには、都市の絶え間ない拡大を助けるという共通点があるのです」

都市が、好能率と変革が結集したものであるという前提で、雑誌『コンサベーション』のある論文は次のように要約している。

「環境面で持続可能な社会を作っていくための秘策は、都市を大きくすることだ。大型都市は、もっと増えてしかるべきだ」

『ロンドン――都市の伝記』(*London: The Biography*)のなかで、ピーター・アクロイドは、イギリスの詩人ウィリアム・ブレイクの言葉、「相反する要素がせめぎ合わなければ、進歩は望めない」を引用し、ブレイクはロンドンにどっぷり浸かっているために、そのように実感したのだろうと推察している。アクロイドは続ける。

「どの都市を歩いても違いを強く感じるもので、それはすべての町にそれぞれ特異性があるためだ」

都市を変革させる原動力は、「富」というエンジンで、それが多彩なコントラストを生み出す。コントラストが大きくて激しいほど、そして渾然一体(こんぜんいったい)になっていればいるほど望ましい。最も生産性の高い都市は、多くの文化を持ち、さまざまな言語が飛び交い、さまざまな人種が寄り集まり、どこよりも多様な都市体験を味わえる。このような都市では、大いなる富とひどい窮乏が混在するが、それが貧困を救済するうえでも役立つ。

何が都市を作ったのか

都市が誕生した理由は、農業が定着したためだというのが通説だ。十分な食料が得られるようになったため、自由な時間を手に入れた人々がスペシャリストになった。農業から解放された人たちは、食べるために二四時間、靴屋や鍛冶屋、役人をやっている必要もない、と通説は続く。だがジェーン・ジェイコブズは、『都市の経済学』（中村達也／谷口文子訳、TBSブリタニカ）でその通念をひっくり返した。彼女は、こう主張する。

「農村の経済は、農業を含めて都市の経済の上に成り立っている。それによって、都市は機能する」

彼女によれば、相関関係は最初からそのような仕組みになっていて、それが現在も続いているという。たとえば、農業の改革はおおむね都市の要望を踏まえたものだった。古代ローマが滅びたとき、ヨーロッパの農業も潰れた。一二世紀に作物の輪作が導入されたのも、ヨーロッパ諸都市を中心に展開され始め、遠隔の農村に浸透するまでに二世紀かかった。一八世紀に、地中に窒素を固定するためにアルファルファの草が画期的な役割を果たすようになったが、これも最初は都会の庭で試されたものだった。アメリカの農業は一九二〇年代になってにわかに躍進したが、それはハイブリッドのトウモロコシが導入されたおかげだった。これが開発されたのは畑ではなく、コネチカット州ニューヘイブンにある実験室だった。

もし農業が都市を作ったのではないとすると、都市は何が作ったのか。ジェーン・ジェイコブズは、〝交易〟だと考えている。「歴史は絶え間ない戦闘だった」という説に基づいて私が都市の根源として推測するのは、〝防衛〟だ。最初に町を作ったときには、まず城壁で周囲を囲んだに違いあるまい。次に城壁内に四角っぽい家をたくさん建ててコンパクトにまとめた。古代メソポタミアの都市住人たちの大部分――アメリカ南西部で農耕生活をしていたプエブロ族など――は、砦の内部に何階かの建物を建て、密集した暮らしをしていて、外壁の外には出なかった。出入りには梯子を使い、用がすめば片づけた。白人による征服が進み始めると、遊牧のアパッチ族やナバホ族の攻撃に備える防御はあまり意味がなくなったため、プエブロ族たちもかたまって暮らすのはやめて建物は散らばるようになった。都市問題が専門のルイス・マムフォードは、「ごく初期の町は、取り囲まれた砦のような形態だった」と語っている。農業が始められたのは、ジェフリー・ウェストが論じるように、城壁のなかで暮らすコミュニティが大きくなっていくために考え出された工夫だったのかもしれない。現在の大都市も、似たような発明をしている。二〇〇六年の国連ハビタットの報告には、次のような記述がある。

都市は、農村部を発展させるエンジンだ。……田舎と都市を結ぶインフラが改善されれば農村部の生産性は上がり、教育や保健、マーケット、信用取引、情報など多くのサービスを受けやすくなる。農村と都市の連携が密になれば、都市も利益を得る。農村部でも都市の品物やサービスに対する需要が高まり、農産物にも付加価値が付くからだ。

村にとって何よりもありがたいのは、都市との結び付きが強まる道路の建設であり、携帯電話の普及だ。都市への移住が加速すれば、農村に残る人数は減る。すると、可もなく不可もない農地でぎりぎりの生活ができる程度の農作物を作る方法をやめ、面積は小さくても豊かな耕地で現金化しやすい作物を集中的に作るようになる。これは都市にとってありがたいことだし、農村にとっても、地域の自然システムにとっても望ましい。帯水層や森林も息を吹き返す。パナマにおける研究では、人々が焼き畑農業を断念して都市に流れたときの余波を次のように記している。

「農村の人口が減ると、新たな森林が復活する。もしハンターに荒らされなければ、古くからの森に住んでいたさまざまな鳥や動物たちが、新しい森にも移り住んでくる」

世界の森林に関する国連の二〇〇五年の報告によると、熱帯雨林は伐採される面積の五五倍が毎年、復活しているという。数字で言うと、三八〇〇万エーカーの原始林が伐採によって失われたが、ひところは農地として耕され、伐採されたり焼かれたりした二一億エーカーに及ぶ場所に、新たな熱帯雨林が復活した。

だが一方、都市の変革によって影響を被る自然のシステムを保護し、立て直す必要もある、と環境運動家たちは考えている。社会全体が都市化していくために、人々の意識がグリーン派に傾いてきた。都市はグローバル化しているから、環境運動家の考え方、やり方、要求なども、外国からもたらされる。それらを支持する人たちが増えれば、住民が減少した地域で生物の多様化が促進される。

魅惑のスラム

田舎で土地を持ち、農業技術や農村の価値観を持っていた農民たちが、それらを携えて都会のスラムに移り住むことになる。都会にある材料で、安いコストで仮住まいを作り上げるのはお手のものだ。親類や近隣の人たちと協力して作業することにも、慣れ親しんでいる。インフラが完備していなくても、痛痒(つうよう)は感じない。このようにして不法占拠地帯(スクワッター・シティ)を作り上げる能力は、現代の都市で最もクリエイティブな建造物を作り上げる才覚だといえる。これらスクワッター・シティと呼ばれるスラムの人口は、必ずしも歓迎されない現象でありながら、すでに一〇億人に達していて、遠からず二〇億人に達するものとみられている。

スラムの現状を、美化することはやめよう。新しいスクワッター・シティは人間の汚水槽のようなもので、そのような匂いがすることも少なくない。衛生関連の施設をはじめ、水や電気や交通などのインフラも、ほぼ皆無。だれもがひどい掘っ立て小屋に住んでいて、小屋同士もひしめき合っている。どの部屋も、人がギュウ詰めだ。典型的なスクワッター・シティは、たいてい何キロにもわたって続いていて、無計画に広がり、政府も統治できない。本来は居住に適していない沼地や氾濫原（はんらんげん）、けわしい山腹、都会のゴミ捨て場など、ハイウェイ計画から外れた半端な地域や、交通量の多い鉄道路線に隣接した場所だ。

だがスクワッター・シティは、活気に満ちている。狭い道路に商店がひしめき、屋台やバー、喫茶店、美容院、歯医者、教会、学校、スポーツジム、それに携帯電話や雑貨や衣類や電気製品や非合法ビデオや音楽を扱うミニショップなどが軒を連ねている。都市のなかでも、最大の密集地域だ。ある意味では、社会資本が結集している。隣同士の好き嫌いは別として、お互いによく知り合っているからだ。近くでいつも顔を突き合わせているのは、貧乏に打ちひしがれた人々ではなく、一日でも早く貧困から脱出しようと努力を怠らない面々だ。

極端な例が、インドのムンバイだろう。一七〇〇万人が、世界一の密度でひしめき合っている。都市の半分がスラムだが、インドのGDPの六分の一を生み出している。『最大の都市』(*Maximum City*) の著者スケトゥ・メータは、二〇〇七年に次のように書いている。

人々はなぜ、二本のマンゴーの木が立つレンガ作りの田舎の家を捨て、東の方に低い山並みが連なる郷里に別れを告げてムンバイにやってきたがるのだろうか。長男がやがて町の北端にあるミラ通りに、ふた部屋の家を買うことを夢見ているからだ。次男はもっと遠くのニュージャージーに移り住むことができるかもしれない。多少の不便は投資だと思って我慢しなければならない。

兄弟が助け合っているうちに、やがて甥っ子がコンピュータに興味を覚えてアメリカに行くかもしれないし、そうなれば大いに満足感が味わえる。ムンバイには、このような目に見えない支援のネットワークが存在する。ムンバイに個人はなく、組織のネットワークがあるだけだ。組織のなかには忠誠心や義務感が充満しているが、組織の最小単位は家族だ。個人は、それだけでは完結しない。

ここでは、カーストは問題にされない。食堂で女性が一人で食事していても嫌がらせを受けることはないし、だれと結婚するのも自由だ。インドの農村で暮らしている若者にとって、ムンバイの吸引力はカネの問題ばかりでなく、自由を得られるからだ。

二〇〇四年の時点で、私は途上国における野放図な都市化状況について何か重要なポイントをつかみかけた感じを漠然と持ってはいた。それが明確な形で理解できたのは、ジャーナリストのロバート・ニューワースが書いた『影の都市』(*Shadow Cities*)を読んでからだ。彼の取材方法は、その土地の言語を覚え、数カ月にわたってスラムに住み込む実践的な手法だ。場所は、まずリオデジャネイロにあるスラム「ファヴェーラ」の一つ「ロシーニャ」。次にナイロビ近郊にある一〇〇万人のスクワッター・シティであるキベーラ。三番目がムンバイの近くにあるサンジェイ・ガンディ・ナガル。そしてイスタンブール近郊のスルタンベイリ。ここは三〇万人が住むスクワッター・シティで、いまではすっかり開発されて七階建ての市庁舎も立っている。いずれも恐ろしげなスラムだが、ニューワースはふらりと入り込んで行って尋ね回り、住む場所を借り、友人を作っていく。キベーラでは何キロ四方にもわたって白人は一人もいなかったが、だれも問題にしない。脅しを受けて怖い目に遭ったのはリオの警察に目をつけられたときの一回だけで、それもどうやら警官にワイロを渡さなかったためだ。

だれもが、掘っ立て小屋の住まいにまず参ってしまうのではないかと想像しがちだが、ニューワースによると、それは頭痛のタネではないという。政府や建築家が公共住宅を建てたところで、それは最悪のスラム建造物になるだけだ。掘っ立て小屋を建てたスラムの住民は自らの建物にプライドを持っていて、つねに改善を心がけている。ニューワースが発見したスラム住民の最大の悩みは、居住地域の立地で、働く場所から遠すぎることだ。それに加えて、国連の用語によると、「所在地の安全性」という心配がある。突然ある日、ブルドーザーで破壊されてしまう懸念は払拭できない。

スラムの住人たちは、失業をそれほど恐れない。子どもを含めて、だれもが働いている。電話などなくても平気だ。携帯電話があるし、もし手元になければ借りればいい。医療施設も一応はあるし、食料にもこと欠かない。飢餓というのは、いまでは田舎の現象だ。スクワッター・シティで最も必要とされているのは、水や電気、衛生などのインフラだ。

だれもが考えがちだが、スラムは必ずしも犯罪の温床だとはいえない。だがスクワッター社会に犯罪者が潜り込んで隠れミノにするという、むしろ犠牲者になるマイナス面がある。ここでは、警察が守ってくれないからだ。その半面、国連報告の文言を借りると、スクワッター社会には「緑が豊かな郊外生活には見られない連帯感や文化活動があって、みなが力を結集する」傾向が見られる。住民は自らのコミュニティの利害に関しては団結するが、それ以上の政治活動はめったにやろうとしない。

ニューワース以上に、現代のスラム状況を克明に描き出している体験小説がある。オーストラリアの脱獄囚で、ムンバイのスラムに身を隠して組織犯罪の一員になり、スクワッター・シティに惚れ込んでしまったグレゴリー・デヴィッド・ロバーツが書いた自伝的な小説『シャンタラム』（*Shantaram*）だ。ヴィクトル・ユーゴーの『レ・ミゼラブル』のように迫力があり、ジャーナリストのように細部まで描き込んでいて、ユーゴーの作品と違って実体験だけに強く訴える。

ロバーツによると、スラムの生活はつねにメロドラマふうだ。人間関係がそうだし、危険が多いし、追求は執拗だし、すべてが感情的でサービス精神は旺盛だ。迫力に気押されて何回もスラムから離れてみたものの、生活ドラマが懐かしくてすぐに舞い戻ってくる。ロブ・ニューワースの本にも似たような話があった。いくらかカネが貯まったのでファヴェーラの外にアパートを借りたが退屈で孤独でたまらないという男たちが、興奮や連帯意識が忘れられずにまた戻ってくる。ムンバイのスラムに住んだあと、もっと自由なアパートに移ってみたがすぐに出たくなる。男の一人が、こう述懐する。

「昔は四人ぐらいの仲間がいつも近くにいて、すわってしゃべり合ったものだ。だがいまでは、養鶏小屋に隔離されちまったような感じだ」

〝希望が持てるスラム〟と〝絶望的なスラム〟を区分する決定的な違いは、「社会的なつながりが持てるかどうか」にかかっている。そこで重要な役割を果たすのが、CBO（地域開発団体）やNPOなどの活動だ。国連ハビタットがあげる典型的なCBOとしては、二〇〇三年に組織された「スラムの挑戦」をはじめ、コミュニティ活動とレジャー・グループ、各種スポーツ・グループ、地域住民協会、信用供与グループ、保育グループ、少数派支援グループ、各種支援クラブなどがある。これらCBOの活動が行政の隙間を埋めていて、コミュニティ・キッチンや子ども用ミルク、収入計画や協同組合などの基本的な支援をおこなっている。

ジャーナリストのロバート・カプランは二〇〇七年に、バングラデシュにおけるNGOの活動について、次のように報じている。

「NGOは、まったく新しい形の生命体のような活動をしている。都市でも農村でも、完全に機能していない政府に代わって画期的な活動を続けている。しかもバングラデシュのNGOは外国からも資金援助を受けているため、国際的な基準で事業をおこなっており、一般的な民間セクターより充実した活動が展開できている」

女性と宗教の役割

スラムにおいて、女性が果たす役割は大きい。国連報告によると、「CBOの中核には貧しい女性が多い。彼女たちは自助精神に基づいて活動しており、またNGOや教会、政党などから援助を受けている場合もある」という。田舎から都会に移り住むことによって、ウーマンパワーは呪縛(じゅばく)を解かれる。マイクロファイナンスの貸し手たちは、男性よりも女性に融資したほうがうまくいくことを学んだ。また女性が財産管理するケースも増えている。「スラムの挑戦」は、次のように結論づけている。

「サバイバル作戦を立てるに当たっては、女性がリードするケースが多い。途上国においては、建て前だけの政府統治がうまく機能していないことがよくあるからだ。途上国の四つに一つは、憲法ないし国法によって女性は土地を持つことが禁じられ、また女性の名前では抵当権を設定できない仕組みになっている」

田舎の女性たちの日課は、水や燃料を運ぶ仕事だったが、都会に来てそれらの労働から解放されることはきわめて重要な点だ。国連報告は、きっぱりとこう書いている。

「仕事に就いて収入を得るうえで、女性にとっては職業訓練を受けるよりも、給水塔の設備のほうがありがたかった」

二〇〇七年の国連報告「都市化現象」には、バングラデシュの二〇代前半の女性シムが、北部の田舎からダッカに出てきて縫製工場で働くようになったエピソードが紹介されている。

彼女は人生ではじめて、亭主から解放され、義理の親類からも解き放たれ、村の束縛や重荷にも煩わされない環境にやってきた。子どもたちの面倒を見る日常にも慣れたシムは、都会に来て二、三カ月が経ってから、勇気を振り絞って郷里に戻り、離婚の手続きに踏み切った。

シムはダッカで暮らしたいと思った理由を、「こっちのほうが安全だし、ここでなら収入が得られる。自立して暮らせるし、自分で暮らしの設計ができるから」と語っている。郷里の田舎では、これらのいずれも実現できなかった。だが歳をとったら、郷里に戻りたいと考えている。ささやかな土地を買って、定着したいからだ。

いずれ郷里に戻りたいという願望は、世界に共通しているようだ。「スラムの挑戦」のなかにも、ケニアにおける次のような話がある。

「ナイロビの中心部に住んでいる男性たちに出身地を尋ねると、ニエリとかキアンブとかエルドレットなどと答える。実際には、行ったこともない地名だ。でも彼らは、死んだら祖先が暮らしていたそのような土地に埋葬してもらいたいと考えている」

心のふるさとに対する強い愛着心は、新興国がこれから環境の改善を目指すうえ、重要な要素になるのだろう。

スラムを支援していく際に、宗教グループは一般に考えられている以上に重要な役割を果たすのではないだろうか。マイク・デイヴィスは『スラムの惑星』のなかで、次のように指摘している。

イスラム教のポピュリズム系、キリスト教のペンテコステ教会（そしてボンベイではシバ信仰）が主流で、二〇世紀の初頭に社会主義やアナーキズムが隆盛だったときと似たような状況だ。たとえばモロッコでは、毎年五〇万人ほどが田舎から都会に流入するが、都市人口の半数が二五歳以下だ。シーク・アブデサラーム・ヤシンが創設した「正義と福祉」のようなイスラム教の運動が、スラム内では事実上の政府のような役割を果たしている。この組織が夜間学校を運営し、弱者には法的な保護を与え、病人に薬を与え、巡礼者を財政的に援助し、葬式の費用まで負担する。――ペンテコステ教会は、世界の主な宗教のなかでは、はじめて都会のスラムに定着した。人種差別をしない点が評判になり、一九七〇年以降スラムの女性に人気がある。ペンテコステ教会は、地球上の都市貧民の自治政府機能を持つ最大の勢力にまで成長したと言えそうだ。

人口動態学者のジョージ・マーティンは、二〇〇七年の国連報告のなかで次のように述べている。

「急速な都市化は、合理性の勝利だと言えるし、世俗的な価値や神秘性を打破する面でも意義がある。……それらに代わるものとして、都市に特有の新たな宗教運動が起こってきた。……中国では猛烈なスピードで都市化が進んでおり、宗教活動も求心力を高めている」

進化するスクワッター

スクワッター社会と聞いて私がまず思い浮かべる明るいイメージは、外壁がレンガやコンクリート造りのビルで、てっぺんに鉄筋が突き出していて完成を待っているという、どこにでもあるような光景だ。手作りで上へ伸ばしていくのだが、鉄筋が突き出しているのはもう一階、上へ伸ばそうという意欲の表れで、そこに親類を住まわせるか、または間貸しをしたいと考えている。トルコの都市ではどこへ行っても、庭に化粧レンガが山積みされている。いくぶん小金を貯めると、レンガを買い足す。通貨がインフレ状況になっても、価値が変動しないからだ。さらに余裕ができると、壁を一面か二面、継ぎ足す。未完の住宅が風雨に耐えている。

新しいスクワッター社会、あるいは絶えず取り壊しの脅威にさらされているスラムでは、小屋の材料はダンボールであったり、布地やプラスティック、木片、ドラム缶を広げ伸ばしたもので、比較的マシな素材が波型の鋼板だ。ロバート・ニューワースは、『影の都市』でこう述べている。

プラスティックのパイプがあれば、バンザイだ。プレハブの窓が手に入れば、サイコウ。ベニヤ板とか古い型でも流し台があればグーだし、安もののタイルでも手に入ればオンの字。セメントと軽量ブロックがあれば、大歓声。貧弱でも、鉄筋が見つかれば跳び上がる。次は、速乾コンクリートを探そうじゃないか。扱いやすいビニールの紐があれば、イカす。簡便なコンセント、ケータイは大歓迎。

時間が経つにつれて、外壁は堅固で背の高いものになっていく。建築材もしっかりして長持ちするものに変化していく。スクワッター・シティで不思議なことは、年月とともに住民たちの手によって、わずかでも着実に改善されていく点だ。住宅もそうだし、コミュニティ全体もよくなっていく。都市計画の専門家から見れば、スクワッター・シティは混沌（こんとん）のきわみだろう。だが私のような生物学者の目から見ると、きわめて有機的に動いている。

イギリスのチャールズ皇太子も、同じような見方をしている。ムンバイのダーラヴィ・スラムを視察したあと、彼はロンドンで次のような感想を述べた。

「ここの底流には、無意識のなかにもデザインの法則があって、歩いて行ける範囲に多目的の建物がある。現地の風土に適した建造物の素材は、世界中で建設され続けている貧困者たちの無機質な建物には見られない特質を備えている」

都市の研究者たちによれば、世界中の都市で建設を担っている主力はスクワッターだと言う。古くからあるスクワッター・コミュニティでびっくりするもう一つの要素は、住宅の内部だ。タイで研究していた専門家たちは、二〇〇三年の国連報告で次のような現象に注目した。

バンコクにあるスラムの各家庭には、カラーテレビがある。各戸の平均保有台数は一・六台。ほとんどすべての家庭に、冷蔵庫がある。三分の二の家庭にCDプレイヤー、洗濯機があり、携帯電話が一・五台ある。半数の家が電話機も置いているし、ビデオデッキとバイクも持っている。

一九七〇年に、リオデジャネイロのスラム「ファヴェーラ」でジャニス・パールマンが七五〇人にインタビューした。彼女はそのルポを『貧困者の奇跡』(*Myth of Marginality*)としてまとめた。それによると、ファヴェーラの住民たちは、「ブルジョワになる野心を持っていて、開拓者のような忍耐力を示し、愛国者のような使命感を抱いている」と述べていた。三〇年後の二〇〇一年、彼女はふたたびかつてインタビューした人やその子どもたちを訪ねた。その間の変化は、驚くべきものだった。ファヴェーラに住む人たちは相変わらず、住んでいる場所だけで差別視されているが、住民の識字率は、移住した一世では五%だったが、次の子どもの世代では九四%に跳ね上がった。いまではだれもがレンガの建物に住んでいて、電気も水道も引かれているし、屋内トイレも備えている。冷蔵庫、テレビ、携帯電話、洗濯機は全家庭に普及しているし、電子レンジやコンピュータの普及率も、リオの中流家庭と比べて遜色がない。ファヴェーラ住民の三分の二が合法的な地域に引っ越したが、残った者の屋内はタイル貼りになり、家具もかなり豪華なものになっている。

ムンバイを訪れた『エコノミスト』誌の記者は、次のように書いている。

「アジア最大のスラムと言われるダラーヴィは活発で、生き生きしている。……店は蛍光灯で明るく照明され、歩行者でごった返すなかで商売はにぎわっているし、街頭の喫茶店では水ギセルが絶え間なく回し飲みされている。だれもが一生懸命に働いて、生活レベルを向上させようと努力している」

進化する非公式経済

スラムは、世界を変える「経済の震源地」だともいえる。だが、世間から注目されることはない。なぜかと言えば、注目されないような仕組みになっているからだ。スクワッターたちは、土地や財産を法的に所有しているわけではない。税金も納めていない。彼らはなんの許可も得ていないし、資格も持ち合わせていない。彼らは、政府が認めている為替レートにも左右されない。それにもかかわらず、彼らは経済に貢献している。法的な所有権さえないのだが、建物の一部を貸し借りしてカネが動く。認可を受けていないビジネスだが、雇用が創出される。あらゆるサービスや商品の売買がおこなわれる。商品のなかには盗んできたものもあるし、サービスには犯罪に該当するものさえある。つまり「ウラの経済」で、たとえて言えば、天体物理学における「ダークエネルギー」のようなものだ。表向きには存在していないはずなのだが、現実には存在しているし、しかも巨大だ。

非公式経済はまっとうな世界からは見えないが、はっきり実存している。密集したコミュニティの社会資本が、ここで元本を回収して機能する。公認された資産ではないが、ビルの実質的な所有者がいて、住む者から家賃を取る。言語の教師とか、IDカードの偽造などの特技があれば、広告など打つ必要はない。顧客のほうから近づいてくる。役人が嗅ぎつける懸念もない。

二〇〇三年の国連報告「スラムの挑戦」によると、途上国の都市における雇用の六割は非公式セクターに属するのだが、それが公式セクターの成功に不可欠なものとして結びついている。

洗濯物のバッグをホテルに届ける「スクリーン・プリンター」と呼ばれる人たち。自転車を漕いで銅の精練所に石炭袋を配達する「石炭燃やし」の人々。……毎朝、会社の幹部女性が子どもを預けに来る私設保育所。政府閣僚の自宅に防犯用の塀を建設しているもぐりの業者。これらはいずれも、非公式と公式の複雑な絡み合いの事例だ。

都市の荒廃したスラムは、市内の豊かな地域に隣接している場合が多い。すさまじい格差を見せつけているが、密集した都市ではお互いが寄りかかるうえで便利だ。サービスの需給場所が相互に隣接しているからだ。お手伝いさんや乳母、庭師、警備員などは、歩いて職場に行ける。

貧しい者は、カネはないが時間はある。金持ちは、カネはあるが時間がない。そこで手を結んで、補完し合う。カネのない連中が持てあました時間をどのように活用するのかを見るほうが、カネのダブついた人たちがどのように過ごすかよりおもしろい。非公式の経済では、うまく立ち回る才覚が勝負どころになる。たとえば、スラムには都市農業というサブエコノミーがある。各家族は家計を節約する一方で栄養を補給するため、家庭菜園で野菜を作る。あまった分は、近所で売る。イーサン・ズカーマンのブログによると、コロンビアのメデジンにあるスラムでは、三階の屋上でブタを飼い、ペットボトルをカットして窓から吊るし、土を入れて野菜を作っているという。非公式な経済は、最初はささやかに始まる。ロバート・カプランは、二〇〇八年に、次のように書いている。

バングラデシュの田舎から都会にやってきた連中の多くがまず出くわすのが、「リキシャ（人力車）経済」だ。村では優良な土地を懸命に探したが、都会では別の躍動的な収入手段が待っている。

ダッカの人口は一〇〇〇万人あまりで、何十万台ものリキシャが走っている。リキシャの運転手は、ムスタンと呼ばれるボス（政党がらみのマフィアふう暴力団に結びついている場合が多い）に、リキシャの借り賃として一日一・三五ドルを払う。客から取る運賃は平均すると三〇セントほどで、一日の利益は一ドルくらい。奥さんが道路用のレンガを削る仕事で同じく一日一ドルほどを稼ぎ、子どもたちは残飯をあさる。

スラムでは学校の建物は見当たらないが、何人かの先生がわずかな金額で個人的に読み書きを教える。『アトランティック』誌で、クライヴ・クルックは、次のように報告している。

「まったく学費は払えないがぜひとも教育は受けさせたい、と望む家族もいて、無料で奉仕する場合もある。一日一〇セントの学費で、もっと高い授業料を取る公立学校より優れた教科内容を持っている、貧しい家庭向けの教育もある」

この記事は、二〇〇八年以降の世界金融危機の影響が現れる前に書かれたものだから、それ以後の状況はわからない。スラムにおける非公式な経済は、危機のダメージを受けずにすんだのだろうか。それともどこよりもひどいシワ寄せを食らったのだろうか。犯罪に走った者はいなかったのだろうか。世界的に見て犯罪の状況はどのような変化を見せたのだろうか。都市化のペースは、いくぶん鈍化したのだろうか。それとも早まったのか。二〇〇九年の三月に、私は次のように予測した。非公式な経済は相当に膨らんでいるから、もっと多くの人たちがここに逃避するのではないだろうか。犯罪的な経済も、大幅に増える可能性があるから、なぜかといえば、スラムはつねに混沌とした状況を歓迎する傾向があるからだ。都市化のスピードに変化はあるまい。私の見通しに、誤りはあっただろうか。

「BOP」という可能性

公式な社会では、インフラはおおむね隠されている。だが、スクワッター・シティでは違う。あちこちに電線が張りめぐらされて、電気を盗んでいる。ケーブルテレビの線やプラスティックのパイプなども乱雑にのたうち回っていて、水道も非合法に使われている。いわば、日曜大工的なインフラ設備だ。途上国に手広くエネルギーを供給しているAES（グローバル・エナジー・システムズ）は、二〇〇六年にブエノスアイレスで開催された会議に私を招待してくれた。同社が始めた取り組みは、ラテンアメリカにおける電気泥棒をなくして住民に正規の料金を支払ってもらうことだった。まずベネズエラのカラカスで作戦を開始した。住民の信頼を勝ち取るまでに数カ月かかったが、いったん良好な信頼関係が築かれたあとは、きわめてうまく運んだ。盗んだ電気は波長が不安定で、〝汚い〟。したがって、テレビや冷蔵庫も壊れやすい。おまけに、危険だ。一カ月に四人ほどがひどい感電事故を起こし、近所のアマチュア配線にも混乱をもたらした。

AESの社員は、「スラムには、けっこうカネがあるんです」と、私に語った。ところが収入が不安定な家族が多いため、月々の電気料金が払えない家がある。そこでAESは代用通貨（トークン）で払える機械を設置した。カネに余裕のあるときにコインのようなトークンを買っておいて、それを必要に応じてメーターに入れる。そうすれば、きれいで安定した電力が供給される仕組みだ。カラカスのスラム社会で住民たちと仲よくやっていくために、AESは盗電がうまい人間を雇って機械を設置させた。AESは信頼を得たので、新たな顧客たちも信用してくれた。だが、ウーゴ・チャベス大統領まで巻き込むことはできなかった。はじめは支援してくれたが、二〇〇七年にこのシステムを国有化しAESを放逐してしまった（AESは教訓を学び、カラカスのチームはブラジルのサンパウロで、似たようなシステムを立ち上げた）。

AESや類似の企業は、C・K・プラハラードの著作『ネクスト・マーケット』（スカイライト コンサルティング訳、英治出版）が起爆剤になっている。この本によって、公式経済と非公式経済の垣根が取り払われ、企業がBOP〔Bottom of the Pyramid。経済ピラミッドの底辺層〕に商品やサービスを提供することに抵抗感がなくなった。プラハラードの指摘によると、貧困層が買いものをするのは夜七時以降で、購入額はごくわずかだ。彼らは値引きを待って買い、しかもスラム専売品（盗品など、非合法の商品もある）を好む。さらに、新技術が好きだ。

企業としても当然、BOPに注目する。新たな方向を目指す大消費集団が購買層になるのだから、新しいBOP向けの新商品を開発する。潜在的な顧客は増えるだろうが、新規参入者や競争相手も数多く名乗りを上げるに違いない。貧困層の収入はいまのところわずかだが、急速な増加も見込める。この大きな集団は、看過できない。二〇〇七年に刊行された『次の四〇億人』（*The Next Four Billion*）には、こう書かれている。

> 経済ピラミッドの底辺にいる四〇億人──年収三〇〇〇ドル以下の家庭──は、かなり貧しい暮らしをしている。これをドル換算すると、ブラジルでは一日に三ドル三五セント以下、中国では二ドル一一セント以下、ガーナでは一ドル八九セント以下、インドでは一ドル五六セント以下に相当する。だが人数を掛け合わせれば膨大な購買力を持つことになり、世界中のBOPを合わせれば

五兆ドルものマーケットになる。

労働市場としても、大きい。「スラムの挑戦」のデータ収集に当たった者たちも驚いた事実がある。どこの地元政府やＮＰＯも見逃しているのだが、多国籍企業が新興国の都市で支払っている給与や労働条件はかなりいいもので、生活水準を上げるうえで役立っているという。

フェラル・ゾーン

非公式経済のなかで暮らしている人々は、合法社会と犯罪社会の中間にあるグレーゾーンに住んでいると言える。月日が経つとともに、どちらかに傾く。政府の施策が優れていて、ＮＧＯや企業もうまく支援してくれれば、住民たちは合法のほうへ向かうようになる。放っておけば犯罪に走りやすく、惨事になりかねない。大規模な犯罪マーケットが出現した状況は、モイセス・ナイムの『犯罪商社.com』（河野純治訳、光文社）という本に詳述されている。麻薬や兵器、不法就労（セックス産業を含む）、禁輸動植物、略奪美術工芸品、盗用知的著作権、偽造通貨などの密輸は、年間で一兆ドルから三兆ドルに達している。世界のスラムでおこなわれている非公式経済は、犯罪の温床にもなっている。

多くのスラムを地元の組織犯罪グループが支配している。責任を持つ一方で、破壊的な面を合わせ持つ場合も少なくない。世界で最も異常な状況の一つが、ブラジルで発生した事態だ。ファヴェーラを長年にわたって牛耳ってきたのは、麻薬の大ボスたちだ。だが警察と闘うときや身内同士の抗争を除けば、割に穏やかに統治してきた。たとえば、ファヴェーラの銀行は強盗に遭ったことがない。だがこの一〇年ほど、全土で新たな地下勢力が勢いを増してきた。ＰＣＣ（プリメイロ・コマンド・ダ・カピタル）は高度な訓練を受けた巨大な戦闘集団で、ブラジルの獄中から携帯電話で指示を受け、大動員して攻撃を仕掛けられる潜在能力を持っている。二〇〇六年の五月と六月に、ＰＣＣはサンパウロで同時多発的な暴力行為を展開し、都市の機能を完全にマヒさせた。どうして、そのような行動に出たのか——それは力を誇示するためだ。ウィリアム・ランゲウィーチェが『ヴァニティ・フェア』誌で分析した見解によれば、ＰＣＣはもっと壮大な、彼が「フェラル・ゾーン（野蛮地帯）」と名づける現象の一部だとして、次のように論じている。

フェラル・ゾーンは混沌とした場所で、従前から世界中から集まった多くの人々がひしめいて暮らしていた。だがこの存在は公式には認められておらず、ほとんど報道もされていない。かつての暗黒時代に舞い戻ったのではなくて、何か新しい現象に進化しつつある。——グローバリゼーションに付随したものなのか、それとも国境など失せていく前兆なのか。コロンビアかメキシコの麻薬供給地のような雰囲気でもあり、あるいは荒廃したアフリカの農地のようでもあり、荒れ放題のパキスタンかアフガニスタン、イラクなどを思い起こさせる。だが表面下では、政府が支配し、しっかりコントロールしているようだ。

ＰＣＣは、ブラジルのスラムの半分を支配しているように思える。だが最近、別の勢力も台頭してきた。ファヴェーラの内部に巣食う戦闘的なグループを結集した民兵組織ともいえる自警団だ。麻薬取引がおこなわれているあたりを闊歩している武装集団として、ＰＣＣと警察のほかに民兵も加わった。リオデジャネイロのファヴェーラを三〇年にわたって報道し続けているジャニス・パールマンは、次のように観察している。「一九六九年当時、住民が恐れていたのは、住宅やコミュニティが政府の手で壊されることだった。だがいま怖いのは、麻薬取引業者と警察の撃ち合いの狭間で殺されること、あるいは暴力団同士の銃撃の巻き添えになることだ。……四人に一人以上（二七％）が、家族のだれかが戦闘のために殺されたと言っている」

フェラル・ゾーンで暮らしている者は、環境破壊や地球温暖化に直接的には煩わされない。だが地球温暖化が社会に大きなダメージを与え始め、フェラル・ゾーンがなおも拡大を続ければ、内部の問題点はさらに増幅され、資源の奪い合いなど社会的な混乱を引き起こしかねない。社会のさまざまな局面で、「絶え間ない戦闘」が続くという、過去の歴史に逆戻りしてしまう恐れも否定できない。

スラムを救え

そのような状況を、引き起こしてはならない。ロバート・ニューワースは、サンフランシスコの聴衆に向かって、「ここも、かつてはみすぼらしいスラムでした」と述べたことがある。世界のどの都市も、最初のうちはスラムめいている。世界の名だたる都市に発展する過程で、現在のスクワッター・シティのような段階を経てきた。ただし変化のスピードが、現在では大幅に加速しているし、スケールも大きくなっている。ニューワースによれば、公式な経済がスクワッターに半ば歩み寄らなければならない事情があるからだ。具体的に言えば、スクワッターの住民たちを追い出したりせずに、公式な世界に戻れるよう辛抱強く待つ。合体が実現すれば、公式な経済も潤うからだ。一つの計画が達成されるごとに、そして国単位でも、都市のスクワッターという人的資源をどのようにすれば有効利用できるかを次第に学んでいく。

その線に沿った構想で最初に着目されたのが、エルナンド・デ・ソトの案だった。彼が一九八九年に著した『もう一つの道』（*The Other Path*）という経済論は、リマ（ペルー）のスクワッター社会を分析したもので、非公式経済のプラス面をはじめて評価して注目を浴びた。彼の論旨は、もしスクワッターが掘っ立て小屋を建てる際に銀行からローンを借りる資格が得られるならば、貧困から脱却できるだろうというものだった。この方法は実際に試されたが、都市のスラムではおおむね有効に機能しなかった。信用面を強化できなかったし、実際の不動産のオーナーは不在地主になりがちだったからだ。また、金持ちが乗っ取りにかかった。ニューワースは、『影の都市』で次のように述べている。

住民に融資資格を与えるかどうか、家に住み続ける権利を与えるかどうかの法的な問題は、住民にとってはどうでもよかった。立ち退かされるのかどうかだけが、心配のタネだった。立ち退かされる恐れがなければ、彼らは家を建てる。市場も作り、そこで売り買いの商売をする。賃貸しもするだろうし、さらに発展させる。法的な処理ではなく、実効支配だけがモノを言う。スクワッターに保証を与えさえすれば、彼らは明日の都市を発展させる。

私が引き出した教訓は、次のようなものだ。家を資産だと考えていたら、コミュニティを崩壊させることになる。だが家は住むところだと割り切っていれば、コミュニティは存続できる。

スラムから都市近郊への移行をスムーズにおこなうには、地元の関係者全体——住民、政府、NGO、企業など——が慎重に計画を練って取り組むのが最善だろう。トロントの『グローブ・アンド・メール』

紙が二〇〇八年に掲載した記事を引用しよう。

フィリピン系のカナダ人で都市計画に携わるアプロディィシオ・ラキアンは、次のように語る。「一般論で言えば、最善の解決策は、住民自身が将来計画を決めることだ。きれいな水道、水洗トイレ、電気、ゴミの収集と処理、それにもし可能なら、建築素材だけを提供して住民に家を建てさせることだ」。彼の実用的な基本姿勢は、一九六〇年代にあったように住民自身がデザインした都市再開発を実現することで、……「スラムのレベルアップ」とか「場所とサービスの一体化」などと呼ばれる構想が、都市のリニューアル計画としてはこの四〇年で最も成功した事例になっている。

二〇〇三年の国連報告は、次のように指摘している。「都市人口の半数あまりがスラムで暮らしているようなところでは、スラムが当該都市の主流だと考えるべきだ」。都市型惑星の地球としては、スラムを重視し、底辺の住民を尊重し、まっとうな市民として自立できるように手助けしなければならない。それがひるがえって、実利的にも倫理的にも、世界を救うことにつながる。重ねて言うが、都市の過半数を占めるスラム住民をうまく救い出せれば、世界が得られるメリットはきわめて大きい。

Fortunately, population growth is likely to level off between 12 and 15 billion midway through the next century.

One of his slides shows a shabby doorway in a Uganda slum. Over the turquoise-painted door is a hand-lettered "077399721." It's not a street address, it's a cellphone number. The world's slums are the first urban environments to shape themselves around cellphones.

Children, our future, are perceived as athreat to the present.

There are a lot more ideas where that one came from. For instance, shopping areas could be more like the lanes in squatter cities, with a dense interplay of retail and services?one-chair barbershops and three-seat bars interspersed with the clothes racks and fruit tables.

France does it with socialism. Every mother gets maternity leave at nearly full pay?twenty weeks for the first two children, forty weeks for the third child?and her employer has to keep her job open. Fathers get paid paternity leave. Child care is free. Nursery school is free. Large families get tax credits and free public transport. Parents of a third child get a government bonus of $1,500 a month for a year. France's birthrate rose from 1.92 in 2005 to 1.98 in 2007....

For every woman you know (or are) who has no children, some other woman has to have 4.2 just to keep the population even, and they don't. Geneticist William Haseltine puts it harshly: "There's a very odd phenomenon which seems to be a cultural invariant: once women gain economic independence, they do not reproduce our species." In most cases, just the prospect of economic independence does the trick, and that' s what moving to cities provides.

For the next three decades, the world will be demographically split: in the global north, old cities full of people,; in the global south, new cities full of young people. In the north: slow economic growth, stagnation, or decline; in the south: economic opportunity.

The city is all right.
To live in one Is to be civilized, stay up and read
Or sing and dance all night and see sunrise
By waiting up instead of getting up.—*Robert Frost, A Masque of Mercy*

Praise be to plastic pipe. All honor the prefab window. Bow down to sheets of old plywood, stock-model sinks, mass- produced tile. Three cheers for cerement and cinderblock. Exalt the lowly rebar. Let's hear it for quick-drying concrete. Hooray for easy plastic wiring, easy outlets, and modular telephone service.

第3章
都市の約束された未来

Ciies are accelerate innovation; they cure overpopulation; and while they are becoming the Greenest thing that humans does for the planet, they have a long way to go.

For his fine book on the origins of the cellphone revolution, You Can Hear Me Now (2007), Nicholas Sullivan spoke with Iqbal Quadir, founder of MIT's Legatum Center for Development and Entrepreneurship. Quadir, who grew up in a Bangladesh village, was working in a New York finance office when his computer network went down. "I realized that connectivity is productivity, whether it's in a modern office or an underdeveloped village," he recalls.

The magic number is

2.1

What environmentalists did with the population issue I can illustrate with a personal account.

A one-acre-farm family in Bangladesh needs three sons to get ahead?one to help with the farm, one to get a good enough education to land a government job capable of supporting the family from small bribes, and one to get a local job that pays enough to keep his brother, the one aiming for a government job, in school. But to end up with three sons means having eight babies, two of which are likely to die before the age of five, leaving three boys and three girls. -Paul Polak

都市は改革を促進する。人口過剰をものともしない。それどころか、人類史上最もグリーンな存在になるかもしれない。だがそのためには、長い道のりが待っている。

モバイル革命

都市に流入する膨大な数の人々が、貧乏にうんざりし始め、変化を求めるモチベーションが高まり、器用さや才覚を活かして変革が推進される——世界を変えるほどの斬新さとスケールを伴って。教科書に載るほどの典型的な事例が、最近の携帯電話の普及ぶりだ。

二〇〇七年にBBCのテレビ取材チームがケニアで目撃した事例がある。スクワッターたちを立ち退かせるためにブルドーザーで強制執行に踏み切ろうとしたところ、携帯電話で状況があっという間に住民に伝わり、大群衆がブルドーザーを取り囲んだ。またある農民が、「仲介者」と呼ぶ携帯電話を使って、遠方のいくつかのトマト相場を比較していたそうだ。家畜の放牧場では、遠くの係員と携帯電話で頭数を確認していた。ナイロビのある若い女性は、いまや携帯電話が自分のオフィスだと語り、次のように続けた。「携帯電話のおかげで、だれもが自立できる。まるで、火や自動車や鉄道のように巨大だわ」

文字情報(テクスティング)を伝える必要から、識字率も高まった。携帯電話の単刀直入さが、役人のワイロにも影響を与えている。経済発展と社会変革は、携帯電話の通信圏内でいち早く進む。

途上国の貧しい人々にとっては、携帯電話が通貨の代用として機能している。マサチューセッツ工科大学（MIT）の技術研究員アレックス・ペントランドは、次のように報告している。

アフリカおよび南アジアの一部では、携帯電話で口座預金を動かしている。野菜を買ったりタクシー代を払うときの決済は、SMS（ショート・メッセージ・サービス）の文字情報を使う。途上国では、改造型の携帯電話が一〇ドルで手に入り、着信メールは無料だから、すべての階層の人々がこれを使って交信する。たとえば日雇い労働者でも、かつてのように街頭にたむろして仕事の割り当てを待つのではなく、仕事があれば契約した窓口からコンピュータ配信で、携帯電話に情報が流れてくる。ITU（国際電気通信連合）は、貧しい国々で携帯電話の契約が一件増えるごとに、GDPが三〇〇〇ドル増加すると推計している。ビジネスの効率がよくなるためだ。

最大のビジネスはプリペイドのSIMカードで、二〇〇七年にアフリカ全土で地元の複数の企業が共同で三〇億ドルを稼いだ。SIMカードは「スクラッチカード」などと並んで野菜即売スタンドなどでも売っていて、数分間で金額追加の更新が可能だ。カードだけを持ち歩いて、必要に応じて他人から携帯電話を借りてカードを差し替える人もいる。ケニアのサファリコムは、M-PESAと呼ぶサービスを実施していて、携帯電話で他人に送金できるATMの機能も持たせている。あらかじめ決められたコードで文字情報を相手に送ると、地元のM-PESA代理店で現金を受け取れる。携帯電話で交わされた覚え書きは、現金と同様の効力がある。クレジットカードの決済も携帯電話で済ませる。海外に在住する親類からの送金も、携帯電話を通じて入金される。

南アフリカの「ウィジット」という企業は、銀行ではないが携帯電話による銀行業務サービスをやっている。二四時間いつでも、二分もあれば口座が開設でき、ウィジットの口座からどこの銀行の口座にでも振り込める。手形を振り込んでおけば、世界中どこのATMでも現金化できる。サービスセンターは多言語で対応している。子どもでも口座が持てる。

ムスリム用には、特殊なソフトウェアが付いた携帯電話がある。一日に五回、祈りの時間が来たことを教えてくれて、そのつど二〇分にわたって通話できなくなる。コンゴ共和国のあるNGOは、特異な機能を備えた携帯電話を開発した。子どもが少年兵として連れ去られた場合、地元の学校の先生、年長者、企業主などに通報できる仕組みが組み込まれている。また言語を教えてくれるゲームを搭載した機種があったり、ノキアの製品には多目的に使えるよう七つのアドレス帳を備えたものもある。

携帯電話の普及ぶりは、大陸レベルのスケールで「拡大の一途をたどるインフラ」が建設中という印象だと、思想家のイーサン・ズーカマンはブログで述べている。企業主が必要とするものといえば、携帯電話の電波を中継するタワーだけで、その費用は地元民に携帯電話の端末を何百台か売れば捻出できる。やがて収入が入り、別のタワーを建設できる。交信可能範囲がどんどん広がる状況は、衛星放送受信用のアンテナが増えていくようなものだ。住民たちは遠からず、アメリカの企業にデータを提供して儲けるようになるかもしれないし、翻訳サービスで稼げる可能性もある。電波タワーが増え、携帯電話充電器も増加すると、電力が必要になる。高価で能率のよくないディーゼルエンジンの発電機がいまだに使われているが、ズーカマンは次に必要なのは電気を供給するマイクログリッド（小規模なエネルギー・ネットワーク）

だろうと予測している。

グラミンフォンの衝撃

ニコラス・サリヴァンは、二〇〇七年に著した好著『グラミンフォンという奇跡』（東方雅美／渡部典子訳、英治出版）のなかで、イクバル・カディーアに取材している。カディーアはＭＩＴの「発展と企業経営のためのレガタム・センター」を創設した人物だ。彼はバングラデシュの農村で育ち、ニューヨークの財務事務所で働いていた。あるときコンピュータのネットワークがダウンして機能しなくなった。カディーアは、こう回想している。

「外部と接続できるということは生産性を高めることだ、と悟りました。それはモダンなオフィスでも、低開発の村でも同じことです」

そこでカディーアは一九九四年に、バングラデシュで携帯電話のネットワークづくりに着手した。マイクロファイナンス機関グラミン銀行総裁で、のちにノーベル平和賞を受賞したムハマド・ユヌスと手を組み、バングラデシュの町村に「フォン・レディ」を置いて携帯電話を時間貸しするサービス「グラミンフォン」を始めた。二〇〇八年の時点で、グラミンフォンは一〇億ドルの収入を上げるまでに成長した。イクバルの兄弟カマル・カディーアは携帯電話を使ったバーチャル市場「セルバザール」を立ち上げ、わずか二セントで巨額の商品やサービスの取引が可能になった。ムハマド・ユヌスは、次のように言う。

「グラミン銀行は、貧しい人たちにインパクトを与えました。しかしグラミンフォンは、経済全体に衝撃を与えているのです」

サリヴァンの本は、似たようなイノベーションがアフリカやインド、フィリピンでも起こっていると指摘している。

途上国の現場でノキアの技術改良を担当しているジャン・チップフェイスは、ある会議でスライド写真を見せながら、貧しい人々がどこでも携帯電話をフル活用している様子を教えてくれた。インドのスラム街の一角には、携帯電話の修理屋がずらりと並んでいる。手先が器用な人々が、世界中のあらゆる携帯電話を分解して組み立てる方法をイラスト入りの現地語で説明書にまとめている。また別のスライドは、ウガンダのスラム街で民家の鮮やかなブルーのドアに手書きの「077399721」という数字が大きく書かれている。これは番地ではなく、携帯電話番号だ。世界中のあらゆるスラムにおいて、携帯電話が都市の環境設定を先導する形で引っぱっている。

BOPは、もはやマーケットから疎外された邪魔な存在ではなくなった。むしろ、国家経済の創造的な推進力だと認識されるようになってきた。『ワシントン・ポスト』紙のジョエル・ガローは、次のように書いている。

「ほとんど評価されていなかった連中が、二〇〇六年のうちに、六六億人の人類のなかで三三億個の携帯電話を駆使するようになり、分水嶺を超える段階にまで成長した。人類の技術史のなかで、携帯電話は史上空前の速さで普及したといえる。……携帯電話は、通信技術の利用者数において、途上国が西欧を上回る最初の道具になった」

アメリカ人は外国を旅行してよくびっくりするのだが、途上国のほうがアメリカより携帯電話のつながりがいい場合が多い。技術史を専門とするケヴィン・ケリーは、そこから次のように興味ぶかい結論を引き出している。

一〇年ほど前、技術の進歩が「情報格差(デジタル・ディハイド)」を作ってしまうのではないか、と恐れる向きが多かった。つまり、コンピュータを持ってインターネットにアクセスできる階層と、それらを持たない階層の間に不平等が生じる可能性が懸念された。それを踏まえた設問が、「情報格差をどう処理すべきか」という問いが出された。

その当時の私の答えは、こうだった。「打つ手は何もない。これは、持てる者と遅れて持つ者との、決定的な差異なのだから。持つ者(つまり、われわれ)は初期の技術開発に巨額の出費をしたが、遅れて持つ連中はもっと安くて性能のいいものを遠からず利用できるようになる」。それに加えて、私はいまでもそう信じている次の考えを付け足したい。「遅れて持つ者は、進んだ技術を迅速かつ手広くモノにできるので、六〇億もの人間が情報ネットワークによって繋がれるに違いない。そのような事態になったときに何か憂慮すべき問題が起きるのかどうか、という疑念が残る」

環境収容力とのせめぎ合い

人口過剰に関しても、似たような懸念がある。都市に住む人々には、少子化の傾向がある。——一〇億人ものスクワッターについても、同じトレンドがうかがえる。都市の成長に伴う副産物のおかげで、過剰人口に伴う基本的な環境の悪化によるパニックがいささか鈍化する効果はある。だが、目立った改善は期待できない。人間が作り出した傷跡はかなり深いので、これまでも懸念材料だった人口過剰の問題に関しては、新たな角度から検証する必要がある。
都市に関する最古の記録は、四〇〇〇年前の古代メソポタミア、シュメール王朝の時代に楔形文字で書かれた『ギルガメッシュ叙事詩』（*Epic of Gilgamesh*）だ。人類史で最も古い都市であるシュメールの首都ウルクでは、書物もたくさん残されている。叙事詩のなかには、恐ろしい大洪水が起こり、英雄的なウタ・ナピシティムの方舟に乗って生き延びた者を除いてすべての人間や動物が絶滅した、と書かれている。バビロニアの洪水は、聖書に書かれているノアの洪水とは別の原因で起きている。聖書に記された物語は、それより一〇〇〇年あまりも後に書かれたものだ。デヴィッド・ダムロッシュは、『埋もれた本』（*The Buried Book*）のなかで、次のように述べている。

根底にある問題は、聖書に記載されているように人間が罪深い行動をしたことではなく、人間が増えすぎてやかましくなり、手に負えなくなったことだった。神々は安眠できなくなり、人間の代表であるエンリルに抗議した。エンリルはその答えとして、洪水を起こした。エンリルのやり方は過激だったが、生態学の観点からすれば理にかなっていた。人間のやかましさは人口が増えすぎたためで、それは古代メソポタミアに深刻な資源の不足をもたらしたからだ。

まるでスティーヴン・ルブランの『絶え間ない戦闘』の年代記に記された、はじめの部分を思い起こさせる。人間の欲望は際限がなく、つねに環境収容力とのせめぎ合いを起こす。トマス・マルサスも『人口論』（永井義雄訳、中央公論新社）のなかで、同じような主張をしている。私の恩師ポール・エーリックも、

『人口が爆発する！』（水谷美穂訳、新曜社）で、グリーン問題に関する最大の課題として過剰人口を挙げている。この本は次の一文で始まる。

「人類をすべて食べさせようという努力は、すでに限界に達した。一九七〇年代、八〇年代には、どれほどの緊急措置をとったところで、何千万もの人間が餓死することは避けられない」

エーリックの本は、次のような提案で締めくくられている。

「強制的な産児制限、不妊措置が必要だ。政府が不妊剤を水や主食に混入する方法も考えられる」

起こらなかった「人口爆発」

環境運動家たちは人口問題をどのように対処しているのか——私は自らの体験から判断できる。エーリックの本に刺激を受けた私は、一九六九年に「地球という救命イカダ」と名づけた芝居を作って上演した。そのころ社会問題になっていた、公民権運動のシットイン（すわり込み）をモデルにした。それをもじって、「スターヴイン（みんな飢え死に）」とした。でっぷり太ったアメリカ人たちが一週間、断食をしてひもじさを味わう。否応なく飢えに苦しむ人々に世間の注目を集め、また人口過剰のためにやがて数百万もの人間が飢える状況にも注意を喚起するためだ。空気で膨らませたゴムチューブが駐車場の周囲を取り巻いている。一カ所にドアがあって外に向かって開いており、「死ぬ覚悟はできましたか？」と書かれている。飢餓の苦しみから解放されたいと望むものはドアの外に出れば死ぬことができる。

ポール・エーリックは、次の段階で話題になった。国連は一九七二年に、環境問題に関する最初の世界フォーラムをストックホルムで開いた。そのころまでに、『最後のホール・アース・カタログ』（*The*

Last Whole Earth Catalog）はベストセラーになり、「ホールアース」の母体になっているポイント財団に一〇〇万ドルを寄付した。この財団は、ストックホルムの会合で警戒議論を大いに高めることを狙い、多くの代表団を送り込むため巨額の資金援助をおこなった。代表団のなかには、ゲアリー・スナイダーやマイケル・マクルーアなどの詩人、ブラック・メサの炭鉱に反対しているネイティブ・アメリカンのホピ族の長老、サンフランシスコで環境問題に取り組み早くからクジラの保護に挺身しているジョーン・マッキンタイヤー、過剰人口問題の論客ステファニー・ミルズがいた。そしてこのような問題には率先して参加するホッグ・ファームは、数台のバスまで動員してストックホルムでデモ運行した。うち一台はクジラの姿に仕立てられていて、マッコウクジラの声を流すとデモ参加者たちもそれに和した。

ストックホルムの会議では、人口過剰の問題について議論が対立した。パネルに出席していたエーリックの人口爆発論に対して、ライバルであるバリー・コモナーは、自著『なにが環境の危機を招いたか』（安部喜也／半谷高久訳、講談社）に基づいて激しく反論した。コモナーは第三世界の参加者たちを巧みに味方に抱き込み、エーリックに質問の矢を浴びせて論争を挑んだ。エーリックも、負けずに反論した。コモナーの論点はこうだ。人口の増加現象は自然に収まるから、人口をコントロールするための政策など必要ではなく、求められるのは貧しい人たちの苦境をいくらかでも和らげることであって、そうなれば子どもの数も減る。これに対してエーリックは、状況はきわめて深刻で、そのように手ぬるい施策では効果は現れないと反論した。政府が出生率を強制的に抑えることが必要で、そうしない限り飢餓が蔓延して環境に重大なダメージを与える、という論旨だった。

私はエーリックに賛同し、エコ社会主義のコモナーには反対だった。ところが、エーリックが予見した飢饉はやってこなかった。農業における緑の革命が救ってくれた面が大きいが、政府の強硬手段も不要だった。それに反して、コモナーが展開した人口変遷の推移がおおむね正しかった。ただし、彼の読みが当たったとも言いがたく、「だれも正しく予測できなかった」と言うほうが正確だ。

人口増加の抑止力

一九七二年に刊行されて大きな波紋を呼んだ本『成長の限界』（大来佐武郎監訳、ダイヤモンド社）の著者ドネラ・メドウズたちは、人口が幾何級数的に増加した場合、地球の環境収容力を超えてしまい、自滅して淘汰されるクラッシュ現象が起きると予測した。グリーン派のなかには、いまだにそう信じている者が少なくない。

マルサスの『人口論』の前提が誤っていることは、一九六三年以降に証明された。人口増加率が二％という恐るべき高率に達したあとは、下がり始めたからだ。一九六三年の人口増のピークは、想定されたようなJ字のカーブではなく、通常のS字カーブであることが判明した。二〇世紀のうちに増加率が減少するとしたら、戦争などの大激変以外の要因は考えられない、と多くの者が考えていた。だが、現実にはそうではなかった（もちろん、気候変動が大惨事を生むなら、「成長の限界」は人口増によってではなく、環境収容力が衰えるために減少が促進されることになる）。

一九九〇年代の後半になると、人口の動きや出生率に異変が起きつつあることに私も気づいた。だがその漠然とした感じが確証を得たのは、フィリップ・ロングマンが二〇〇四年に雑誌『フォーリン・アフェアーズ』に書いた「世界的なベビー減少」という論文を読んでからだ。ロングマンは、次のように書いていた。

「世界人口の四四％を擁している五九の国々で、人口減少を食い止められないほど子どもの数が減っている。この傾向はさらに広まりつつある。国連の推計によると、二〇四五年までに出生率が下がるため総人口は減少傾向に入り、人口置換水準（合計特殊出生率）を維持できなくなる」

ロングマンは、この論文に加えて二〇〇四年に『空っぽのゆりかご』（*The Empty Cradle*）を書いた。このような現象がなぜ起こったのか。彼はその原因を、次のように解明している。

「世界中の人口がますます都市に流れ込んでいるが、両親にとって子どもは都市でなんの経済効果も生まない。一方、女性にとっては仕事と収入を得るチャンスが多いし、計画出産もやりやすい。それに、出産・育児の費用や社会の負担は増す傾向にある」

開発経済の専門家ポール・ポラックは、貧しい田舎暮らしでは子どもが必要であることを、次のように説明している。

バングラデシュで一エーカー（約四〇〇〇平方メートル）の農地を耕作していくために、家族は三人の息子が必要だ。一人は農作業の手伝い、二人目は教育を受けて役人になり、いくばくかのワイロをくすねて家族を養い、三人目は地元で仕事を見つけ、教育を受ける兄弟の学資を捻出する。だが三人の成人男子を得るためには、八人の子どもが要る。五歳になるまでに二人は死んでしまう可能性が高いし、それで三人の男の子と三人の女の子が残る計算だからだ。

都市で起こっている現象に関しては、二〇〇七年の国連報告「とめどのない都市化の将来」で、ジョージ・マーティンがこう書いている。

「都市部における新たな社会変化の特色として、女性が力を持つようになり、男女の役割に変化が起き、社会状況が改善され、出産前後の健康管理が高度化し、恩恵も受けやすくなる。これらの要因が、出産を急速に減少させる」

田舎では子どもが増えれば資産が増えることにつながるのだが、都会のスラムでは子どもが増えれば足手まといになる。したがって都会で自由を得た女性は、子どもは少数にとどめて高い教育を受けさせようとする。したがって、都市化は人口爆発を抑制する効果を持つ。

下がり続ける出生率

人口増のマジックナンバーは、二・一だ。もしすべての女性の平均出産数が二・一人であれば、人口は現状維持で増減しない（この数字が二でなくて二・一なのは、出産適齢期になる以前に死亡する女性がいるためだ）。出生率が二・一を超えると人口は増えていき、二・一を下回れば減少する。いずれの場合も、その効果は増幅されていく。子どもの数が減れば、その子どもはさらに減り、子孫は減り続ける。

人口動態の面から見ると、これからの五〇年間は人類史のなかで最も苦難な時期だといえるかもしれない。膨大な数の人間が、大変貌を遂げる。いま生きている人々は、生涯のうちに人類の数が倍増するという、未曽有の体験をした（一九六二年の三三億人から、二〇〇七年の六六億人へ）。このような倍々ゲームは、おそらく最初にして最後の事態だろう。出生率は世界的に減少しており、しかも大方の予想を下回り、かつ根深い。女性一人当たり二・一人の出生率という人口維持ラインは、大部分の地域でとどまるところを知らずに下がり続けている。人口の趨勢は、現存する人類の子どもが子孫を残す今世紀の半ばにピークに達し、その後は減少に転じる。

ピーク時には、どのような状態になるのだろうか。二〇〇八年の国連の予測によると、九〇億人をやや上回る。ただし先進国の出生率が、なんらかの理由でふたたび盛り返すことを前提にしている。だがそれは起きにくく、八〇億人が上限ではないかと私は踏んでいる。それ以降は急速な減少に向かうため、危機感を抱いている者が多い。

あなたが知っている女性、あるいはあなた自身に子どもがいないとすると、ほかの女性が倍の四・二人を産まないと人口は維持できない。だが、それは無理だろう。遺伝学者のウィリアム・ヘイゼルタインは、皮肉を込めて次のように書いている。

「どの文化圏でも同じようだが、不思議な現象がある。女性が経済的に自立すると、同じ人類仲間を増やそうとしなくなる」

途上国では、都市化が最も急速に進んでいる。そのような状況下では出生率の低下が最も顕著で、そのため国全体の老齢化も著しい。だがその弊害は、すぐには目立たない。メキシコの場合、出生率は一九七〇年代の六・五から、二〇〇八年には二・〇まで大きく下がった。それ以後も、下落傾向は止まらない。フィリップ・ロングマンは、今世紀半ばにはメキシコは「アメリカより老齢化が進むだろう」と予測している。中東やインドでも出生率が急速に低下しており、アメリカと比べると老齢化が三倍も速く進む。中国の出生率は、一・七三にまで落ち込んでいる。都市化の進行と「一人っ子政策」のおかげで、ロングマンによれば「人口のメルトダウン」が起こりつつある。

「二〇二〇年の時点では、労働力の供給に支障をきたし、年齢の中央値はアメリカより高くなる。今世紀の半ばになると、各世代とも二、三割の人口減少が見られるだろう」

中国の家族では、現在でも「四対二対一の現象」に悩まされている。若い世代は老いた両親と、四人の祖父母の面倒をみなければならない。ロングマンの見通しによると、途上国は豊かになる前に老齢化が進行してしまい、自らが作った貧困の罠に捕らえられかねない。

先進国でも出生率は下がっている。女性一人当たり一・五六とか、一・二以下というケースもあり、この数字はもはや破滅に瀕しているといえる。たとえば、ロシア、日本、韓国、イタリア、スペイン、ドイツなどは、二〇五〇年までに人口が現在より減少する。その時点では、老人が過半数を占める。もはや出産年齢は過ぎ、生産性も衰えている彼らの面倒を見る子どもは、いてもごくわずかだけだし、まるきりいないかもしれない。国家に頼らなければならないが、若年労働者が不足しているために国庫も火の車だ。

ロングマンの予測によると、イタリアの出生率は今世紀の半ばには一・二まで下落すると見られるが、「子どもの五分の三はきょうだいもいなければ、いとこやおじおばもおらず、いるのは両親と祖父母、場合によっては曾祖父母という状態になるだろう」という。イタリア人は、子どもの代わりにペットを飼う。世界中の先進国で、このような傾向が見られる。

日本は一九八〇年代には栄華を誇ったが、それ以後はどうして万年不況のように見えるのだろうか。ロングマンはサンフランシスコにおける講演で次のように述べた。

日本は一九八〇年代の終わりになって出生率が下がり始めても、労働人口はしばらく増える状態だったために、まだ好況が続いていた。……日本に長期の不況が訪れるようになったのは、なおも出生率が下がり続け、労働人口が減り始めてからだ。

日本は移民を受け入れなかったために、老人介護の面で世界最悪の状況を生んでしまった。グローバル・ビジネス・ネットワーク（GBN）は、日本が労働力の問題をどのように解決するのが最善の策なのかを予測した。きわめて精巧で愛すべきロボットないしロボット的な環境が、老人の介護を担うことになるのだろう。やがて世界中の先進国に広まっていくに違いない。

最も危険をはらんでいるのが、ロシアだ。現在の出生率は一・一四。ロシアの女性は、平均して七回の妊娠中絶をしている。GBNは二〇〇八年に、ロシアの実態を分析した。

現在のロシアのように、高齢化と同時に人口が減少するという事例は、世界史のなかで前例がない。生態学の例を見ると、このような傾向は文字通り死のスパイラルを起こしかねず、食い止めようがない。ロシアが「高齢化・人口減」に陥り始めたのは一九九〇年代だ。経済の崩壊に加えて、麻薬の静脈注射によってHIV／AIDSが蔓延し、おまけに環境汚染が広がり、健康の自己管理もきわめて杜撰（ずさん）だ。共産主義政権が崩壊したのちのロシアでは、一五歳から六四歳までのすべての年齢層で、男性の死亡率が四割あまりも増加している。

「空振り」の出産奨励策

環境運動家たちは、人口爆発の火ダネが収まるとなれば、さまざまな理由でこの事態を歓迎する。大気汚染など、人間全体が自然のシステムに与えるダメージが急激に弱まるからだ。たとえばブラジルの女性一人当たりの出生率が一・三に減れば、アマゾンの熱帯雨林を守るうえでは最善の要因になるに違いない。それぐらいの低出生率が四五年も続けば、人口は半減する。次の四五年間には、さらにその半分に減る。そうなれば、一人当たりの資源は増えることになる。人間にとっても資源にとっても、望ましい状況だ。だが別の観点から見れば、経済危機が永遠に続くことになり、それは環境にも悪い影響を及ぼしかねない。経済危機のなかでは、自然保護のための基金も不足するし、そのような試みをする余裕さえなくなるからだ。長期的なビジョンが描けないし、対策もとれない。戦争が頻発しかねないし、戦争は環境に最悪の状況をもたらす。

人口減に伴う影響を最小限に食い止めるために、賢明な環境プログラムを作成しなければならないと私は思うし、グリーン派は人口問題の重要性を率先して訴え、そのための教育を充実させることも必要だ。計画出産の技術や、世界的な出生率の低下を招いた経済発展優先の実態も学ばなければならない。「人口爆発」を説いたポール・エーリックの史上最大の予見ミスに、むしろ感謝すべきなのかもしれない。次は、その善後策を講じる番だ。今世紀における最も効果的な環境・人口関連のプログラムは、緩やかな出産奨励策だろう。

だがそれぞれの国でどのような成果が期待できるのか、まだ手探り状態だ。ヨーロッパ諸国では、出生率は四〇年間も下がり続けている。これを上向きに逆転させる妙手はあるのだろうか。教皇ベネディクト一六世は二〇〇六年に、「われわれの未来である子どもたちが、現在のわれわれにとっての脅威になっている」と懸念を表明した。各国とも出産奨励策を試みている。オーストラリア政府は、三人の子を目標に掲げ、「一人はママのため、一人はパパのため、もう一人は国のために」と訴えている。――だが出生率は一・八と低迷したままだ。シンガポールでは従来の「二人まで」から「余裕があれば、三人かそれ以上を」に切り替えた。だが出生率は相変わらず、世界でも最低レベルの一・〇四にとどまったままだ。すべての先進国で子どもの数が減少しており、経済も鈍化している。だが二カ国だけ例外があり、その状況は示唆に富んでいる。

先進国のなかでアメリカとフランスは高い出生率を維持し、人口の現状維持にやや届かない程度で踏みとどまっている。アメリカが善戦しているのは、移民を受け入れ、教会に行く者が多いためだ。アメリカに移住したばかりの移民一世は、家族の結束が強く、おおむね大家族だ。アメリカには宗教面で敬虔なカップルが多いため、大家族だと経済面でも職探しの面でも苦難が伴うにもかかわらず、神の思し召しに従って、子だくさんを歓迎する。

フランスの場合は、社会主義的な政策のおかげだ。妊娠したOLは、給与のほぼ満額を支給されながら産休を取ることができる。最初の二人の子どもでは二〇週、第三子は四〇週が認められる。しかも雇用主は、職場復帰を保証しなければならない。父親にも、有給の育児休暇が認められる。養育費は無料だ。大家族には税額控除があり、公共交通機関も無料になる。第三子を生んだ家族には一年間、政府から毎月一五〇〇ドルのボーナスが支給される。そのような恩恵があるため、フランスの出生率は二〇〇五年の一・九二から、二〇〇七年には一・九八に持ち直した。

北半球と南半球の明暗

　これから三〇年のうちに、世界は人口動態の面で二分される。北半球の古い都市には老人があふれ、南半球には新しい都市ができて若い世代が充満する。北半球では経済成長が鈍化し、停滞ないし衰退する。南半球では、経済の繁栄が進む。二〇〇九年より以前、中国の年率一〇%もの経済成長にだれもがびっくりしたが、インドも八%の成長を記録していたし、アフリカも七%の経済成長を遂げるようになった。牽引しているのは、南アフリカだ。それに対して二〇〇七年のアメリカの成長率は二・二%、フランスは一・八%、日本は一・九%だ。二〇〇九年の経済ダメージからどの国がいち早く脱出できるのかが注目される。

　南半球諸国の人々は、人口動態の利益配当を享受している。都市に住む何百万もの新たな若者たちが生む子孫は数が少ないから、いい仕事に就けるチャンスは大きい。だがこの世代も就労時期になり、幼児が少ないものの多くの老人の面倒を見なければならないという負担にあえぐ。この点は同じだが、人口減少に関する二〇〇四年の著作『フューアー（少子世代）』(*Fewer*)のなかで、ベン・ワッテンバーグはこう述べている。

「出生率が低いか低下している貧しい国は、豊かな新興国より速やかに豊かになれる可能性がある」

　二〇〇六年の国連報告は、こう記している。

「私たちは、若返った世界に住んでいる。世界人口の約半数が、二四歳以下だ。……生産を担う若い一五歳から二四歳の労働人口の実に八五%が、途上国に住む」

　北半球の成長は鈍化するが、南半球は急成長する。イノベーションは、若い世代によってもたらされる。技術分析に携わるクレイ・シャーキーは、こう指摘する。

「若い者は、もはや役に立たない古い技術の学習にムダな時間を費やさずにすむからだ」

だが若者は暴力犯罪の担い手や被害者にもなりやすく、軍や民兵組織、ゲリラ活動にも多くが動員される。人口動態の変化と気候変動は、何か関連があるのだろうか。人口の減少は気候変動に適応したものだと推論できる。環境収容力が限界に達し、先を見越して、予想したより人口減少が加速することも考えられる。お互いに殺し合って死亡率を上げるより、出生率を抑えるほうを選ぶのかもしれない。

今後の展開は、北半球が南半球をどのように捉えるか、南半球が自分たちをどう考えるかに関わってくる。途上国の人口は、気候変動にも大きく左右され、真っ先に悪影響を受けやすい。——たとえば、海面の水位上昇や干ばつなどの異常気象による被害だ。北半球の人間は、南の気象災害は例外的なもので、やがて北半球にも襲いかかってくる予兆だとは受け取らない傾向がある。南半球の風潮としては、これらの異常気象は北半球の人々の使い捨て文化、貪欲な植民地搾取と炭素をむやみに放出しっぱなしにした影響で、自分たちはその犠牲者だと非難したがる。

今後の望ましい展開としては、南半球の都会に暮らす若者たちがもっと速やかに改革を推し進め、自分たちの力で気候変動をコントロールする方策を打ち出すことだ。北半球と緊密に協力できれば、申し分ない。南半球でも気候変動に関する優れた対策が考案されると期待したいし、それが世界中に普及することが望まれる。

スクワッターの暮らし

スクワッターはすでに、グリーン派の活動家たちにインパクトを与えている。これからもそのような状況は続くに違いない。私の近所で起こった事例を取り上げてみよう。私は世界各地のスクワッター社会を二年ほどかけて研究して感銘を受けたため、自ら実践してみることにした。

　第二次世界大戦中、リバティ船と呼ばれる輸送船がカリフォルニア州サウサリートの沿岸造船所で、一九四四年のピーク時には一日に一隻のペースで建造された。だが戦後、この一帯は半ば干潟のような無法地帯になり、チンピラどもが集まってきた。一九五〇年代、六〇年代のうちに、沿岸はこぎたない小舟やホームレスのボート、辛うじて住むに耐えるオンボロ舟などがひしめき合う状況になり、芸術家や海にからむ職人など、あまり収入にこだわらない人たちが住みつくようになった。

　このあたりの地主も、ものわかりがいいところを見せ、ときどき思い出したように地代は取るものの、うるさく取り締まろうとする当局からスクワッターのコミュニティをかばった。電気は沿岸地域から延長コードで盗んできたし、水はガーデンホースで失敬した。人々は湾内に糞尿を垂れ流していたから、引き潮のときの臭いはひどいものだった。麻薬の取引もおこなわれたし、ときに殺人事件も起きた。ファッション・ショーさえも開かれた。ロックバンドもいくつかあったし、「アンテナ」と呼ばれる演劇集団も存在して世界的に有名になった。私は一九七三年から、このような場所に住んでいる。

　沿岸警備隊や郡警察が、ハウスボートを曳航（えいこう）して強制撤去させる手段に出たことが何回もある。サウサリート市議会が、明け方に住居解体チームを動員したこともあった。州当局が環境運動家たちを巻き込んで結成した「港湾保全開発委員会」が、ハウスボートは港湾を不法に「占拠」するものとして、三五年間は居留できないようにする案を作った。浮き家のコミュニティは弁護士たちに依頼して生存を続け、規模はさらに大きくなり、次第に過激さは影を潜めておとなしくなってきた。

現在サウサリートに係留されている四〇〇隻のハウスボートは、ほぼ合法的なもので、「バーセッジ」と呼ばれる係留料を払い、市のインフラを利用しているため、泥本来の臭いに戻った。埠頭を訪れる観光客たちは、私たちの多彩なライフスタイルを垣間見て感嘆する。シェル・シルヴァスタインやフィル・フランクの漫画、オーティス・レディングの歌「湾のドックに腰掛けて」などで紹介されているし、アンテナ劇団が作った「オーディオツアー」のガイドにも出てくるし、イサベラ・カークランドが描いた世界の博物館や史跡の克明な絵を通じても紹介されている。また、「ニュー・アーバニズム」という新都市計画によって再開発された町や都市でも見られる。ニュー・アーバニズムは、私のコンセプトに基づいたものだ。

ニュー・アーバニズム

建築家のピーター・カルソープは、一九八三年にサンフランシスコで「コミュニティの再編」を試みたが、うまくいかずに断念した。その後、彼は私が住んでいるサウス・フォーティー・ドック（南四〇ドック）の一角にあるハウスボートに移り住んだ。このあたりは、カリフォルニア州でも最もボートハウスが密集している地区だが、付近の人々はだれもドアにカギを掛けたりしないことに気づいた。たいていのドアには、そもそもカギさえ付けていなかった。それ以上に検証するまでもなく、信頼感に満ちた、誇り高いコミュニティであることは歴然としていた。このような魔法がかった状況の根源を探し求めていたカルソープは、ドックという環境、それに込み合っている点に原因があると結論づけた。海岸の駐車場まで往復するために、毎日だれもが繋がり合った四九のハウスボートを歩いて行き来する。だれもがお互いに顔見知りで、声も知っているし、飼いネコのことにまで精通している。歩いて行けるところだけに、これこそがホンモノのコミュニティだ、とカルソープは納得した。

彼はこの洞察に基づき、アンドレ・ドゥアニー、エリザベス・プレイター＝ザイバークらとともに「ニュー・アーバニズム」の中核になった。カルソープは一九八五年に、歩いて行ける範囲の「新しい都市概念」を提唱し、『ホール・アース・レビュー』誌に論文を発表した。それ以降、ニュー・アーバニズムは都市計画の基本概念になり、人口密度の高さをむしろ奨励し、多目的空間、歩ける距離、大量輸送手段、電気デザイン、地域主義などがもてはやされるようになった。これらの概念は、スクワッターのコミュニティから学んだものだ。

スクワッターから得たアイデアは、ほかにもたくさんある。たとえば、スクワッターのショッピング地域は、小路に面してかたまっていて、小売業とサービス業が緊密に結びついている。——椅子が一つだけの床屋があり、カーテンで仕切られた三席のバーと隣り合わせて、バー側には棚や小さなテーブルがある。世界に何千とあるスクワッター・タウンで、若い世代を中心にした何百万もの人々が、従来の法律や伝統にとらわれない、新たな暮らしを実践している。スクワッター・タウンは、グリーンだ。人口密度は、きわめて高い。——ムンバイでは、二・五九平方キロメートルに一〇〇万人が住んでいる。エネルギーや物資の消費量は、最低レベルだ。移動手段は徒歩、自転車、人力車、あるいは乗り合いタクシーだ。

たいていのスラムでは、リサイクルが日常的におこなわれている。ムンバイのダーラヴィ・スラムには四〇〇〇カ所ものリサイクルセンターがあり、三万人がガラクタ集めに従事し、一日に六〇〇〇トンのゴミが分類処理されている。『エコノミスト』誌は、ベトナムとモザンビークの状況を次のようにルポしている。

「ハノイではゴミ収集の人波が街路を清掃し、マプートのゴミ捨て場では子どもたちが掘り出しものをあさっている。アジアやラテンアメリカのどの都市にも、ダンボールを回収する会社がある」

この点だけに絞った本も出ている。マーティン・メディーナの『世界のゴミため漁り』（*The World's Scavengers*）だ。ナイジェリアのラゴスは世界で最も混沌とした都市だといわれているが、毎月、最後の土曜日が「環境の日」とされていて、午前七時から一〇時まで、車での外出が規制される。スラムを含めた町全体が、「大掃除」に取りかかるからだ。

ピーター・カルソープは一九八五年に書いた記事で、「歩行行動半径（ウォーカビリティ）（可歩行状況）」の概念を提唱した。この考え方に関しては、いまでも賛否両論がある。彼の主張はこうだ。「都市というものは、人間が定住する環境のなかで最も人間にやさしいものだ。一人ひとりの占有空間は少なくてすむし、エネルギーや水の使用量も節約できるし、汚染物質の排出も人口がまばらな地域より一人あたりで低く抑えられる」。二〇〇四年にデヴィッド・オーウェンが『ニューヨーカー』誌に書いた「グリーン・マンハッタン」という次の記事は逆説的で、物議をかもした。

ニューヨークは、アメリカのなかで最もグリーン度が高いコミュニティだし、世界的に見ても最もグリーンな都会だ。……環境が落ち着いている理由は、町がきわめてコンパクトにできているためだ。マンハッタンの人口密度は、全米平均の八〇〇倍あまりにもなる。五五平方キロメートルの面積に一五〇万人が暮らしているのだが、極限までムダが省かれ、アパートも最もエネルギー効率がいい構造に作られている。

だが生態系の面では、どれくらいの傷を残しているのだろうか。自然環境面に与えるインパクトの大きさを測る方式を、マティース・ワケナゲルとウィリアム・リースは一九九六年の著書『エコロジカル・フットプリント』（和田喜彦監訳、池田真理訳、合同出版）のなかで提言した。それは都市のような巨大システムが無秩序に拡大した際の資源効率への悪影響を推測したものだった。都市に反省を促し、環境面に配慮した行動を促すうえで、効果的な一撃になった。農村人口が環境に与える影響調査は十分におこなわれていないが、人口一人当たりの数値は、都市人口より高いと思われる。都市のスクワッターについても調査データはないが、おそらくグリーン度は最も高いに違いない。

都市は人口密度が高いから、この比率で計算すれば、地表面積の二・八％に人類の半分が暮らせることになる。遠からず、地表面積の三％に八割が住むことになるだろう。インフラ効率のことを考えてみよう。二〇〇四年の国連報告では、「人間や企業が都市に集中することによって、上下水道、排水施設、道路、電力供給、ゴミ収集、交通、衛生設備、学校などの設備投資の単位コストは大幅に効率化している」と記している。先進諸国の都市がグリーンであるのは、エネルギーの使用比率が減少しているためだ。だが開発途上の都市がグリーンであるのは、都市が人々を引きつけ、農村部の自然に負担がかからなくなっている要素が大きい。

マーク・ロンドンとブライアン・ケリーがまとめた『最後の森林』（*The Last Forest*）は、アマゾンの熱帯雨林の話だ。この本によると、ブラジル政府が力を入れて財政支援している北部マナウスの実態を見れば、どのようにすれば森林伐採を止めさせられるか、という命題に対する答えが見出せるという。彼らの主張はこうだ。「人々に、まともな仕事を与えることだ。仕事が確保できれば、家を建てる資金が得られる。家ができれば生活が安定するので、将来のビジョンを持つ余裕ができる」。そのような対策を打たなければ、マナウス周辺のジャングルで一〇万人もが森林伐採に従事し、携帯電話とテレビばかりが氾濫する状況になってしまう。

都市化がもたらすソーシャル・インパクト

環境運動家たちは、都市化による経済効果をもっと理解するべきだ。これには、二つの大きな要素がある。——一つは過疎化した農村部を巧みに活用する方法で、もう一つは肥大化する都市をグリーン化する工夫だ。都市は絶えず変化しているから、改善することは決してむずかしくない。

さまざまな政治手法のなかでも、都市はお互いを真似やすい。好ましい事例は、速やかに広がる。市長や市の当局者は、世界のグリーン都市をひんぱんに見て歩き、参考になる点を取り込むことに余念がない。よくお手本にされるのは、アイスランドのレイキャビク、アメリカのオレゴン州ポートランド、ブラジルのクリティバ、スウェーデンのマルモ、カナダのバンクーバー、デンマークのコペンハーゲン、イギリスのロンドン、アメリカのカリフォルニア州サンフランシスコ、エクアドルのバイア・デ・カラケス、オーストラリアのシドニー、スペインのバルセロナ、コロンビアのボゴタ、タイのバンコク、ウガンダのカンパラ、アメリカのテキサス州オースチンなどだ。都市をめぐるエコツーリズムは、成長産業だ。

都市の生態系をうまくコントロールするためには、まず実態を把握しなければならない。二〇〇八年の『サイエンス』誌に掲載された次の記事は、その要点をうまく伝えている。

> 都市のエコロジーに関する概念を発展させていくためには、都市とは雑多な要素が混じり合ったダイナミックな場所であり、複雑だが適応力がある社会・生態学的なシステムであることをまず理解しなければならない。そのなかで実施されるエコシステムの施策は、多角的に波及していく。……汚染物質によって環境に化学的な変化が起き、構造の変化がもたらされれば、都市全体の流れが単純化され、それによって水流の栄養分を高める富栄養化が進み、生物の多様化を疎外するシンドローム効果を生む。養分の劣化が少なくなれば、生物の個体数の増加傾向をもたらす。……都市のシンドロームにストップをかけようとすると、理想的なエコシステムのために、旧来のシステムを復活することをあきらめざるを得ないかもしれない。……エコロジー面の妥協案としては、人間の住みやすさのために環境を大きく変えるのであれば、できるだけ生物の多様化を図ると同時に、エコシステムを維持しながら経済的なメリットも追求し、環境運動家たちをうまく動員し、古い都市の一面を再建しながら新しい都市を建設していかなければならない。

「社会・生態学的（ソシオ・エコロジカル）システム」とか「融和（リコンシリエーション）エコロジー」など、漠然とした合成語を通じて事態は進展しつつあるが、都市エコロジーという新たな職域が芽生え、博士号を持つ研究者たちが、ゴキブリの駆除から都会病の病因分析に至るまでさまざまな研究に没頭し、最先端のインフラ整備にかける情熱にも劣らないほど熱中して自然のインフラづくりにも邁進している。グリーン関連のすべての組織は、都市における作戦を練るべきだし、都市に専念する組織も出てきていいころだ。スクワッター・タウンから派生することが期待される一つが、都市農業だ。『サイエンス』誌の別の記事には、次のようなものがある。

「地産食品」運動に対するハイテク的な一つの答えとして、すべての農産物――新芽も根菜類も――を都市で生産すべきだと論じる専門家もいる。都市は効率のいい温室だから、町とその近郊でたいていの食品は自給できるという。……設備のいい温室であれば、必要な水分は畑の一〇分の一ですむし、面積は五％もあれば十分だ。……町の一ブロックに三〇階建ての農業ビルがあれば五万人分の野菜と果物、卵と肉を生産できる。ビルの上階では水耕栽培の作物を作り、下のほうでは野菜クズを使ってニワトリや魚を育てる。

都市の上空を覆う天然の屋根は、エネルギーを節約するうえで、また融和エコロジーを推進するうえでも、無限の恩恵をもたらしてくれる。エコロジーを目指したコミュニティでは、グリーンの屋根でカバーすることが普及しつつある。作物を育てるためには、時代の先端をいく太陽光を集める装置を備えた「超高能率グリーンハウス」をさらに付け加える。

最も効率のいい方法は、すべてのものを白に変えることだ。屋根を白くすれば、居住者は夏の冷房費を二割ほど節約できる。したがってカリフォルニア州では、州内で新築・改築するビルの屋根は、反射率の高い素材にすることが義務づけられている。さらにたくさん樹木を植えれば、都市の「ヒートアイランド」現象はかなり抑えられる。それに伴って、スモッグも減る。都市の表面の四分の一は屋根で、三分の一は舗装道路だ。コンクリートやアスファルト部分を、明るい色に替えることもできるはずだ。都市が白くなれば、太陽熱を吸収せずに反射するから、温暖化は軽減される。ローレンス・バークレー国立研究所が二〇〇八年に発表した報告は、次のように記している。

「もし世界で一〇〇の大都市が屋根を白色に変え、アスファルトやコンクリートを薄い色にすれば、四四立方ギガトン（一ギガトンは一〇〇万トン）の温室効果ガスを削減できる」

このプログラムを「アラバスター都市」計画と名づけ、愛国歌「アメリカ・ザ・ビューティフル（うるわしきアメリカ）」の最も美しい次の部分を引き合いに出した。

「なんと美しいのだ、愛国者の夢よ。何年にもわたり白く輝く都市。涙で濁ることなきその輝きよ！」

環境運動家のなかには、都市がコンパクトである点に着目して、昔から評価している者もいた。シエラクラブの機関紙は、「バンクーバーのサム・サリヴァン市長は、集約的エコ計画（エコ・デンシティ・プログラム）を推し進めている」と報じていた。その構想の骨子によると、地域区分を変更し、間取りの少ない住宅や二世代アパート、三階式アパートなど、狭い道路を挟んで土地境界線できっちり区分された家々が並ぶ。ピーター・カルソープの言う「歩ける距離」は、不動産を売る際のセールスポイントになった。どこへでも歩いて行ける場所なら、高値が付けられた。歩ける距離のメリットを公言し、公共交通機関を奨励することは、都市中心部に車を乗り入れることに「混雑税」をかけることと同じく、市民に共感を持たれることが実証されている。ロンドンでは二〇〇二年にこの方式——日中、都心部に乗り入れる車には八ポンドの税を課した——を取り入れ、シンガポールと香港もそれに倣った。乗り入れる車の量が激減したため、不満の声も静まった。ストックホルム、サンフランシスコ、シドニー、上海も同調し、今後も増えていく見込みだ。

都市生活で避けがたい問題は生活費の高騰で、子持ちの家族は郊外に移り住む傾向がある。それに伴っていい学校も郊外に移る。グリーン派としてはその趨勢に逆行するやり方で、たとえばパリのように当局に圧力をかけて子どもにやさしい環境――都心の学校を充実させ、遊び場のある公園や人形劇場、回転木馬を増設するなど――を工夫するよう運動できるはずだ。カルソープが私に語ってくれた構想は、学校クーポンを作る案だ。自由にサービス競争をさせれば、カリキュラムを充実させた都心の学校が児童を郊外から呼び戻せるかもしれない。また、都心住宅に対する資金援助の方法も考えるべきだ。インフラ・コンサルタントの二〇年か三〇年ごとにインフラを整備し直せば、都市の再生は可能だ。

ブーズ・アレン・ハミルトンは、二〇〇七年の報告で次のように述べている。

「これからの二五年間に、世界の諸都市の水道、電気、交通網などを近代化し、拡充していくために、約四〇兆ドルが必要になるだろう」

グリーン派が目指すインフラは、どのようなものなのだろうか。中国は現在、一七〇もの新しい大量交通路線を建設している。高速鉄道は、アメリカにも導入されようとしている。電気の供給に関しては、電力を自動需給するスマートグリッドや、分散電源制限をおこなうマイクログリッドの導入によって、便利さも効率も大幅に向上する。

気候変動に人間がどう対応するかは、都市の状況が試金石だ。海面から約九メートルほどの危険帯について、コロンビア大学の研究報告が『サイエンス』誌に載っている。それによると、人口が五〇〇万を超える都市の三分の二は、海面の上昇や気候変動による「災害を受けやすい」とされている。高潮を警戒するロンドンのテムズ川の水門や堰は、一九八六年から九六年の間に二七倍も増設されたが、一九九六年から二〇〇六年にかけては、六六倍にも膨らんだ。

「緩和対策」の面から見れば、都市の「気象足跡」を克明に調べた一覧表を作り、反射率、植生の密度、温室効果ガス、煤(すす)や炭素を放出しない水力・原子力・風力・太陽光などのエネルギー源の比率、などの数値をはじき出すことが重要だ。生態系実績を算出するとともに、時系列の変遷も跡づけなければならない。それによって、都市の状況が改善されているのか悪化しているのかが明確になる。そのうえで、どのように適応させていくべきかの方向性が定まる。「気候の見通し」に関する一覧表では、海水面の上昇、干ばつ、異常気象、気温の大変動などに対して当該都市はどのように対応できるのかを明らかにする。近くに標高の高い場所があるか、高いビルの上階まで避難が可能か、飲み水は十分に確保できるか、水に塩分が含まれた場合にも耐え得る農作物が十分にあるか、内陸部に干ばつが発生しても対処できるか、もし都市を放棄して撤退しなければならない事態になった際の行動計画はできているか、などだ。

都市の明かり

長い歴史のなかで、都市は決して好ましい存在とはされてこなかった。都市にはビジネスが集中するし、革新的な事業が展開され、教育や娯楽の中心にはなるものの、一方で犯罪が多発し、汚染はひどく、不公正な事態が横行するからだ。

人々が競って都市に移住したがるのは、仕事を見つけやすいためだ。それだけでなく、都市に行けば変化が期待できる。たとえスラムであろうと、オフィスの高層ビルであっても、緑豊かな郊外住宅地であっても、田舎者から都会人になれるし、国際的な大都会(コスモポリタン)の住人になれる期待感がある。

「都市がひとり立ちする」ということは、二〇世紀の前半においては経済発展の象徴的なできごとだった。さまざまなインパクトがあるなかでも、エネルギーと食料という流通インフラ整備が注目の的だった。膨大な人数が、煙の出る薪や牛糞のかまど燃料から解放され、ディーゼルエンジンの発電機でバッテリーを充電するようになり、やがて24／7グリッドの電力を使うようになった。食べものでも、農村暮らしのころの食うや食わずの状況から、主食のコメ、トウモロコシ、小麦、大豆、高タンパクの肉に至るまで、いつでもふんだんに手に入れられるようになった。環境運動家たちが気づくのは、都会に出たい人々の野心をあきらめさせようとする努力は、田舎にとどまるよう説得する場合と同じく、成果は生みにくい。

農民の暮らしは、過去のものになった。気候変動がひどい状況になって人々が否応なく農業に回帰しようと思わない限り、逆転現象は起こらないだろう。人口動態の文献を見ると、都市の「華やかな明かり」が人々を引きつけると書いていることが多い。軍事衛星の画像のおかげで、地上の明かりは宇宙からも観測できる。夜の地球ではこの何十年間か、交通網が美しい明かりのレースをなして都市間を結んでいる。これらの明かりをともしているエネルギー源は、いったい何なのだろうか。

Canada has ...

After eighty meetings across Canada, the nation's nuclear waste policy emerged. It is based, says a report from the organization, on the principle of "Respect for Future Generations: we should not prejudge the needs and capabilities of the future. Rather than acting in a paternalistic way, we should leave the choice of what to do with the used fuel for them to determine." Accordingly, Canada has an "adaptive phased management" plan, where the spent fuel remains in wet and dry storage at the reactor sites while a "near term" (1 to 175 years) centralized shallow underground facility is built, designed for easy retrieval; that will be followed by a deep geological repository for permanent storage. Future Canadians have options at every step. No mention is made of 10,000 years. The report does note that "during the 175-year period, the overall radioactivity of used fuel drops to one-billionth of the level when it was removed from the reactors...."

第4章
新しい原子力

Coal is the killer. Of all the fossil fuels, coal is the one that could make this planet uninhabitable.
—Fred Pearce, New Scientist

In 2009 the Director of Greenpeace UK from 2001 to 2007, Stephen Tindale, told the Independent he was now supporting nuclear, and he wasn't alone:

My change of mind wasn' t sudden, but gradual over the past four years. But the key moment when I thought that we needed to be extremely serious was when it was reported that the permafrost in Siberia was melting massively, giving up methane, which is a very serious problem for the world.

It was kind of like a religious conversion.…

Jesse Ausubel, director of the Program for the Human Environment at Rockefeller University, convened a pioneering conference on climate change back in 1979. He originated the idea of decarbonization, noting the two-hundred-year trend of humans using fuels with ever fewer carbon atoms?wood to coal to oil to gas, down to zero carbon with hydrogen and nuclear. In 2007 he published a paper in the International [illegible] of Nuclear Governance, Economy and [illegible] in which he declared, "Nuclear energy is green. [illegible] green."

I'm often asked, 'Can you solve the climate problem without nuclear energy?' And I say, 'Yes, you can solve it without nuclear energy.' But it will be easier to solve it with nuclear energy.

In a fascinating book, Wormwood Forest: A Natural History of Chernobyl (2005), Mary Mycio observes that

It is one of the disaster' s paradoxes, but the zone's evacuation put an end to industrialization, deforestation, cultivation, and other human intrusions, making it one of Ukraine's environmentally cleanest regions?except for the radioactivity. But animals don't have dosimeters.…

Al Gore's climate movie, An Inconvenient Truth, featured Socolow's diagram with only six wedges, leaving out nuclear.

気候変動はどれくらい憂慮すべきなのか。アメリカの環境運動家たちは、ＮＡＳＡゴダード研究所の所長で気象学者でもあるジェームズ・ハンセンの考え方に大きな影響を受けてきた。ハンセンは二〇〇七年に、大気中の二酸化炭素の濃度が四五〇ｐｐｍまで上昇した時点で平衡させるのではなく、現在の三八五ｐｐｍから三五〇ｐｐｍ以下に引き下げるべきだと語り、それ以後、環境運動家の合言葉は「三五〇ｐｐｍ！」に定着した。

だが環境運動家たちも、ハンセンの原子力に関する発言にはそれほど耳を傾けなかった。オバマ大統領が就任したときハンセンは公開書簡を送り、気候危機に対する新しい政策を提言した。彼の論旨は、次のようなものだった。

「石炭による火力発電所は、死の工場だ。石炭は、ほかの化石燃料を合わせたよりも多くの二酸化炭素を大気中に放出している」

そこでハンセンは、アメリカは「化石燃料をエネルギー源とするものに炭素税を導入するよう」提案した。石炭を燃やす工場を全廃し、「第四世代の原子力発電のための研究開発を緊急に進め、国際協力を進めるよう」と提言したのだった。彼は、次のような警告も付け加えた。

「反核を謳う少数の環境運動家は危険な存在で、彼らは安全な原子力の発展を遅らせる要因になりかねない。電気をともすために、化石燃料を燃やし続けることになるからだ。これは最悪のシナリオだといえる」

ハンセンは結論の部分で、ふたたび強調している。

「いま私たちが直面している最も大きな危険の一つは、少数派である反核の声が炭素放出を減少させる動きを封じ込めてしまうことだ」

現在の原子力産業が起こしかねない危険性は、環境運動家たちが考えているよりはるかに小さなもので、逆に現在の進んだ原子炉設計は、彼らが感じているよりはるかに堅固なものになっている。ハンセンの変え方は正しい。原子力発電は、グリーンな考え方に合致する。新しい原子力は、いっそうグリーンになっている。そのような具体例をこれから述べていこう。

答えは現場にある

環境運動家が原子力を敬遠したがる、重要な要因がある。それは致死性のある放射性廃棄物を、何世代にもわたって引き継いでいかなければならないという難題だ。私も二〇〇二年のある日までは、そう考えていた。私が原子力に対する考え方を根底から変えたのは、ユッカ山を訪れたときだった。この体験を少し詳しくお伝えしよう。

「高レベル濃度の放射性廃棄物」を廃棄処分にするユッカ山の保管場所は、ネバダ州ラスベガス北西一六〇キロほどのところにある。この処理場の構想が生まれたのは一九七八年で、それ以来、ここは「政治的に微妙」であるため密かに進められてきた。だが、私たち「ロング・ナウ・ファウンデーション」が二〇〇二年にここを訪問したのは、特定の狙いがあったわけではない。ネバダ州の山腹に開けられた穴の状況を確認してみたかっただけだ。

「ロング・ナウ・ファウンデーション」の目を引くシンボルは一万年時計で、ネバダ州東部の山に穴をうがって設置される予定になっていた。ネバダは「長期の思考を自動的に記録するうえで適切な場所」という通念がある。砂漠のど真ん中にある山の内部に、どのようなスペースを作るのが理想的なのだろうか、私は思案した。ユッカ山の放射性廃棄物の処理場を見学すれば、何かのヒントが得られるのではなかろうかと考えた。思ったとおり、きわめて参考になった。——円筒状の長いトンネルは、退屈きわまりない。高さ七・五メートルの天井も、間が抜けている。三メートル以下であれば快適な感じがするし、一〇メートル半だとスリルを感じさせる。

だがユッカ山から得た教訓は、「ロング・ナウ・ファウンデーション」の考え方を根底から揺さぶった。ユッカ山には、人を病的に惑わせるような雰囲気があり、それが心に刺さった。バスで同行した仲間に、一万年時計の設計者ダニー・ヒリス、グローバル・ビジネス・ネットワーク（GBN）の共同設立者ピーター・シュワルツもいた。廃棄物処理場の入り口に来たときの印象を、私は報告書に次のように書いている。

見学案内のビデオには、決して何かにつまずかないようにとの注意があり、非常の際にベルトで固定装着される呼吸装置の説明があった。ダニー・ヒリスの説明によると、たとえば火災が発生した場合、労働安全衛生局が身柄を同定しやすくするためだという。トンネルの入り口には、真新しい救急車が二台も待機していて、「安全、安全、安全！！」と連呼している。

地下のくぼんだ小部屋でブリーフィングを受けたのち、やかましい列車に乗って二・四キロほど山の奥へと進んだ。直径七・五メートルのトンネルがまっすぐ走っている。曲線部分も含めると全長八キロメートルに及ぶ。最終的な堆積物の置き場はこれから掘削するのだが、小規模なテストサイトは掘られている。列車が止まって、私たちはテストサイトを見るために降りた。巨額な費用を掛けて、堆積物を熱したり冷やしたりした際に、周辺の岩や水にどのような影響が出るのかの実験を重ねている。放射性廃棄物を四年間にわたって暖め、次に四年間にわたって冷やし、一〇〇〇年間は耐えられるモデルを試している。

その日の夕食、私たちはユッカ山の体験について感想を述べ合い、情報交換した。私たちだれもがびっくりしたのは、政府が八〇億ドルから一六〇億ドルもの費用をかけて、地中で実験を続けていることだった。資金の大半は安全を確認するための費用で、放射性廃棄物が一万年にわたって安全に格納されていることを国民に保障するためだ。これは一九五〇年代に始まったプロジェクトで、科学に懐疑的ないし無関心な小うるさい評論家たちを納得させるための、政治的な巨額予算だった。

ピーター・シュワルツは、賭けてもいいと主張してこう言った。

「もし山中に廃棄物を捨てても、五〇年から一〇〇年も経てば貴重なエネルギー源として、掘り出して再利用する公算が五分五分だと思うね」

私はこう提起した。

「ロング・ナウ・ファウンデーションが一万年という時間枠を持ち出すと、だれもがたじろぐ。もし私たち（ロング・ナウ・ファウンデーション）が放射性廃棄物の処理を任されたら、どのような処理方法を考えただろうか」

ダニーは、こう言った。

「ボクだったらやはり地面に穴を掘るが、二、三億ドル程度の投資でやめておくね。そして、こう宣言する。『放射性廃棄物は、ここで一〇〇年間、眠らせる。その間に、その後どう処理するかを考える』とね」

私たちの結論としては、ユッカ山のケースは長期計画の愚行を示す典型例だと言える、というあたりに落ち着いた。私たちは、次の一〇〇〇年間も正しいことをやり続けるプランが幻影であることを承知している。ロング・ナウ・ファウンデーションがやろうとしていることは、むしろその逆だ。長期的な思考をするに当たっては、どのようなことが起きるのかの大枠だけを想定して、実際に起こり得ることには臨機応変に対応できるよう準備しておく。時間が経過するにつれて、オプションの幅は広がっていく。……

環境運動家たちの核廃棄物に関する平均的な見解に、私は長いこと同調してきたが、いま思い返すといかにも愚かだったと反省する。一般的に声高に叫ばれる論理はこうだ。

「放射性廃棄物は、絶対に放射能漏れを起こさないよう、一〇〇〇年間、あるいは一〇万年、一〇〇万年も、密閉して安全を確保すべきだ。それが保障できないのであれば、原子力発電は中止すべきだ」

どうしてか。

「放射能は、たとえ微量でも人体、あるいはどの生物にも悪影響をもたらすからだ。地中の伏流水も汚染される」

いつの時代の人類に、どのような悪影響をもたらすというのだろうか。将来の人類が私たちと同じ懸念を持ち、同じテクノロジーを持っている、というのが前提の議論だ。たとえば、二〇〇年後にテクノロジーが格段に進歩していれば、どうだろう。人類は、放射能漏れがあればたちどころに探知して処理できるかもしれない。石器時代に後戻りすれば、放射能などまるで問題なかった。二〇〇〇年後、一万年後のことを考えてみよう。長い時系列で考えて見れば、問題が悪化するとは思えない。むしろ、消えていく。

ユッカ山の見学をきっかけに、私たちの団体の役員でエネルギー問題の専門家ピーター・シュワルツの姿勢も、反核から親核に変わった。彼はかつて反核に凝り固まったエイモリー・ロビンスのロッキー・マウンテン研究所で仕事をしていたのだが、強力な原発支持の旗頭になった。二人はこの問題で激しくやり合い、友情が壊れるほどの論争を展開した。

限界点、足跡

ユッカ山の見学から一年後、グローバル・ビジネス・ネットワーク（GBN）にカナダの核廃棄物処理団体から声がかかり、カナダ型・重水原子炉CANDU二一基の核廃棄物処理を手伝うことになった。一つの案は、岩盤の固いローレンシア盾状地の奥深くに埋める方法。第二案は、原子炉があるそれぞれの場所で、堅固な乾式容器に収納したまま保存しておく方法。第三案は、ユッカ山のように地中の貯蔵庫に格納しておき必要になれば取り出す方法だ。検討会議の席上、私はユッカを見学したときの話をした。会議には、古くからのカナダ原住民であるハイダ族の代表も何人か参加していた。彼らは将来の責任に関して、イロコイ連盟の流儀である「七世代継承方式」を提案した。一世代は二五年だから、七世代で一七五年になる。それだけの期間をかけて廃棄物の処理を考えようという意図だ。

カナダ全土で計八〇回もの会議が重ねられた結果、カナダにおける核廃棄物の処理方針が決まり、公表された。その骨子は、こうだ。

「今後の世代にも敬意を表し、私たちは先輩づらして先走って結論づけてしまうのではなく、使用ずみ燃料の処理方法は次代の人々に決めてもらうことが望ましい」

したがってカナダは、「可変的な処理」プランを採用した。つまり使用ずみ燃料はウェット状態（湿式）でもドライ状態（乾式）でも、原子炉の周辺で「しかるべき年限」（一年から一七五年の間）貯蔵する。中央制御された貯蔵場所は、それほど深くない地中に新設され、容易に取り出せる設計にしておく。しばらくして、地中深い格納場所に移して永久保存する。将来のカナダ人は、どの段階においても変更が可能だ。一万年などという年限は、いっさい表記しない。報告は次のように付記している。

「一七五年のうちには、使用ずみ燃料の放射能は、原子炉から取り出した時点と比べると一〇〇億分の一ほどに減少する」

核廃棄物は水銀などの化学廃棄物の残滓（ざんし）とは違って、時代とともに毒性が薄れていく特性を持っている。私のなかで、原発に関する考え方が二つの面で変わってきた。放射性廃棄物の処理は、もはや宇宙の彼方の問題ではなくなった。深刻化しつつある気候変動に対処するためには、炭素を大気中に放出しない原発がエネルギー源として期待のエースではないか、という気がしてきた。私は反核から親核に、一八〇度、転換した。私はいまこう自問している。

「なぜ、これほど時間がかかってしまったのだろう」

私が怠慢でなければ、原発の現実にいち早く目覚めて数年も前に転向していたはずだ。

『ニューヨーカー』誌の元編集長で作家のギネス・クレイヴンスは、私がやるべきだったことをもっと早くにやり遂げた。一九八〇年に、ロングアイランドに六〇億ドルをかけて建設されたショアハム原発が稼動する前から、彼女は反対派の急先鋒に立っていた。アメリカの核産業はそれで打撃を受け、しばらく頓挫した。一九九〇年代になって、彼女はアルバカーキ（ニューメキシコ州）にあるサンディア国立研究所で、原子力の安全性を研究している友人リップ・アンダスンに会って話を聞いた。さらに目で確かめるため、アンダスンの案内でアメリカ各地の原発の実情を見て歩いた。クレイヴンスはその結果をまとめ、二〇〇七年に『世界を救う電力』（*Power to Save the World*）を出版した。

基本的な考え方を変えさせたものは、いったいなんだったのかと私は彼女に尋ねた。

「二つあるの。発電量の限界点と、足跡」

彼女が本で説明しているところによると、こうだ。

「限界点というのは、該当地区で何百万もの消費者の需要が見込まれるなかで危険性が少なく、天候に左右されることもなく、着実に電力を供給できる最低限のキャパシティを示している」

発電量の限界点は、商用送電（グリッド・パワー）の根源に関わってくる。発電エネルギー源は、いまのところ三つに限られている。化石燃料、水力、原子力だ。世界の発電量の三分の二は化石燃料、とくに石炭を燃やして得られる。残り三分の一の、炭素を排出しないグリーンな燃料は、水力発電ダムと原子炉がそれぞれ一六％で、ほぼ二分して発電に貢献している。アメリカの場合は、七一％が石炭と石油で、水力が六・五％、原発が約二〇％だ。

都市には大量の商用送電が必要で、その基礎は発電能力の限界点に関わってくる。世界中で都市化が進行していて、貧困から脱出した層は「エネルギーの階段」を登り、二一世紀の半ばには需要が激増し、限界点を上げざるを得なくなってくる。気候変動がグリーン派にとって最大の課題だとすれば、都市化は恩恵だし、原発による発電は二重にありがたい恩恵になる。

風力や太陽光も望ましいエネルギー源だが、発電限界への貢献度からいうと信頼度が薄い。風が吹いているとき、太陽が照っているときしか発電できないため、非連続性がネックになるからだ。もし大量に蓄電できる装置が開発されれば別だが、そのようなことがない限り、石油の補助的な役割しか果たせない。

だが将来、宇宙空間に太陽熱発電装置が設置され、軌道上からマイクロウェーブ（極超短波）で地上にエネルギーを送れるようになるかもしれない。宇宙空間における太陽光は、障害物を経て地上に到達するより三倍も強い。しかも雲で遮られることがないから、屋根に設置するソーラーパネルと比べて三倍も効率がいい。二つを掛け合わせれば、九倍の能率向上になる。エネルギーの伝達に膨大な経費はかかるが、日本では宇宙空間で一ギガワットの太陽光発電を計画しているし、アメリカのカリフォルニア州では二〇一六年までに二〇〇メガワットのソーラー・ファーム（太陽光農場）を目指して研究中だ。

もう一点の足跡（フットプリント）について、ギネス・クレイヴンスは次のように指摘している。

「原発は、一〇〇〇メガワットを生産するために八五〇平方メートルもあれば十分だ。風力発電だと、同じ発電量を得るために五〇〇平方キロメートルあまりの面積が必要だ。太陽光発電でも、一三〇平方キロメートルが要る」

これが、彼女の言う「景観上に残す足跡」だ。

私にとってさらに興味深い〝足跡〟がある。石炭滓（かす）と核廃棄物の危険度を比較してみよう。核廃棄物の分量はわずかなもので、原発の電力に一生、頼ったとしても、一人分はアルミ缶ひとつぐらいにしかならない、とリップ・アンダスンは指摘する。石炭滓は膨大な嵩で、同じく一生この発電に頼ると、コークス六八トン、それに七七トンの二酸化炭素を排出する。核廃棄物はドライ貯蔵の小さな容器でこと足りるので、地元で処理して管理の目も行き届き、つねにチェックできる。原発で一ギガワットを発電するのには、年間の燃料二〇トンが二〇トンの廃棄物を生むだけだから、直径三メートル、長さ五・四メートルのドライ貯蔵用の円筒ですむ。

それに反して、石炭を燃やして一ギガワットを発電するには、年間三〇〇万トンの石炭が必要で、七〇〇万トンもの二酸化炭素を排出する。これは大気中に放出され、だれもコントロールできない。それがどのような影響をもたらすのかも、断定できない。さらに、飛び散った石炭の灰やガスは、鉛やヒ素、それに神経組織に影響を与える有毒のニューロトキシンを含む水銀など、有害重金属を含んでいる。これらは食物連鎖のなかに入り込んで残留するので、妊婦は天然の魚や甲殻類を食べないほうが無難だ。石炭の燃焼による大気汚染は肺などを冒し、アメリカで年間三万人、中国で三五万人が被害を受けている。

一生を考えた場合、温室効果ガスにさらされる度合いはどれぐらいの違いを生むのだろうか。国際原子力機関が二〇〇〇年に発表した数字によると、キロワット時あたりの排出量は、原子力の場合は風力や水力発電と比べても少ないし、太陽光のほぼ半分、「クリーンな石炭」が利用できたとしても、その六分の一、天然ガスの一〇分の一、現在の石炭の二七分の一ですむ。

限界点、足跡に加えて、そのほか雑多なポートフォリオも不可欠だ。最近の気候変動は深刻になっているため、状況を可能な限り改善するために、あらゆる手段を同時に試みる必要がある。最初のポートフォリオは、エンジニアのロバート・ソコロフと環境学者スティーヴン・パカーラが二〇〇四年に提唱した。

『サイエンス』誌に掲載された二人の論文のタイトルは「安定化させるためのくさび――現在の技術によって五〇年後に気候変動問題を解決するカギ」。すでに実証ずみの技術を使って、「安定化のくさび」を打ち込むアイデアを論じている。ただし温室効果ガスの排出を我慢できるほどに減らすには、かなり思い切ったいくつもの手段をすぐに実施し、強硬に、しかも同時並行しておこなわなければならない、としている。

論文は、排出のレベルを下げるために、七つのくさびを例示している。エネルギーの有効活用、再生可能なリニューアブル・エネルギー、クリーンな石炭、森林と土壌の改善（森林伐採と開墾の禁止）、燃料の転換（石炭から天然ガスへ、石油からヒートポンプへ、そして原発へ）などだ。これから五〇年かけて、原発の発電能力を三倍増の年間七〇〇ギガワットまで高められれば、その時点における炭素の排出量は年間一ギガトン減り、二五年間では合わせて二五ギガトンが減る。二〇〇八年、世界の炭素排出量は年間七ギガトンあまりで、しかも急激に増えている。ソコロフの計算方式によると、炭素をもっとわかりやすい二酸化炭素に換算するには、三・六七倍すればいい。つまり七ギガトンの炭素は、二酸化炭素に直すと二五・七ギガトンになる。――原発を推進する理由として、これほど説得力があり、驚くべきデータはない。ソコロフとパカーラの論文は、次のように述べている。

「一九七五年から九〇年までの期間に世界中で原発の建設が大いに進み、この傾向がさらに五〇年間も続けば、一つのくさびが打ち込まれることになる」

アル・ゴアの映画『不都合な真実』では、ソコロフの図解（ダイアグラム）を援用しているが、原発だけを除外して六つのくさびにしている。

政府の役割

私に言わせれば、あらゆるくさびのなかでは、効率的なエネルギーの利用と管理こそが、最初にして最後、つねに最重要の課題だ。最小コストで最速で配電されるエネルギーが、最大の効果を発揮する。エイモリー・ロビンスが何十年もかけてデータを蓄積して実証したように、省エネには費用はかからない。むしろ、カネを浮かす。しかも、個人レベルから地球全体のプロジェクトまで、幅広く活用できる。環境運動家は管理上、経済的な悪影響が起きるに違いないと反対していたが、現実によって完璧に論駁（ろんばく）されてしまった。ヨーロッパやカリフォルニア州に住む人々は、一人あたりのアメリカ人が使うエネルギーの半分を原発に依存しているが、なんの支障も起きていない。一九七〇年代、ジェリー・ブラウンがカリフォルニア州知事だったころ、同州の個人収入が八〇％も増えたにもかかわらず、エネルギー使用量を三〇年間は凍結しようと試みた。ほかの州では、エネルギー使用量が五割も増えた。温室効果ガスの一人あたりの排出量もそれに伴って増加したが、カリフォルニア州では他州の半分以下の量しか出さなかった。

カリフォルニア州では、どのような手段を講じたのだろうか。ローレンス・バークレー国立研究所の物理学者アーサー・ローゼンフェルトは、一九七三年に起きたオイルショックを機に、エネルギーの効率的な使用を重点的に追求することにした。彼の提案をもとに、カリフォルニア州では「技術優先」で、冷蔵庫やクルマに効率性の基準を設けた。ビルでも熱効率を考慮して、ソーラーパネルを設置した場合には税の優遇措置を導入した。また、発電した電力の余剰分を電力会社に売却できるようにした。その結果パシフィック・ガス・アンド・エレクトリックなどの会社は消費者に利益還元したが、その反面、新たな発電所を建設する意欲は衰えた。

ジェリー・ブラウンは、いぜんとしてカリフォルニア州の仕事に携わっている。二〇〇六年に選挙で選ばれて州司法長官になり、ただちに気候変動の仕事に取り組み始め、いくつか独自の対策を実行した。州でなんらかのプロジェクトを立ち上げる際には、環境にどれほどのインパクトを与えるかをまとめた、「気候インパクト報告書」を提出しなければならない。大気汚染の元凶ともいえるものに、船舶が使う粗悪な石炭があるが、これは世界のどこでも規制されていない。ブラウンは「大気浄化法」が領海二〇〇海里内での船舶にも適応できると主張し、西海岸諸州の司法長官たちと手を組んで、西海岸に商用で寄港する船は、領海内ではディーゼル・エレクトリックなど、きれいな燃料に切り替えるよう要請した。

エネルギー効率を上げようというカリフォルニア州の試みは、すでにかなりの成果を上げている。一九七五年から二〇〇四年までに、世界のエネルギー効率（GDPの一ドルあたりのエネルギー消費量）は三二％も向上した（アメリカ全体では四四％）。だが、まだムダは残っていて、改善すべき余地はたっぷりある。ビル、乗りもの、インフラ、都市、農場、送電線、船舶、軍隊など、文明と呼べるものすべてだ。

エネルギー効率は重要だが、石炭による発電をすぐに全廃することもできない。中国、インド、アフリカ、南米など、経済が成長過程にあるところでは、エネルギー需要が急激に高まり、供給が間に合わなくなるからだ。発電量の限界点に至って石炭か原発かの選択を迫られる面もある。

発電限界や足跡、ポートフォリオに続く四番目の重要な要素は、政府の役割だ。近年、環境運動家たちは、政府を見限った気配がある。その代わり、世界中の大小のNGOと手をつなごうという風潮が強い。産業界、草の根運動とも連携しようという気運もある。だが、インフラ整備はおおむね政府の管轄だ。とくにエネルギー関係では、立法、債権、権利関係、規制、補助金、研究、官民協力、長期ビジョンなど、無限の官庁仕事がある。エネルギー政策は膨大で広範にわたるし、スピードも要求される。しかも長期にわたってねばり強くフォローしていかなければならないため、政府にしかできない仕事だ。商用送電も、政府だからこそできる事業だといえる。

これらの論点を含め、私が接触する数多くの人々が、環境運動家を含めて、原発に賛成の親核派に転向している。熱心な親核派もいるし、しぶしぶ認めた者もいる。派手な論客もいれば、密かに主旨を変えた人もいる。このように親核に転じる人たちには、何か共通項があるのだろうか。私は、あると思う。

ジェームズ・ラブロックの話から始めよう。「地球は生命体である」という「ガイア仮説」を提唱したことで有名な、かのラブロックだ。ガイアの論理は、グリーン派の宗教だともいえる。ラブロックは一九五七年に電子捕獲型検出器を発明し、レイチェル・カーソンが革命的な著作『沈黙の春』（青樹簗一訳、新潮社）を著す基礎データになった、殺虫・除草剤の残留成分探知に活躍した。次に、周囲環境に残る汚染物質ＰＣＢの探知に応用され、さらに大気中のフロンガスの検出に貢献し、それがオゾン層破壊の解明につながった。ラブロックは、最初から親核の姿勢を貫いてきた。一九四〇年代にラジオアイソトープ（放射性同位元素）による医療に携わっていたころからだ。私がはじめてラブロックに会ったのは一九八五年のことで、原発に懐疑的だった私に原発のメリットを吹き込んだ。その後二〇〇四年に彼がイギリスの新聞『インデペンデント』に書き、あちこちで引用された有名な、次のような一文がある。

> 再生可能な要素を持った小型で有益な発電装置を使いたいし、いますぐ利用でき、しかも地球温暖化に加担しないものが望ましい――それが核エネルギーだ。……核エネルギーに反対する者は、

ハリウッド映画的なフィクションやグリーン派のロビイスト、メディアに毒された、いわれのない恐怖に踊らされている。これらの恐怖は根拠がなく、核エネルギーは一九五二年に平和利用が始まって以来、エネルギー源として最も安全なものだ。……私はグリーン派だと自認しているし、反核に凝り固まっている友人たちに、誤った考え方を変えるよう丁重に説得している。危険性に留意することは間違いではないが、いま世界中でエネルギー源として使われている原発は、その他の脅威――たとえば、耐えがたい熱波とか海面水位の上昇によって沿岸都市が水没する恐ろしさなどと比べれば、取るに足りない。私たちは、エネルギー源について空論を闘わせている時間的な余裕はない。文明に対する危機は迫っているのだから、安全ですぐ利用できる原発というエネルギー源を大いに利用すべきだ。そのような方向に踏み切らなければ、地球はもっと激しい痛みにさいなまれることになる。

イギリスでは、原発賛成の親核派は五％以下から四〇％あまりに急増した。政府は方針を変え、旧来の原子炉に替えて一〇基を新しいものと取り替えるとともに、一九基を増設して、原発が電力量の二割をまかなう方向に動いている。

人間環境計画の委員長ジェシー・オーシュベルは、一九七九年という早い時期に、気候変動に関する画期的な会議をロックフェラー大学で開いた。彼は、「炭素減少傾向」という概念を提示した。ここ二〇〇年の人類史を見ると、次第に炭素原子を放出しない燃料を使うようになってきた。最初は木を燃やし、石炭、ガソリンと変遷し、ついに炭素ゼロの水力と原発に到達した。彼は論文を雑誌『核の制御・経済・エコロジー国際情報』に発表し、「核エネルギーはグリーンだが、自然界の再生可能なエネルギーはグリーンではない」と断じた。彼の論拠は「足跡の分析」に基づいたもので、次のように述べている。

「グリーンは自然環境を損なうものであってはならず、自然界に手を加えてはならない。……一平方メートルあたりの発電ワット数で比較すると、原発はほかの発電方法より格段に優れている」

原子炉で一ギガワットを発電する分を太陽エネルギーでまかなおうとすれば、ソール・グリフィスやギネス・クレイヴンスの計算をもとにオーシュベルが独自に算出したところによると、一五〇平方キロの面積が必要になる。風力に頼れば、七七〇平方キロメートルも必要だ。トウモロコシのバイオ燃料だと、二五〇〇平方キロメートルが要る。

支持派の見解

カナダ人のパトリック・ムーアは生態学で博士号を取り、一九七一年に「グリーンピース」を仲間とともに創設し、一九七七年にはそのトップに立った。だがこの組織も環境保護運動も反科学的になったとして、ムーアは一九八六年に組織を去った。彼はいまでも植林活動に熱心に取り組んでいるし、原発に関するグリーン派のスポークスマンとして知られている。最近は、アメリカのロビー組織「原子力エネルギー協会」が創設した「クリーンで安全なエネルギー連合」の共同議長を務めている。

「フレンズ・オブ・ジ・アース」のイギリス支部で二〇年も理事を務めた英国国教会の故ヒュー・モンテフィオーレ司祭は、環境保護にも熱心だったので、気候変動の危機を知ると原発を支持した。そこでこの組織の理事を辞任し、二〇〇四年に次のように記した。

地球の将来を考えることのほうが、フレンズ・オブ・ジ・アースにとどまっているより大切だ。……政府が原発を積極的に押し進めない本当の理由は、国民がメディアによって恐怖心を煽られ、有力な環境保護団体が頑強に反対を唱え、世論の支持が得られないためだ。反対派の多くが、客観的な評価を下していない。

ティム・フラナリーはオーストラリアの著名な生物学者で、保護活動にも熱心だ。彼が二〇〇六年に書いた『地球を殺そうとしている私たち』（椿正晴訳、ヴィレッジ・ブックス）は、気象分野における名著だ。同じ二〇〇六年、彼はメルボルンの新聞のコラムで、次のように書いている。

これから二〇年のうちに、オーストラリアでは石炭を燃やす火力発電所はなくなり、すべて原発になる。そうなれば、フランスのような電力インフラが整備され、世界に大いに貢献できる。オーストラリアの核エネルギー産業にたとえどのようなリスクが起こるとしても、それは国内の問題であって、温室効果ガスの汚染は世界的な規模で惨害をもたらす。

その翌年になると、彼は中国、ヨーロッパ、アメリカなどに視野を広げて、オーストラリアのような再生可能なエネルギー源を持たない国々における原発も支持すると述べた。オーストラリアは豊富なウラン資源を持っていて、外国への輸出は続けるが、自国内ではこれ以上に原発を増やすべきではない、と主張した。

オバマ大統領の科学顧問であるジョン・ホールドレンは、エネルギーや環境問題の専門家として有名だ。彼は核拡散問題のエキスパートでもあるし、ハーバード大学教授として環境政策を教え、エコ関連のウッズホール研究センター所長も務めている。また。ポール・エーリックと共著で、エコ政策のテキストづくりにも携わってきた。そのような経歴があるため、ホールドレンはエネルギー政策委員会の共同委員長を務めることになった。そして、委員会の権威ある二〇〇四年の報告「エネルギー問題の行き詰まりを打開するために」をまとめた。そのなかで、次世代の原子炉を開発する財源を調達するため、議会が支援を拡大するよう求めた。同時に、使用ずみ燃料をすぐユッカ山にしまい込むのではなく、「一時的に」貯蔵しておく場所を設置することも提案した。ホールドレンは『ニューヨーク・タイムズ』紙の記者に、次のように語っている。

「私は、よく尋ねられるんですよ、『異常気象を解決するために、核エネルギー以外の方法はないんですか?』ってね。そこで私は『ありますよ。でも、核エネルギーを使うのが、いちばんてっとり早いのです』と答えるんです」

生物学者のジャレド・ダイアモンドは、二〇〇四年に『文明崩壊』(楡井浩一訳、草思社)という著書を出したが、彼はホールドレンの報告を子細に検討した。サンフランシスコの講演会で聴衆から質疑が出て、「原発を盛り立てようという、スチュアート・ブランドの意見に賛成しますか?」と、質(ただ)された。聴衆も私もびっくりしたのだが、彼はこう答えた。

「エネルギー問題に対処するには、利用可能なものであれば、原発でもなんでも動員すべきでしょう」

都市学者のジェームズ・ハワード・クンストラーは、郊外移住の増加傾向に反対していて、二〇〇四年に『長期の緊急事態』(*The Long Emergency*)を出版した。彼は石油の重要性に陰りが出ていると言うが、私はその見方には与しない。また彼は都市の脆弱性についても述べていて、多くの環境運動家も同調しているが、私はその点でも賛成できない。「石油以後」の章で、彼はこう書いている。

「核エネルギーは、文明とその対極との中間にあるのではないか」

有力な環境保護論者のなかでこれから増えていくだろうと私が予測しているタイプは、仕方がないから我慢する、という「消極的忍耐派」だ。彼らが核エネルギーへの支持を表明する際には、複雑な言辞を弄してわざとわかりにくい表現にし、発言が引用されないよう気配りしている。アル・ゴアも、その一人だ。彼は公言を避けているが、議会の公聴会では、「核エネルギーには反対しないし、いくぶん拡大していくことを期待している」と認めた。私のかつての師ポール・エーリックは、気候変動のおかげでますます核支持派になったと言っている。『自然の終焉』を書いたビル・マッキベンは、環境保護の雑誌『オンアース』で、『世界を救う電力』についての好意的な書評を、次のように記している。

「環境運動家たちも、時代や状況が変化していることを理解すべきだ。それにしたがって、優先順位も考え直さなければならない。グリーン派は、核エネルギーには危険性が伴うので、それなりの結果を覚悟しなければならないと繰り返しているが、それだけでは不十分だ」

マッキベンはＩＰＣＣの次のような見通しに賛同している。

「原子力発電は世界の発電量の一六％を占めているが、一八％に引き上げることが望ましい」

ジェネレーション・ギャップ

主だったグリーン派のなかで、原発推進に積極的な者は一二人いる。これらの人々に共通するのは、どのような点か。おおむね気候変動に心を痛めていて、四人を除くと科学者だ（科学者でないのは、モンテフィオーレ、クンストラー、ゴア、マッキベン）。私が話したことのある人たちはみな気候変動を憂慮し、核エネルギーのほうが「悪の程度が低い」と考えていて、それほど積極的には動こうとしない。ギネス・クレイヴンスの本によると、科学者は一般に核エネルギーを是認する傾向が強く、八九％が支持しているが、エネルギー関連の科学者では九五％、原子力や放射能の専門家になると一〇〇％が支持派になるという（実態をよく知っている者ほど、恐れていないことを示している）。

もう一つ、世代の差による意識の違いもある。環境保護運動の内部における討論の様子を、ある記事が取り上げていた。『アース・アイランド・ジャーナル』誌のジェイソン・マーク編集長がオンラインの内容を調査したもので、二〇〇七年に「分裂的な仲間割れ」と題する記事で、次のように述べている。

> 環境政策を仕事にしている者たちは、おおむね反核の立場でかたまっている。……だがこれは、草の根ほどには浸透していない。ウェブサイトで人気のあるグリーン・ニュースや意見交換のサイトでは、原発をさらに普及させることのメリットについて、激論が交わされている。環境ニュースの「グリスト」では、読者にこう呼びかけている。
> 「気候変動の脅威が高まって来ている現在、原発を見直すべきだと思いますか？」
> 投票した人の五四％が「イエス」と答えている。同じくトリーハッガーの調査では、条件つきな

がら五九％が原発に賛成している。

グリーンに関するフォーラムで問題が取り上げられるたびに、激しい論議が展開される。あるオンライン討議では、「アースジャスティス・リーガル・ディフェンス（大地の正義法的防御）」のブログに対して、あるビジターは次のように書き込んだ。

「私は三〇年来の、熱心な反核論者でした。……しかしこの二年ほどで、主張を変えました。いまでは、アメリカが新しい原発を建設することを支持します。なぜかと言えば、地球温暖化がこれほどの大問題になり、火急の解決を迫られている現在、悪の程度が低い原発を取りたいからです」

「ワールドチェンジング」が世論調査をしたときは、意見は五〇対五〇で、真っぷたつに割れた。


ジェネレーション・ギャップも、目立つようになってきた。若いグリーン派にとって、冷戦時代の核の脅威は遠い過去の歴史になったし、チェルノブイリの原発事故も体感していない。危機を実感しているのは気候変動だけだし、テクノロジーが加速している点も承知している。そのおかげで、快適な生活を送ることができているのだから。若者の目から見れば核もテクノロジーの一つに過ぎず、関心があるのはそれがどれほどの成果をもたらすのかだけだ。年配者のかつての恐怖心などには、煩わされない。

二〇〇一年から〇七年までグリーンピースのイギリス支部を統括していたスティーヴン・ティンドルは、二〇〇九年になって、次のように『ガーディアン』紙を通じて原発支持を表明するに至ったが、そのような転向派は決して珍しくない。

私が考え方を変えたのは、決して突然の変節ではない。この四年間をかけて徐々に変化してきたものだ。だが決定的な転機は、シベリアの永久凍土が大量に溶けつつあり、メタンガスを放出しているというニュースを聞いたときだった。これは、地球に重大な問題を引き起こすからだ。

これは、宗教を変えるほどの大転換だった。長いこと環境問題に取り組んできて、私は当然のように反核の姿勢を貫いてきたのだが、いまや環境保護活動の仲間たちに新たな信念を説いて回っている。核エネルギーは理想的なものではないにしても、気候変動よりはマシだ、という見解はきわめて広く浸透している。

四つの問題、四つの論理

年配の環境運動家たちが原発を目の敵にしてこのテクノロジーを非難してきた大きな理由は、四つある。安全性、経費、廃棄物の処理、兵器への転用。この四つは決して絶対的な拒否理由にはならないもので、程度の問題なのだが、絶対悪のように概念規定されてしまった。もし原子炉に事故が起こるのであれば原発は不可能だとか、もし経費がひどくかさむのであればダメだとか、飛躍してしまう。あまりにも絶対主義がはびこりすぎている。ひとたび絶対悪と特筆大書して決めつけられてしまうと、それが既成事実であるかのように誤認され、反対せざるを得なくなってしまう。

それに対し、私が提起する四つの問題点は、発電量の限界点、足跡による風景の変化、ポートフォリオ、政府のコミットメントの度合いで、これらは難点というより、論理の問題だ。絶対的なものではなく、相対的なものにすぎない。したがって妥協は可能だし、リスクのバランスをとることもできる。そのようにはずだ。

積極的な働きかけをすれば、核エネルギーは気候変動や世界の貧困を撲滅するうえでも効果を発揮できるはずだ。

四つの問題は、四つの論理で解決できると私は思う。これらは原発を推進する強力な理論武装になるだろう。そのような観点で処理していけば、原発にからむ四つの問題点――安全性、経費、廃棄物の処理、兵器への転用――は、これまで慣れ親しんできた思考経路とは違うアプローチができるのではないかと思う。私は、仲間の環境運動家たちの考え方から脱却した。いまでは、四つの問題点の解決策は、エンジニアが考えているように、「デザイン」が握っていると考えている。問題点を明らかにし、解決への道筋に枠組みを作り、不具合な部分を解明し、改善の方法論が確定したら、実行に踏み切るだけだ。

原子炉の安全性については、すでに実証されている。二〇〇八年の時点で世界には四四三基の民間の原子炉があり、電力の一六％を担い、石炭を燃やせば排出されるはずの年間三ギガトン分の二酸化炭素を未然に防いでいる。過去の原発事故としては、一九五七年のイギリスのウィンドスケールの火事、一九七九年のスリーマイル島（アメリカのペンシルベニア州）のメルトダウン（炉心融解）、一九八六年のチェルノブイリ（ウクライナ）における炉心融解と爆発、の三つが主なものだが、それらを高価な教訓にして、それ以後は大きな事故を起こしていない。ティム・フラナリーは、次のように論じている。

「もしもう一回、大きな事故が起きたら、世界の核産業は決定的な打撃を受けることになる。事故のリスクを最小限にとどめるため、さまざまな工夫がこらされている。したがって、核に関する新しいテクノロジーはかなり安全性が高い」

ビル・マッキベンは、やや違った角度から見ている。

「原発は万一うまく作動しなくなっても、潜在的にはそれほどの脅威ではない。石炭を燃やす発電装置でも破壊の危険性はあるし、普通に操業していても地球の温暖化に加担する炭素を大気中に放出しているのだから」

マッキベンは現実的な提案として、原発に対する恐怖心をもう一度、改めて検証し直し、それがどのような反応を生むのかを調べることを提唱している。雑誌『サイコロジー・トゥデイ』に寄せた「間違った偏見を克服する一〇の方法」のなかで、彼は以下のように述べている。


私たちは、根拠のない恐怖に駆られている。

私たちは、迫り来る脅威を過小評価している。

リスクに関する議論は、価値観ぬきには語れない。

私たちは陽光を歓迎するのに、原発を恐れる。核エネルギーの放射能のX線に危険性を感じ取って、私たちはひるみがちだ。したがって、原子力発電所を近くに建設すると聞いただけで身震いする。だが私たちは日常的に放射能を浴びて、原子炉以外の要因で多くの人命が失われている——太陽光だ。だが私たちは陽光に慣れ親しんでいるため、なんら危険性を感じない。

私たちは、恐怖自体に恐怖を感じなければならない。私たちが九・一一のようなテロに遭って死ぬ確率や、エボラ熱に感染する確率はきわめて低いが、絶えずさらされる危険性のほうがはるかに高い。


核エネルギー論議においては、「その価値と危険性が分離できない」ところに難点がある。ヒロシマと冷戦のおかげで、「アトム（原子）」には絶対悪のレッテルが貼られてしまった。したがって核エネルギーは核兵器を連想させるため、嫌悪感を払拭できない。一九八四年にインドのボパールで起きた薬品工場の爆発事故では有毒ガスが漏れ出して多くの死者を出し、二年後のチェルノブイリ原発の放射能漏れ事故よりひどい災害をもたらした。ボパールの死者は六〇〇〇人だったが、チェルノブイリの死者は五六人（従業員が四七人、子どもが九人）だった。もちろん放射能を受けた場合には、子孫に障害が出る可能性がある。WHO（世界保健機関）の追跡調査によると、二五万件の妊娠中絶はあったものの、チェルノブイリ周辺での出産異常は報告されていないという。それに関しては、ヒロシマの場合も同様だ。低線量放射線の権威であるジョン・ゴフマンは、こう予言した。

「チェルノブイリの事故で被曝（ひばく）して数年後ないし数十年後に致命的ながんに冒される人数は、五〇万人を下らないだろう」

実際には、その一％にも満たない。

チェルノブイリ・フォーラムの報告書は、次のように述べていた。

「かなり大量の被曝をした六〇万人のうち、がんで死亡する者は四〇〇〇人に達する可能性があると推定される」

これは国連の七つの機関がかなり精密に調査したもので、二〇〇六年に刊行された。この報告の要旨は、有名なGreenFacts.orgというサイトで見ることができる。チェルノブイリの事故がなくても、ひどく被曝した六〇万人のうち、統計的にいえば一〇万人はがんで死ぬ運命にある。通常のがんによる死亡者一〇〇人のうち四人は、チェルノブイリの放射能のために早死にするかもしれない。だが統計学的には

「思ったほど顕著ではなく」、疫学的には感知できない。

チョエノブイリ・フォーラム報告によると、この地域の人々が受けた最大のダメージは、貧困と精神的なストレスだとしている。このフォーラムの座長を務めたルイサ・ヴィントンは、「チェルノブイリで暮らしていく」というビデオのなかで、次のように述べている。

「チェルノブイリ近辺の人々にとって健康管理面で最大の難問は、精神面の健康です。私たちの結論は、放射能が肉体に及ぼす影響よりも、精神面に与えたインパクトのほうが大きいということでした」

報告の提言は、チェルノブイリ周辺でいま最も必要とされているのは、経済的な刺激策だと強調している。報告が触れているもう一つの逆説的な皮肉は、「立ち入り制限区域であるだけに、動物の多様性が見られ、保護された聖域になっている」ことだ。メアリー・マイシオは二〇〇五年に著した『チェルノブイリの森』（中尾ゆかり訳、日本放送出版協会）のなかで、次のように述べている。


惨害のパラドックスともいえるが、この地域から人々が去って行ったために工業化は終わりを告げ、森林の伐採や耕作も姿を消し、その他の人間による侵略も途絶え、ウクライナ地方では環境面で最もクリーンな場所になった――放射能を除けば。だが動物たちは、ドシメーターと呼ばれる放射線の線量計など持っていない。……ロードアイランド州ほどの面積の地域に、とても魅力的な、ある意味では美しい自然の原野が戻ってきて、ビーバーやオオカミ、シカやオオヤマネコなどの数が急激に増えた。珍しい鳥類――ナベコウ（黒いコウノトリ）やアズール・ティッツと呼ばれるブルーのシジュウカラなども戻ってきた。

珍しいオジロワシが、いまではかなり繁殖した。ヨーロッパでは唯一の大型動物で長いこと絶滅が危惧されているヨーロッパ・バイソンや、プシバルスキーウマも戻って来て定着した。一九九四年、テキサス工科大学の二人の生物学者ロナルド・チェッサーとロバート・ベイカーが、チェルノブイリで立ち入り制限区域になっていた場所で、放射能が野生動物に与える影響を一五年間にわたる調査を始めた。最も汚染がひどい「赤い森」で、彼らはノネズミから調べ始めた。

記録にとどめたネズミのどの個体を調べても、骨や筋肉から異常に高い濃度の放射能が検出された。だが驚いたことに、すべての動物の体に異常は認められず、大方のメスの胎芽も正常に見えた。私たちが調べたほぼすべての動物が同じ状況で、放射能を蓄積しているにもかかわらず、肉体的には正常だった。いろいろな事実が見つかったが、これが最初の発見だった。

確かにノネズミには、かなり高い頻度で遺伝子の突然変異が見つかった。その結果は、一九九六年に雑誌『ネイチャー』の巻頭の論文として発表された。だがその直後から彼らは大反論を受け始め、「ノネズミの遺伝子に特異な変化は認められなかった」という部分が激しく攻撃され、論文を撤回せざるを得なくなった。ロバート・ベイカーは自らのホームページで、次のような結論を述べている。

「(チェルノブイリの動物を観察する限り)人間が農耕や牧畜、狩猟や伐採などの作業を差し控えるに越したことはない。だがもう一つ言えることは、世界で最悪の原発事故であったにもかかわらず、野生動物にとっては、人間の通常の生活と同じく、それほど破滅的な結果はもたらしていないということだ。放射能レベルが最も高い場所でも、野生の生命は旺盛に維持されていた」

この最後の部分は、なかなか興味ある一文だ。私は、いずれチェルノブイリ国立公園のようなものができるのではないかと思っている。国立公園が持つべき、すべての必須条件を兼ね備えているからだ。歴史的な場所だし、三三万人が撤去して野生動物が戻って来た。ヨーロッパでも有数な、すばらしい自然保護区だ。UNDP（国連開発計画）でも、ここはエコツーリズムの適地だと呼びかけている。高濃度の汚染地域（そのような場所でも残存放射能は減りつつある）であるホットスポットを除いて、放射能は正常レベルに戻りつつある。すでに植林は進んでいて、かつては五万の人口があったがいまではゴーストタウンと化したプリピャチは、チェルノブイリ原子炉の遮蔽（しゃへい）構造が不十分だったというデザイン上のミスを象徴するような廃墟になっている。原子炉があった場所は負の遺産になって、最終的な覆いが完成すれば、ストーンヘンジのような記念碑として永遠に保存されることだろう。

安全性における対立

核の安全性に関しては、絶対悪に絡む不合理な説がいくつもまかり通っているために、まっとうな議論が妨げられている。一つは、がんの誘因についてだ。ラブロックは、医学の学位を取った若いころは医師をやっていた。二〇〇四年に、彼はこう喝破している。

「私たちは、科学物質や放射能に起因するリスクなど、細かい統計に惑わされるべきではない。いずれ人類のほぼ三分の一近くはがんで死ぬのだし、私たちは発がん物資をたっぷり含んだ空気を吸いながら暮らしていのだから」

がんの研究者で企業の経営にも当たっているウィリアム・ヘイゼルタインは、別の避けがたい点をこう述べている。

「がんは、加齢に伴う疾患だ。がんを防止することは、きわめてむずかしい。本質的には老化に結び付いているからだ」

むかしから言われているように、がんに罹りたくなかったら若いうちに別の原因で死ぬことだ。

放射能が絶対悪だと見られるようになったのは、主に原爆のためだろう。ヒロシマの恐怖や苦痛の話は、原子力の唯一の直接的な影響としてあまねく伝わった。それが伝説的に語り継がれ、ほかのエネルギー源との比較でも誇張された。だがガソリンも爆発しやすく、自動車事故などで日常的に何千人もが死んでいる。天然ガスの爆発も、住宅を吹き飛ばすほどの威力がある。液化ガスは壊れやすいパイプを通って流れているし、タンカーはあたかも爆弾を積んだ船舶だ。送電装置は電灯をともしてくれるが、うっかり触れれば感電死する。大火事の原因にもなりかねない。グリーン派は酸水素ガスをホープ燃料として推奨するが、パイプが劣化しやすく、ガス漏れが激しく、点火温度が低いために携帯電話でも火がつく危険があるし、炎が見えないことも弱点だ。また、大量の二酸化炭素を分離し、「超臨界液体」にして地中に埋めてしまう地中貯留法が期待されているが、これも危険だといえる。一九八六年、カメルーンのニオス湖から大量の二酸化炭素が噴出した。それが時速三二キロで斜面を下って二四キロ先まで到達し、一七〇〇人の住民と三五〇〇頭の家畜を窒息死させた。鉱山労働者の間で「窒息ガスだまり」として知られる場所では、二酸化炭素の濃度が一五％を超えると、動物は即死する。

核エネルギーの放射能によって死んだアメリカ人は一人もいないが、そこから派生する副産物は恐ろしい。放射線は医学の診断や治療に応用されていて、おびただしい数の人命を救ってきた。だがその一方で、原子力産業では非合法だとされる線量の何倍も被曝した人たちもいる。

「低レベルの放射線でも長期にわたって浴びているとその累積が恐い」という定説がある。一九七〇年代、私はこのテーマに関して、ヘレン・コールディコットと故ジョン・ゴフマンが主宰する季刊誌『コーエボリューション』にときどき寄稿していた。だがある実験で、弱い放射線を浴びていたネズミと、まったく浴びていないネズミを比較したところ、意外なことに放射線にさらされていたほうが健康だったという話を読んだ。それ以後、私はこのテーマで記事を書くのを止めた。それから何十年かが経った二〇〇七年、私はラブロックに低レベル放射線の問題についての見解を尋ねた。彼の答えはこうだった。

「陪審員たちは、まだ結論に達していない。二つの見解が対立しているからだ。一つは、軽度の放射線量であれば、体にとってむしろ好ましいとする『ホルミシス効果説』。その例証が増えているので、興味深い。もう一つは、軽度に浴び続けても危険は高まらないという次のような実例には、びっくりさせられる。インドやイランでは、自然環境のなかでもバックグラウンド線量が高い場所がある。ところが、これら地域の平均余命はほかの場所と変わらず、なんら不都合なことは起こっていない」

実は、バックグラウンド線量というのは、どこでもかなり高い。それが悪い効果をもたらすかどうかは、「しきい値(出口)ないし直線仮説」を認めるか認めないかによって変わってくる。これは、「線量の多寡にかかわらず、すべての放射線は程度の差はあっても体にはよくない」という説だ。これをテストするためには、通常のバックグラウンド線量がゼロの場所が望ましい。それに適した場所として、ニューメキシコ州の岩塩層の山中に掘られた、WIPP（放射性廃棄物隔離貯蔵実験パイロットプラント）がある。

岩塩層の地下八〇〇メートルに掘られた部屋におけるバックグラウンド線量は、地表の一〇分の一だ。ここに密閉すれば、受ける線量はほぼゼロに等しい。比較実験のための細胞や組織培養、がんの高い可能性を秘めた遺伝子改変を受けたマウスなどが準備され、低レベルの放射能に長時間さらされた場合、三つの仮説のどれが正しいのかを断定しようというテストだ。出口のない「放射線被曝（ひばく）のしきい値なし直線仮説」が正しいのだろうか。あるいは出口があるとして、その条件下では放射線によるダメージは無視できる程度なのだろうか。出口とは、いったいなんなのだろう。あるいはホルミシス仮説で言うように、低レベルの放射能が生体に有効な刺激効果として作用するのが正しいとしたら、最もプラス効果のある被曝レベルはどのあたりなのだろうか。また、どのようなメリットがあり得るのだろう。たとえば、DNAの修復とか、有害因子を探り出して除去するとか、破壊されたりがんに冒されたたりした細胞を排除するなど。ホルミシスの権威であるT・D・ラッキーは、健康を保つためには年におよそ六〇〇〇ミリレムが最適な被曝量だと結論づけたと言われる。

もし、しきい値なし直線仮説が正しくないのだとしたら（大部分の科学者は懐疑派だ）、アメリカ政府は核をクリーンにするために、何千億ドルもの経費をムダに投じたことになりかねない。さらに今後も、ユッカ山貯蔵施設のように汚染の後始末をするために想像を絶する経費をかけることになる。環境保護庁は、しきい値なし直線仮説に依拠して行動しているから、核施設の周辺住民が被る放射能を年一五ミリレム以下に抑えなければならない。これは半マモグラム（三〇ミリレム）で、アメリカの通常バックグラウンド線量の五分の一ほどで（コネチカット州では二八四ミリレムあり、コロラド州では三六四ミリレムに達する)、CTスキャン(一〇〇〇ミリレム)の診療を受けたときの六六分の一で、このCTスキャンは全米で年に六二〇〇万人が受診している。さらに、たばこを一日に一箱半(一三〇〇ミリレム)を一年間、吸い続ける人の八〇分の一。しかもアメリカの喫煙者は、四五〇〇万人もいる。イラン・ラムサールの住民は、年間で一万三〇〇〇ミリレムのバックグラウンド線量を受けているが、とくに目立った健康被害はない。宇宙飛行士は一回のシャトル・ミッションで宇宙に飛び立てば、二万五〇〇〇ミリレムを受ける。

一般市民の安全性に関する問題は、ルイサ・ヴィントンと国連の調査団がチェルノブイリで発見した以下の指摘と同じようなものだと、私には思える。報告にはこうある。

「放射能そのものよりも、放射能に対する恐怖感のほうが、健康に害を与えている。チェルノブイリの教訓は二つある。一つ、注意を怠るな。二つ、過度に恐れを抱かないよう用心せよ」

どうにも止まらない復讐心

原発はコストがかかりすぎるというのが、反核派のもう一つの主な反対理由だ。この論点を定着させたのは、ロッキー・マウンテン研究所の創設者で主宰しているエイモリー・ロビンスだ。彼は原発の経済学をあらゆる角度から分析して立論し、三〇年にわたって難攻不落な理論武装をほどこした。

ロビンスは、私の古くからの友人で同僚だ。『コーエボリューション』誌で、私は彼のエネルギー効率の見通しに賛同し、彼の著作を称賛した。かつてハッカー会議の場で講演した彼が、たいていのものごとには動じない聴衆に新鮮なインパクトを与えるシーンを目撃したことがある。たとえば、従来の自動車はガソリンばかり食う時代遅れのシロモノで、ハイパーカーならきわめてエネルギー効率がよくなるとか、みながそのような方向に意識を変えればエネルギー経済はまったく違った展開を見せる、という話だ。ロビンスは文章でも講演でも、経済学の大御所で弁舌さわやかなジョン・メイナード・ケインズに比肩できるほど辛辣だ。

ロビンスの原子力に関する見解（ある反対派に言わせれば、「核に対する〝どうにも止まらない復讐心〟」）が次のような状況を生んだ。──民間資本は最も客観的に、どのエネルギーが最適であるかを判断するものだが、つねに核エネルギーが破れてマイクロ波（極超短波）が勝つ。したがって、世界中で核は停滞したままで、マイクロパワーばかりがすさまじい勢いで伸びている、と主張する。ロビンスが言うマイクロパワーは、効率がよく、熱電併給システム（ＣＨＰ）で、具体的には小型の水力発電とか再生可能な風力、太陽光、バイオマス、地熱などを指す。彼の持論は、「最も安上がりで頼りにできるのは、消費者に最も近いところで手に入る電力」だ。ロビンスに言わせれば、政府が原発を後押ししている現状は、むしろ逆効果を生むという。気候変動に対抗するにはもっと迅速かつ安価で効果的なマイクロパワーに投資されるべきなのだが、その資金が原発に流れてしまうからだ。彼はこう断言する。

「世界中のこれからの原発計画に対して、民間資金は一文たりとも投じてはならなし、そのようなリスクを冒すべきではない」

一九八六年のテレビ・インタビューで核エネルギーの今後の見通しを尋ねられたロビンスは、次のように答えた。

「まったく望みはない。もう新規の建設はない。問題は、いま操業中の原発がダメになるまで操業し続けるか、早々と操業停止に踏み切るかどうかだ」

さらに、こう述べた。

「原子力産業は反論しているが、市場原理のうえで原発は再起不能なほどの大打撃を受けている」

ロビンスがこのように語っていたころ、実際には世界で三一基もの原子炉が建設中だった。アメリカの原子力規制委員会は、新規に一七カ所の原発建設申請を検討し始めようとしていた。カナダでは、アルバータとニューブランズウィックで新たな原子炉が予定されている。ヨーロッパ諸国でも、次々に原発に切り替えつつある。グリーンに熱心なフィンランドでは、一・六ギガワットの出力を持つ原発を建設中で、さらにもう一基の追加が決まった。同じくグリーン派のドイツでは、いったん閉鎖すると公表されたこともあるが、一七基の原発を引き続き稼働させると決定した。やはりグリーンにうるさいスウェーデンでも、一〇基を稼働させるうえ、出力を上げることも検討している。ベルギーの七基も、同じくグレードアップを研究中。イタリアはチェルノブイリの事故のあと、一九八七年に四基の原子炉を閉鎖した。したがってヨーロッパでは最大の電力輸入国で、主として原発が盛んなフランスから買っているが、二〇〇九年には新規に四基を建設することを決めた。イギリスは労働党のゴードン・ブラウン政権の下で、一九基の原発すべてをグレードアップすることになった。アイルランド、ノルウェー、ポーランドも、原発一号機を計画している。フランスはすでに電力の八〇％を原発に依存しているが、さらに新規に原子炉を建設し、七〇億ドルの企業規模を持つ民間の原子力産業複合企業アレバを通じて、世界に電力を販売している。ロシアも同じ足取りをたどり、三一基ある原子炉を倍増しようと目論んでいて、政府の息がかかった八〇億ドル規模の持ち株会社アトムエネルゴプロムを通じて、国際市場への電力輸出を図っている。

ロシアが将来の電力マーケットとして狙っている新興国としては、『ニューヨーク・タイムズ』紙によれば、ベトナム、マレーシア、エジプト、ナミビア、モロッコ、南アフリカ、アルジェリア、ブラジル、チリ、アルゼンチンなどだと言われる。この記事ではさらに、「シティグループなど大手の投資金融機関がロシアの原発産業に興味を示している」と伝えている。原発建設に興味を示している国々は、以下のように多い。アルバニア、ベラルーシ、トルコ、イラン、アラブ首長国連邦（一・六ギガワットの出力を持つ二基を建設中）、ミャンマー、タイ、ベトナム、バングラデシュ。検討中の国々としては、シリア、イスラエル、ヨルダン、サウジアラビア、バーレーン、クウェート、オマーン、カタール、アルジェリア、ガーナ、ナイジェリア、カザフスタン、インドネシア、フィリピンなどがある。すでに原発を持っていて拡大を図っている国々としては、ウクライナ、ハンガリー、ブルガリア、アルメニア、アルゼンチン、メキシコ、ブラジル、南アフリカ、パキスタン、韓国、台湾など。

インドは一七基の原発を持っていて、三ギガワットの出力だが、いずれその一〇倍に当たる三〇ギガワットを目指している。

中国はウェスティングハウスから二基の原子炉を購入したあと、アレバと一二〇億ドル相当の契約を交わした。この分野では、史上最高値の取引だという。中国は二〇二〇年までに七〇ギガワットの出力を確保することを目標にしているといわれる。すでに一一基が稼働しているが、五基が建設中、計画中が三〇基、構想としては八六基になると言われる。

日本の原発はアメリカ、フランスに次いで多く、五五基が運転中で、二〇一七年までに新たに一一基が計画されている。いま原発の電力が三割を占めるが、政府は二〇五〇年までに六割に倍増させようと目論んでいる。

二〇〇九年のはじめ、エイモリー・ロビンスは雑誌『アンビオ』で、こう述べている。

「核エネルギーは、国際的な市場で何十年にもわたって崩壊を続けている。なぜかといえば、まるで競争力がなく、必要性もなく、過去のものになってしまったからだ」

彼のように頭がよくて、この問題に精通している人物が、どうしてこのように誤りを犯すのだろうか。彼の理論づけは、経済統制が取りやすいフランス、日本、それに新興国、とくに中国やインドには適応できない。中国やインドの政府が原発を作りたいと思えば、簡単に実現できる。

風力発電、太陽発電との比較

問題は、原発の建設にコストがかかりすぎることではなく、石炭が安すぎる点にある。世界の電力の四割が、石炭の燃焼によって得られている（ガスが二〇％、原発が一六％、水力が一六％、石油が六％、再生可能エネルギーが二％）。だが政府のサジ加減しだいで、石炭の価格を上げることもできる。――たとえば、炭素税や排出権取引、炭素回収貯留などを実施し、義務づけることも可能だ。発電量の限界点の枠組みは政府が示すが、競争原理に従って石炭による火力発電のコストが上がるから、最も経済効率のいい原発が主流になる。石炭が減る分の一部は、風力や水力、電力と熱を同時に発生させるコージェネレーション、太陽光、地熱などが埋める。石油を燃やして火力発電する分は、コージェネレーションを含め、地元で供給できる天然ガスの価格に左右されるが、この天然ガスはかなり高騰している。ロシアの天然ガス資源に依存してきた国々は、ロシアが天然ガスを政治の道具に使っていることに嫌気がさして、ロシアばなれが進んでいる。

石炭にこだわる者は、原発の台頭におびえている。ほかのグリーンエネルギーに不可欠なインフラ——たとえば水力発電用のダム、風量発電用のプロペラ群に比べて、原発の建設費用は膨大になる。だがいったん建設されてしまえば、運営費は石炭や石油を燃やす三分の一か四分の一ですみ、安上がりだ。

風力発電装置は壮大なインフラで、急速に伸びている。二〇〇七年には、世界で九四ギガワットもの電力を生んだ（原発は三六五ギガワット、石炭によるの火力発電は一三九三ギガワット）。風力発電が広まるにつれて、送電距離が長くなる。ヨーロッパで風力発電をリードしているのはデンマークとドイツだが、建設費が高騰していることと、風力プロペラを設置する「畑」の適地が不足してきたために、このところ新規増加分が減っている。大量の風車が回っている光景を、嫌悪する人たちもいる。だが私は、個人的には悪くないと思っている。風力の弱点は、コンスタントに発電できないことで、発電能力の二割しか生かせない——つまり九四ギガワットの発電能力があっても、その五分の四は見かけ倒しになっている。ところが原発の場合には、発電能力の九割あまりが有効に稼働する。しかも、発電量の限界に挑む際の技術面でも、風力に勝る。将来の課題としては、大容量の蓄電が可能になるかどうかで、そのために克服すべき技術的な壁を打破するものとしては、フライホイール、ホットリキッドなどがテストされているし、圧搾空気やハイブリッドカーに優良蓄電・配電装置を備えられなかどうか、など難問が多々ある。

発電の面でかなり大きな役割を果たしているのは太陽エネルギーで、二〇〇七年に世界で一〇ギガワットを発電した。だが総発電量の一四％を担う力がありながら、実際に利用されているのは一・四ギガワットだけで、大きな原発一基分にも満たない。二〇〇七年の太陽エネルギー会議は、前年の参加者の倍になる一万二五〇〇人が参加した。私はそのとき、テッド・ターナー（ＣＮＮの創設者）にインタビューするという願ってもない好機に恵まれた。参加者のなかには、古くからのソーラー派であるジョン・シェイファーの顔もあった。彼のソーラー・メールカタログ「リアルグッズ」で装置を購入し、従来の配電を断った人たちが、一九七八年以降、何千人もいる。シェイファーや私の周りには人垣ができたが、参加しただれもが地球を救うことに熱心で、いつの世でも補助金を受けられそうな技術のおかげで懐が潤っている者もいた。したがって、金持ちのグリーン派であるテッド・ターナーの話を聞きたがっていた。だがターナーはその話題からは逸れて、まずイラク戦争を激しく非難した。彼の話では、相手側は士気を高めるために、決死の覚悟で闘えば、四〇人の処女を与える約束をしたという。その事例を枕にして、彼は論を展開した。

「太陽エネルギーに関してもそのようなご褒美を用意すれば、普及は加速されるだろう」

私としては、原発についても尋ねておきたかった。彼の答えは、明快だった。

「私としては、石炭を燃やして発電するより、原子力のほうに賛成だ」

太陽光発電には、優れた頭脳と資金が惜しみなく注ぎ込まれた。新しい素材も開発されたし、さまざまなナノ技術も応用された。それらが結集されれば、いつの日かソーラーペイントと呼ばれる太陽熱高反射率の塗料を応用してエネルギーを生み出すことができるかもしれない。いま最も効率的な方法は太陽熱を収束させる装置で、鏡で集めた熱で液体を熱してタービンを回す。熱の一部は、蒸気蓄電装置に貯めておき、太陽が雲に隠れたときや夜間に備える。これから何十年かのうちに、さまざまな技術的な突破口が開かれれば、太陽が発電の主役になり得るし、なるべきだろう。その日が早く来るよう、努力しよう。それまでの間、資産運用会社アライアンス・バーンスタインは、次のような見通しを立てている。

「太陽産業はこのところ、目を見張るような政策主導のおかげで潤っている。……だが投機に関心を寄せても、バブル的な様相を見せる懸念が残る。ファンダメンタルズ（経済指標）が政府の補助金や支援で支えられているだけに、脆弱な面も内包している」

妻と私は、奨励策に乗せられなくても太陽を有効利用している。とくに手入れを必要としない複数のパネルから発電された電気がハウスボートの蓄電池に流れ込む。もう二六年も実行している。まばらに木が生えたサバンナで家畜を飼っているが、ここの電気柵も太陽熱を利用したものだ。フェンスの自動ドアも同様。とくに重宝しているのは、プールの水を温めるヒーターだ。私たちのプールは年に七カ月は二七度に保っているが、プロパンガスなどを使う必要はない。暑い日には逆の機能が働いて、余分な熱は夜間に放出する。太陽エネルギーは、個人レベルでさまざまな形で利用できる。風力はそうはいかない。逆に風力はインフラとしては立派だが、ソーラーはいまのところインフラの面からいえば十分には整備されていない。

二酸化炭素が最大の輸送物資になる

エイモリー・ロビンスが先導する原発反対の主な理由は、原発が政府主導で大幅な財政支援を受けているという点だ。そちらに主力が注がれてきたため、本来はもっと補助金を受けてしかるべきソーラー関連の開発がなおざりにされていてフェアではない、という主張だ。二〇〇七年の比較研究によると、アメリカ政府がこれまでの半世紀にエネルギーに関して奨励してきた重点ランクは、石油、石炭、ガス、水力、原子力、風力、太陽光、地熱の順で、とくに一九九四年から二〇〇三年にはこの傾向が強かったという。奨励策に伴う支援手段としては、直接的な資金援助、研究補助、税の軽減、規制の緩和、公共サービス、市場介入などだ。その結果、次のような成果が現れたという。

連邦政府補助金の半額近くを石油業界が受け取ったことになり、最も得をしたと一般的に考えられているし、事実その通りだ。……再生可能なエネルギーは、ほかのエネルギー源と比べて不当に低く評価されている、というのは正しい見方ではない。……石炭と原子力の技術開発には十分な予算が付けられていないが、光電池や太陽熱などソーラー研究、風力発電に関しては、かなりの研究費が計上されている。

炭素の排出量を抑える「クリーンな石炭」技術や、炭素回収貯留方法が可能になれば、原発に対抗して石炭火力の発電量が増やせるかもしれない。だが二〇〇九年の時点では、まだ実験をおこなう段階にも至っていない。中国でも、研究を進めているようだ。地下貯留が商業的に可能になるのは早くて二〇三〇年、普及するのは二〇五〇年以降だと思われる。処理すべき二酸化炭素の量は、膨大なものになる。石炭を燃焼させて一ギガワットの電力を得るには一日に一〇〇〇トン積み貨車八〇両分の石炭が必要で、それによって排出される二酸化炭素の重さは石炭の二・四倍、一日に一万九〇〇〇トンに達する。通年で七〇〇〇万トンだ。それを分離して圧縮し、液化して埋葬場所までパイプで輸送しなければならない。それを地下八〇〇メートルまで降ろし、永久に封印することになる。途上国でも、手際よく処理することが求められる。スウェーデン人アンダース・ハンソンの試算によると、二酸化炭素を目立つほど減らすためには、何十億トンも地下貯留しなければならず、「二酸化炭素が最大の輸送物資になる」と結論づけている。

『ワシントン・ポスト』紙に載ったトム・トールズの漫画は傑作で、「最高の貯留方法は、石炭を掘らずにそのまま地下に放置しておくこと」と茶化していた。

次のジョークは、聞いたことがあるかもしれない。

「新たに原子炉を作ってもムダだよ。もう、ウランがなくなっちゃったんだから」

現実にはそのようなことはない。もしそうなっても、あわてるには及ばない。いま知られているウランの埋蔵量は、現在のペースで消費しても一〇〇年は保つ。ウランの値段が上がれば世界中で資源探しがおこなわれて発見されるに違いない。代替物の研究も進み、世界中が競って開発するだろう。ウランの価格が高騰すれば、再利用の研究も進むし、何倍も効率的に使うようになる。ウランの代替物として考えられているトリウムはウランの三倍も埋蔵量が確認されているし、メルトダウン（溶融）も起こさない。兵器への転用もできないし、廃棄物も少なくてすむ。さらに原子炉の性能も大幅に向上し、試作品では出力が増している。

核廃棄物処理の新たな展開

原発に反対する共通の理由は、こうだ。

「廃棄物処理の問題解決は、きわめて困難だ。世界のどこにおいても、核廃棄物の処理が適切におこなわれているケースは一つもない」

だが、アメリカには一カ所だけある。ニューメキシコ州で一九九九年からおこなわれているＷＩＰＰだ。ここの安全性については、サンディア・ラボの科学者リップ・アンダスンが語ったことをきっかけにしてギネス・クレイヴンスが核の世界に関する本を書いたために広く知られるようになった。ＷＩＰＰは政治的な理由から、軍の放射性廃棄物（低レベルから高レベルまで）だけを扱っている。民間のエネルギー・プログラムでは、高レベルの廃棄物はネバダ州ユッカ山で処理されるタテマエになっている。アンダスンはすべての貯蔵設備を調べたうえで、次のようにまとめている。

核廃棄物——どこで発生したものであっても——を陸地で貯留するのであれば、技術的に見る限り、WIPPに勝る場所はない。私たちはあらゆる場合を想定して、それに対する安全性を試して実証した。地質学的に見ても、湿度の面から見ても、ここは最も安全だ。スペースが必要になれば、岩塩を掘り出せば、いくらでも貯留場所を拡大できる。邪魔なものがあるとすれば、政治と官僚主義だけだ。

WIPPは岩塩層で、ユッカ山は乾燥した砂漠の尾根にある軍用地だ。だが一方が稼働し、もう一方が活動を停止しているのは、軍民の違いだけではない。ニューメキシコ州は、原爆技術のふるさととしてよく知られている。原爆が設計されて組み立てられたのはロスアラモスやサンディアだし、ネバダ州では実験がおこなわれた。ネバダ州の人間は、州の面積の八六％を連邦政府が所有していることに、ことあるごとに抗議している。「核廃棄物がネバダに持ち込まれるのは、けしからん。ゴミはどっかに持っていけ！」という感情がある。反核の環境運動家たちは、交通にも危険が伴うし、地下水の検査が不十分だとか、岩石が過熱されるのではないか、一〇〇〇年の間に何が起こるかわからない、などの不安を繰り返し口にしている。ラブロックはこの論争に心を痛めて、こう述べている。

ネバダ州で放射性廃棄物を貯留しているユッカ山のことを考えてみよう。これを建設するには膨大な費用がかかったが、危険な地球外生命体を幽閉するとしたら、同じくらいの経費がかかるに違いない。だが私たちは、SFの世界に住み続けてはならない。イギリスとフランスでは、四〇年にわたって放射性廃棄物をビー玉でもあるかのようにステンレスの容器に詰め、地下数メートルのところに埋めただけだった。妻と私は、ノルマンディのラーグにある高レベルの放射性廃棄物の上に立っていた。放射能レベルは、一時間当たり〇・二五マイクロシーベルトしかなかった。これは普通の民間航空機で長距離飛行したときの、二〇分の一以下の被曝量だ。

フィンランドでは、ヨーラヨキの原子炉から出る高レベル放射性廃棄物を地中深くに貯留するという前提で、原子炉の建設が進んでいる。この方針は、地元で歓迎されている。核エネルギーが快適感を誘っているからだ。この付近ですでに、三〇年にわたって原発が稼働している。二〇二〇年には、貯留方法が民間でビジネス化される。フィンランドの隣国ロシアは、世界中の原発燃料を処理する役割をビジネスとして引き受けようと名乗りを上げている。採掘から処理、運搬から再処理を経て、貯蔵から廃棄物の貯留までを請け合う商売だ。

アメリカにおける廃棄物処理方法は、全国規模の貯蔵所が事実上ないため、現実的に処理されていて、それが標準的な仕様になっている。アメリカの原子炉の使用済み燃料は数年間、共同でプールされて冷却され、乾式容器に収納して駐車場の後背地などに埋めて貯蔵される。アメリカ三九州にまたがって存在する一二一カ所の原子炉すべてで、このような手順がとられている。容器(キャスク)は運搬に便利な円筒型に設計されていて、たとえ強い衝撃を受けても中身の使用済みの燃料が漏れ出すことがないよう工夫され、列車、飛行機、トラックなどで運べる。この構想はオバマ政権も支援し、法制化された。この形で何十年か「過渡的に」収納され、やがて政府は、再利用を進めるか、埋蔵するかを決めることになっている。アメリカも、カナダが実施している段階的な管理方式を採用するのではないかと見られている。私見では、世界の趨勢は次のような形になるのではないかと思われる。——短期および任意の期間に及ぶ計画を立案し、中期間の貯蔵期間を経たのちに、長期の貯留方法を考える。

廃棄物の保存は、この方式に基づいて予算が組まれている。原発による電力を利用するアメリカの消費者は、もう何年にもわたって将来の貯蔵経費も負担している。その累計が二八〇億ドルに達していて、政治決断だけが待たれている。

静かな進行

使用済みの燃料を再利用することは正しいやり方だ、と私はずっと考えてきた。一度だけ使って地中に埋めた「廃棄物」であっても、まだ九五%のエネルギーが残っている。アメリカで使用済み燃料のすべてを集めて再利用すれば、七年間は新規に投入しなくてもすむ。再利用の際に不要になった本当の廃棄物は、四分の一か五分の一に縮小するとも言われるが、放射性のものも含めてそれほど長期間、危険が持続するわけではない。再利用の過程で兵器に転用できるプルトニウムが発生するため、二人の大統領ジェラルド・フォードとジミー・カーターは、ほかの国々がそれに倣うことを危惧して、再利用を禁じた。だがこれは、有効な手段ではなかった。フランス、ロシア、イギリス、ドイツ、日本では再利用が日常的におこなわれていて、核エネルギー計画のなかでは当然のこととされている。したがってアメリカでも、再利用のプラント施設がアイダホ州、ニューメキシコ州、サウスダコタ州に建設されて稼働を始めた。

技術関連の雑誌『IEEEスペクトラム』にフランスにおける再利用の紹介記事があって、私はそれを読んで少し考え方を変えた。ラーグにある施設では、年に一七〇〇トンの使用済み燃料を再処理している。それにもかかわらず、安全性の問題は起こしていない。フランスの電力源のトップは、原発だ。だが再利用のコストは高くつくので、ウランの価格がかなり高騰するとか、高速増殖炉を導入するとかの事情がなければペイしないという。また、再利用した燃料は割に短命で、初回のときより「ホット」で扱いにくいそうだ。それに、兵器転用の問題がある。アル・ゴアが原発に乗り気になれない原因はそこにあり、彼は次のように語っている。

私がホワイトハウスにいた八年間（クリントン政権の副大統領）、私たちが直面した兵器の拡散に関する問題は、民間の原子炉に絡むものだった。石炭の消費は大きな問題で、それを減らすために原発を増やすとなると、兵器拡散のリスクが増大してしまう。それに、高速増殖炉に切り替えればウランが不足するし、核兵器に転用できる材料を生産するというリスクが高まる。

現在の再利用技術では、プルトニウムと濃縮ウランを作り出してしまうので、これが兵器に転用される危険をはらむ。だがこれに関しては、政治・技術の両面で、次のような次善の策が考えられる。

第一に、核エネルギーはほかの何よりも、核兵器を世界から消滅させるうえで力を発揮してきた。アメリカとロシアが、メガトンからメガワットへと方針を転換して、核弾頭を核燃料に転用する方向で動いているからだ。このプロセスは一九九四年から始まり、いまアメリカで使っている電力の一割は、旧ソ連の核ミサイルや核弾頭を転用したものだ。最終的には、二〇一三年までに二万発の核弾頭が燃料になる。これだけの分量があれば、アメリカの原発を二年間まかなえる。平和利用へ転じる方法は、二つある。一つは、九五％の濃縮ウランを五％に「薄める」方法。もう一つは、プルトニウムを混合酸化物燃料（ウラン・プルトニウム混合燃料ＭＯＸ）に変える方法だ。これから数年のうちに、アメリカもロシアに呼応して、テネシー州およびサウスカロライナ州の新しい施設で、核の刀を鋤（すき）の刃に作り替える。このように驚くべき転換は、ほとんどマスコミの注目も浴びず、ＰＲ活動もされないまま進行している。理論物理学者のフリーマン・ダイソンは、これはいいことだ、と私に次のように語った。

「軍縮の動きは、これまでもそうなのだが、マスコミに報道されないときのほうがうまくいく傾向がある。歴史的な事例としては、たとえばニクソン大統領がアメリカは生物兵器を使わないと宣言したときとか、ジョージ・ブッシュ（シニア）大統領が戦術核兵器をほぼ放棄したときなどだ。これら軍縮の動きはいずれも静かに進行したため、政治問題にならずにすんだ」

核兵器以外の新兵器が削減されても、一般の人々はまず注目しない。国際的に、あるいは政界で一時的に話題になっても、核兵器保有量の話はすぐに消えて関心も薄れ、次のステップに注目が移る。

核エネルギーの利用が広がると核兵器の拡散につながる可能性も高まる、という説に対しては賛否両論がある。「核イコール核兵器」とのロジックは、長いこと自明のこととされてきた。世界的に核エネルギーのルネサンスが起きれば、核技術は大幅に増強され、それに伴って装備も進歩し、核材料も多様化する。——すべてが核経済の構造になる。一方で、そのなかに占める核兵器の存在感などごくわずかなものだ、という意見もある。

「核エネルギーから兵器へ」という論者への反論として、歴史はそのような歩みをしてこなかった、と主張する評論家たちがいる。イスラエル、インド、南アフリカ、北朝鮮などは、密かに研究用原子炉から兵器への発展を図っているのであって、原発が出発点ではないという見解だ。現在、核エネルギーを発電に利用している国は三一カ国あるが、核兵器を保有しているのは七カ国だけだ（アメリカ、ロシア、イギリス、フランス、中国、インド、パキスタン）。いずれの国でも、兵器計画が先にあった。北朝鮮とイスラエルは、兵器は持っているが原発は持っていない（両国とも、計画はある）。

私が情報通から聞いたところによると、核拡散の防止努力はきわめてうまく機能しているという。緊密な国際協力が、功を奏しているからだ。たとえいずれかの政権が不都合なことをしたとしても、どの地域の非国家主体（ノンステイト・アクターズ）にとっても核拡散は不利益を生むから、懸命に阻止しようとする。核テロリズムの脅威に対する論調として、「グローバル・ゲリラ」という優れたブログを書いているジョン・ロブは、二〇〇七年の「勇気ある新戦争（ブレイヴ・ニューウォー）」という記事で、次のように書いている。

> 大量破壊兵器の脅威といえばその中心は核兵器だが、これは長期的な問題だとはいえない。国家が基本的な核素材を作り出すためには膨大な能力を持つ設備が必要で、素材を兵器に組み立てるまでに、ブラックマーケットで資材を調達し、操作・運搬・稼働まで持っていくことは容易でない。

イランの場合は、テログループと比べればはるかに多くのつてを有効に活用できるから、すべてを国内でまかなうより利点がある。

国家がテロリストに核兵器を渡すことは、考えられない。国家の独立と威信が、核兵器にはついて回る。テログループと核兵器を共有するとなれば、国家がコントロールできない強い力をテログループに与えることになるからだ。オサマ・ビンラディンに、大統領官邸に出入りできるカギを渡すようなものだ。もし核兵器が抑止力として十分に機能しなくても、報復することは可能だ。国家はテログループとは違って、破壊すべきいくつもの攻撃目標をしっかり特定できているからだ。モスクワやニューヨークが核弾頭の標的になれば、先制攻撃をした原爆生産国は滅びることになる。攻撃して来た敵は、すぐに同定できるのだから。

きわめて起こりにくいことだが、もしテロリストの手に核兵器が渡ったら、恐ろしいことが一回発生しても、長続きはしない。同じようなことが、汚い原爆についても言える。爆破によって、大量の放射能が撒き散らされる。小グループが生物科学の大量破壊兵器を使った場合には、もっと恐ろしい結果を招く。バイオテクの知識や技術・道具は核兵器より広まっているし、その威力は急速に高まっているからだ。

国際燃料銀行構想

もう何十年にもわたって多くの人々が、これ以上の核拡散を引き起こさないよう努力してきた。最近の戦略は、単一の国際燃料銀行を創設する構想に集約されつつある。世界のあらゆる地域で、兵器に転用できるレベルのプルトニウムやウランの濃縮工程を禁じ、これらの材料や使用済み燃料の秘匿や交易を監視する。それが徹底されれば、濃縮も再利用もできなくなりなり、原爆の生産は不可能になる。核燃料は、再利用分を含めて、存在するだけで自然に爆発することはない――希釈されているからだ。多くの国が、燃料の再利用工程を外国に頼りたいと考えている。ゼロから始めれば経費がかかるし、面倒だからだ。廃棄物の処理や貯蔵などの政治問題にも、煩わされずにすむ。したがって、信頼できる国際的な機関があって、そこから調達できれば好都合だ。牛乳配達に届けてもらって、空き瓶を回収してもらうようなシステムが最も楽だ。

GNEP（国際原子力パートナーシップ）の構想は、このような背景のなかで出てきた。ジョージ・W・ブッシュ（ジュニア）政権の形見ともいえるアイデアで、二〇〇六年に提案されたが、反核団体から非難され、全米科学アカデミーからも反対意見が出された。だがフランス、日本、カナダ、イギリスなど一八カ国および国際原子力機関（IAEA）の事務局長も賛同して、地歩を固めつつある。

GNEPの計画の一つに、拡散を困難にする再利用技術や、ナトリウム冷却型高速炉の開発も含まれている。この高速炉は使用燃料が少なくてすむし、寿命が長くて流量喪失も少ない。GNEPは多国間の燃料サイクルを取り仕切ろうという野心的な試みで、それなりの資金も投入されている。これがうまく機能できるかどうかは、今後の試金石になる。行動指針のいくつか、あるいはそれらを統合して、二〇一〇年代には実現すると期待される。オバマ大統領は二〇〇九年のはじめ、核燃料銀行構想を支持するとプラハで公言した。

「第四世代」の登場

フランスが五六基もの原子炉を設置でき、二〇年間で国内の電力需要をほぼすべてまかなえるようになった理由の一つは、アメリカで一二年かかる許可付与を四年で処理しているからだ。フランスの大気は、ヨーロッパで最もクリーンになった。家計の電気料負担も最低だし、近隣諸国に四〇億ドル分も輸出している。輸出先はグリーンを重んじるドイツ、原発も持っているイギリス（英仏海峡の海底を通ってイギリス西部に年間二ギガワット）だ。フランスは、最後の石炭火力発電所を二〇〇四年に閉鎖した。フランスの一人当たり二酸化炭素排出量は、アメリカと比べて七割も少ない。

アメリカも、そこから教訓を学んだ。原子力規制委員会はフランスに倣って標準設計を定め、許可に関しては台湾、日本、韓国のモデルを参考にした。原子炉メーカーは、あらかじめ設計の許可申請を提出できる。次世代原子炉はウェスティングハウスの製品が許可を受けているし、アレバとGE製も、まもなく許可される見通しだ。かなり多くの建設地が、一九七〇年代のブーム期に認可を受けたまま遊休地になっている。地方公共団体が建設すると決めれば、単一のモデルで認可を受け、原子力規制委員会が融資するか拒否するかを三年以内に決める。詳細なデータ提示を受けたあと、関係者（環境運動家や評論家を含む）の意見を聞き、調整をおこなったうえで認可され、着工の運びになる。デザインも部品も標準モデルだし、大型原子炉でも四年で完成する。

これは、地球温暖化に対処するための一種の動員令だ。温室効果ガスを減らすためには、あらゆる手段に訴えなければならない。再生可能なエネルギーを得る技術、交通、農業、都市計画など、総合的な努力が求められる。

成果を早めるために、アメリカ議会は二〇〇五年にエネルギー政策法案を可決・成立させた。エネルギー源としては、風力、太陽光、地熱、バイオマス、波力など海洋、クリーン石炭の利用も奨励されているし、効率化や資源の保護——そして原発の必要性も呼びかけている。この法律の要点を、『エコノミスト』誌は次のようにまとめている。

この法律では、新たに設置される原子炉に対して四つの補助金を用意している。第一は、最初の六基については、許可を得て建設を始めたのち、法的な規制や訴訟によって設置・稼働が遅れた場合には、二〇億ドルを上限として保証を供与する。第二に、核事故が起きた場合、地方自治体の責任義務を一〇〇億ドルまでとする古い規程を延長する。第三に、新しい原発で生産する電力の最初の六〇〇〇メガワットについては、一キロワット時あたり一・八セントの税額控除が認められる。第四に、これが最も重要な点だが、新規の原子炉を設置するか革新的な技術イノベーションを伴う発電所を建設する場合には、額の制限なしにローンを供与する。

またこの法律は、第四世代の原子炉研究にも資金を提供している。アメリカで稼働中の原子炉は第二世代で、現在建設中のものが、安全性や効率が改善された第三世代プラスだ。第四世代のデザインは、二〇三〇年代になってから導入されると見込まれている。建設費・運用コストとも安くなり、長期連続稼働で、燃料の効率はきわめて高く、運営費は安く、廃棄物の分量はきわめて少なく、放射能も短期で収束する。高温下で、水素や塩出し水を作ることができる。最終的な目標は、原発が抱える四つの問題点——

安全性、コスト、廃棄物、兵器への転用――を永遠に解消するところにある。一〇カ国からなるコンソーシアムとEUが研究を続けている。

第四世代の原子炉の実現へ向けてのタイムテーブルは早めることができる、とNASAのジェームズ・ハンセンは言う。廃棄物貯留のためにすでに拠出された二八〇億ドルの資金の一部を充当すれば可能だとして、彼はこう述べている。

「この基金は、核廃棄物を消費する高速増殖炉の研究に費やされるべきだし、長期にわたって放射能を放出する廃棄物を作り出すことを防ぐトリウム原子炉の研究にも当てるべきだ」

彼が高速増殖炉と呼ぶものは、「従来の核廃棄物や兵器レベルのウランやプルトニウムを燃焼させ、その過程で電力を作る」。そして、トリウム溶融塩炉がある。ハンセンの見通しによれば、大規模な実用的なトリウム原子炉は、大規模な需要がある中国、インド、韓国などで、アメリカやヨーロッパの技術的な支援を受けて最初に実用化されるだろう。廃棄物を燃焼させる方式が定着すれば、ユッカ山の貯蔵施設などはナンセンスなものになる。

理論物理学者のフリーマン・ダイソンは、次のように評している。

「次世代の原子炉は、大幅に違ったものになる可能性がある。私がとくに気に入っているのは、ロウエル・ウッドのトリウム溶融塩炉で、燃料を補給せずに五〇年間も稼働し続けている。この施設は地中深くに設置され、トリウムは燃焼されたあとも地中に埋められて、人間は触れずにすむ」

その詳細は、二〇〇八年の論文「核エネルギーの進歩」で報じられている。五人の著者たちは、この増殖炉のメリットを次のように記している。

「これによって、従来のように地中深い場所で稼働させる必要はなくなるし、濃縮過程も不要になるし、使用済み燃料の処理も不必要、再利用や廃棄物の貯留施設も不要だ。原子炉自身が、堅牢な埋葬容器になるのだから」

スーパー、セーフ、スモール、シンプル

環境運動家たちにも納得してもらえそうな新しい原発は、マイクロ原子炉だ。エイモリー・ロビンスはマイクロパワーの普及が望ましいと語っていたから、この小型で持ち運びのできる機械はその要望に応えている。ロビンスは、「最も安価で信頼できる電力は、消費者のごく近くで作られるものだ」という持論を展開している。そのほうが確かに資本コストは安くてすむ。建設期間も、ギガワット級の原発と比べればごく短期ですむ。設計段階からの時間を考えると、雲泥の差だ。

ロシアは現在、水面に浮かんで航行できる、三五メガワットの出力を持つ原子炉を何基か北極圏の沿岸に建設中だ。新興国の沿岸辺地が、電力を買ってくれそうな期待感がある。日本の東芝は、一〇ギガワットから五〇ギガワットの「核電池」とでも言うべき小型高速炉を開発した。4Sという名称だが、これはスーパー、セーフ、スモール、シンプルの頭（かしら）文字のSを並べたものだ。これは、二〇一五年ごろをメドに実用化を目指している。これと似たような頭文字のSSTARを開発したのがカリフォルニア州にあるローレンス・リバモア国立研究所だ。二〇ギガワットの発電能力があり、小型なためトラックで運んで地上に設置できる。閉じた容器だから、燃料を挿入することはなく、廃棄物を取り出す必要もない。何十年か後に総取り替えすればいい。

ニューメキシコ州のハイペリオン社は、ロスアラモス国立研究所がデザインしたウラン化合物を使う二五メガワット原子炉を作っている。同社によれば、一基二五〇〇万ドルするこの原子炉は、一〇〇基もの確定注文を受けているという。オレゴン州のヌースケール社では、四〇メガワットの軽水型原子炉を二〇一五年までに稼働させる方向で準備を進めているという。また南アフリカでは、ペブルベッドモジュール炉を開発している。メルトダウン（溶融）を起こすことはなく、地下でも稼働でき、一〇〇メガワットの出力が期待されている。

理解は得られるか

どのような事態が起ころうとも、核エネルギーは前進していくのだということを環境運動家たちが認識してくれれば、前方にはグリーンの道が開ける。一般論として、反対運動は進歩を妨げる。——スローダウンするし、経費はかかるし、組織だって動けないし、足並みも乱れる。だが私たちが理論だてて説明し、核エネルギーが順調に増えていき、大気中の炭素濃度は耐えられる程度にまで減る点を説得すれば、彼らも炭素を排出しないほかのエネルギー源と同じく核エネルギーを受け入れて、協力するに違いない。さらに、塩出し水や水素発電などグリーン系のエネルギー源にも理解を示す可能性がある。ウランやトリウムの原発がもし事故を起こしても、長期に及ぶ混乱を招くことはない、という認識も持つことだろう。一方で、核兵器の根絶に努力することが期待される。さらに敷衍（ふえん）すれば、都市を活性化して世界中の貧困をなくす方向に加担することにつながる。より望ましい形が出てくれれば、そちらに乗り換えることもやぶさかではない、という姿勢に転じるだろう。

目覚めたグリーン派は、とくにマイクロ原子炉が気に入るに違いないから、積極的な売り込みに努めるだろう。京都議定書の後釜は、核エネルギーを炭素より悪者にするような愚行は繰り返さないだろう。私たちは、原子炉のデザインを公募すべきで、広く論議して改良していかなければならない。私たちは、核の推進力をコマーシャルベースに乗せることも検討すべきだ。現在、自動車の温室効果ガス排出量は全体の四％で、飛行機の倍になる。電気自動車を普及させると同時に、そのエネルギー源をグリーンな原子力、風力、水力、太陽光から得たことにまで気配りしなければならない。

もし水素が実用的な燃料になるのだとしたら、それを目指している高温発電の第四世代原子炉を応援する必要がある。この原子炉は、塩出し作業も促進できる。水を作るうえではエネルギー集中型で、沿岸地域に増える人口を養う面で、環境を破壊することなく生活用水を供給できる。かつては核に対して恐怖感を抱く者は多かったが、いまでは石炭を長期にわたって使用すれば恐慌を引き起こすことが理解されている。したがって現実的に考えれば、石炭をあきらめるよう慎重に働き掛け、それが効果を現すよう努めていかなければならない。多くの人々に原子力についてもっと知ってもらい、親しみを持ってもらうためには、スウェーデンやフランスで実施しているように、原子炉を一般公開する方法が有効だ。スウェーデンでは、国民の三分の一が原子力発電所を見学していて、その影響もあって、人口の八割が原発の継続稼働に賛成している。

南アフリカでスクワッターの権利を守る組織を率いるアバラリ・バセムジョンドロは、次のように宣言している。

「電気は、ぜいたくなものではない。これは、基本的な権利だ。子どもたちが自習するのに必要だし、安全な料理を作るにも、暖房にも欠かせない。お互いに電話連絡するためにも、電気を使うほかの通信手段（テレビ討論やｅメールなど）にも必要だ。女性の安全を確保するためにも、私たちを恐怖に陥れる銃の怖さを軽減するためにも」

インドの約半分には、送電設備がない。ディーゼルエンジンのトラックが、地方ごとに発電している。『ニューヨーク・タイムズ』紙が、その状況を次のようにルポしている。

チャカイ・ハートでは、かつては毎日、少なくとも何時間かは電気が点いた。それが、生活のリズムを変えた。明かりのおかげで、コソ泥がなくなり、地方政府が井戸を掘り、畑の灌漑が可能になった。精米所ができ、それに伴って仕事が生まれた。

だが、いいことは長くは続かなかった。大雨で、送電線が切れてしまった。精米所は閉鎖され、村はふたたび闇のなかに沈んだ。

世界で六人のうち五人は、発展途上の新興国に住んでいる——二〇一〇年の時点で五七億人に達する。だが貧しい人々も、なんらかの方法で送電基盤の恩恵に浴している。その電力がどのようにして得られるかによって、気候に好ましい変化がもたらされるかどうかが決まる。

Peter Raven sums up the outcome: "There is no science to back up the reasons for concern about foods from GM plants at all. Hundreds of millions of people have eaten GM foods, and no one has ever gotten sick. Virtually all beers and cheeses are made with the assistance of GM microorganisms, and nobody gives a damn."

There are also major climate benefits. Soil holds more carbon in it than all living vegetation and the atmosphere put together. (Earth's soil holds about 1,500 gigatons of carbon, versus 600 gigatons in living plants and 830 gigatons in the atmosphere.) Tilling releases that carbon. Jim Cook explains: "Carbon disappears faster if you stir the soil. If you chop the crop residue up, bury it, and stir it—which is what we call tillage—there's a burst of biological activity, since you keep making new surface area to be attacked by the decomposers. You're not sequestering carbon anymore, you're basically burning up the whole season's residue."

The science is in.

Thirty years after Paul Ehrlich resigned in protest, Friends of the Earth and all the other environmental organizations I know of still oppose genetic engineering. Most of all they oppose transgenic food crops; thus the great coinage "Frankenfood." Since pickiness about diet and loathing of the "wrong" food is such an ancient cultural practice, maybe that's the heart of the matter. I suspect that if environmentalists felt OK about eating genetically engineered food, their other complaints would fade away, so let's start there.

第5章
緑の遺伝子

A truly extraordinary variety of alternatives to the chemical control of insects is available. Some are already in use and have achieved brilliant success. Others are in the stage of laboratory testing. Still others are little more than ideas in the minds of imaginative scientists, waiting for the opportunity to put them to the test. All have this in common: they are biological solutions, based on understanding of the living organisms they seek to control, and of the whole fabric of life to which these organisms belong. Specialists representing various areas of the vast field of biology are contributing?entomologists, pathologists, geneticists, physiologists, biochemists, ecologists?all pouring their knowledge and their creative inspirations into the formation of a new science of biotic controls.

—Rachel Carson, Silent Spring, 1962

Two million more farmers planted biotech crops last year, to total 12 million farmers globally enjoying the advantages from the improved technology. Notably, 9 out of 10, or 11 million of the benefiting farmers, were resource-poor farmers. . . . In fact, the number of developing countries (12) planting bio-tech crops surpassed the number of industrialized countries (11), and the growth rate in the developing world was three times that of industrialized nations (21 percent compared to 6 percent).

As a professional biologist, I have become increasingly concerned about the opposition to recombinant DNA research expressed by FOE and some other environmental groups....

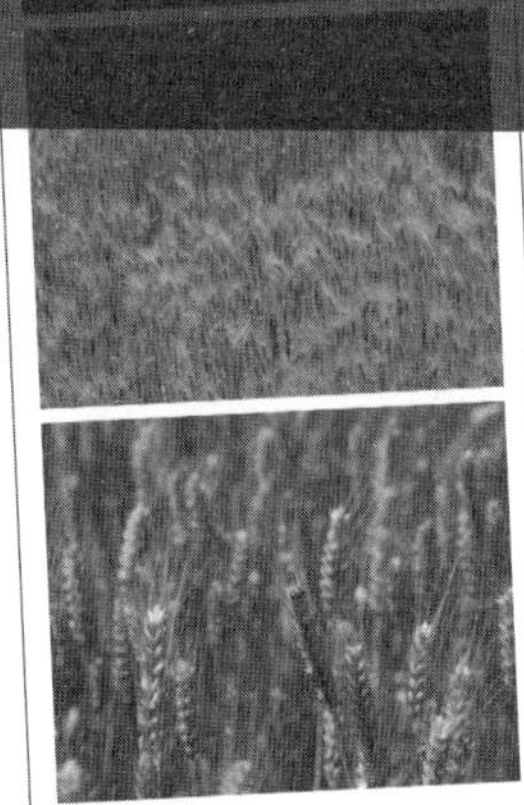

I daresay the environmental movement has done more harm with its opposition to genetic engineering than with any other thing we've been wrong about.

Unwelcome traits still get through. In the 1960s the Lenape potato was developed by crossing the popular Delta Gold potato with a wild relative to increase insect resistance. The Lenape was delicious and indeed insect resistant, so it was released to public use, distributed as popular potato chips and used by other breeders. But after one breeder found that Lenapes made him nauseous, analysis showed that they were high in a natural glycoalkaloid toxin from the wild potato. The Lenape was formally withdrawn, but it was too late. Thirteen varieties of potatoes still remain on the market with Lenape toxins bred into them....

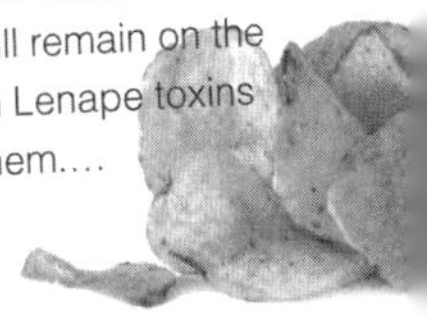

私はあえて言いたい。環境保護運動が唱えてきた「遺伝子組み換え反対」の運動は、これまでに私たちが犯してきたどのような過ちよりも大きな被害を及ぼした。私たちは、人々を飢えで苦しませたことがあるし、科学を妨害したり、自然環境を傷つけたり、重大な任務を遂行しようという実践派の行動を抑えようとしてきたこともある。「自然」とは何か、という難問を前にして、レイチェル・カーソンが私たちに実行を勧めたこと――生物的防除〔益虫や有用な微生物を天敵として利用し、害虫を防除する〕という新しい科学――に、強い抵抗感を持っている。私たちは人智を越えた知的設計を信奉したり、幹細胞の研究を禁止する人たちと同じように、不合理な面を一般の人たちや意志決定に携わる人々にも訴えてきた。

私たちはまた、深く根を張った持続可能な農業を開発するうえで最も必要だとされる農学者、生態学者、微生物学者、遺伝学者など、レイチェル・カーソンの夢を実現しようとする科学者の助けを退けてきた。

熟知している人ほど、怖がらない

遺伝子組み換えが、一九七〇年代にはじめて組み換えDNA技術として世に出たとき、それが引き金になってヒステリー現象が起きたことに私は驚いた。私のバックグラウンドにある生物学の面で考えると、とくに微生物の場合、遺伝子にはつねに激しい代替性がある。過去三五億年にわたって微生物が持ち続けてきた技術そのものを利用した旧来のテクノロジーを使うことが多く、新しいテクノロジーはそれほど作り出されなかった。私は何年にもわたって周囲の生物学者たちに質問を繰り返してきたが、彼らはたいてい、遺伝子組み換えと聞いても驚かなかった。遺伝子組み換えとは、個々の生物分野を変換することで、ほとんどの生物学者は自分の研究にそれを取り入れていたからだ。

作物の遺伝子組み換えに反対する活動家たちは、そのためにダメージが生じると彼らが確信する生物学の根拠を詳細に述べ立てているが、それらにはなんの脈絡もない。除草剤も効かない強力な雑草スーパーウィード！　アレルギー！　遺伝子の流動！　遺伝子導入という新手法！　驚異！　一般の人たちは「なんとまあ」と唖然としているが、生物学者たちは「だからどうした？」と泰然としている。このような状況は、野生や農業ではごく普通に起こる。荒野に行けばすぐに見つかるし、農業や植生回復作業では人為的におこなっている。遺伝子組み換えでは、その精度やスピード、力量を高めているが、基本的には同じだ。原発についても、それを熟知している人たちほど怖がらない。

ここで私が試みようとしていることは、とくに環境運動家に対して、遺伝子組み換えは怖くないし、役に立つものだと理解できるよう、いくつかの生物学的な因果関係を書き加えることだ。

まず用語を説明しておく。現在でもよく使われるＧＭ（ジェネティック・モディフィケーション）ないしジェネティック・マニピュレーション（遺伝子操作）の代わりに、新しく台頭してきた略語のＧＥ（ジェネティック・エンジニアリング）を使うが、これらの用語は、概括的すぎる。すべての進化、農業、各種の選択的な品種改良は遺伝子組み換えで、従前と同じだ。ＧＥは、遺伝子「組み換え」をエンジニアリングという言葉によってより明確にし、それによって優れた品質の農作物を目指した。種苗家がやるように形質を選ぶのではなく、遺伝子組み換えでは形質の裏にある遺伝子を識別し、その遺伝子を厳密に選択し、直接その遺伝子を組み換える。品種改良は通常、ある生物に存在するゲノムのなかの遺伝子の形質をそれと交配させる種の遺伝子に貼りつける。遺伝子組み換えでは、さらに異なった生物の、こちらがほしいと思う形質や遺伝子にまで手を伸ばすことまで含む。遺伝子組み換えの同義語は、「遺伝子導入」だ。

どうやら、ここに恐怖の根があるらしい。「イチゴのなかに魚の遺伝子？　そんなことは許せない」。そこで、昔の恐怖が噴き出す――キメラ（火を噴く怪獣）、モンスター、足の指の本数が違ったり、むき出しの背骨、正常なタネをすべてやっつける悪いタネ。いったん野放しになると、二度と元に戻せない。自然の摂理に反している。傲慢だ。間違いなく罰を受けるだろう――うんぬん。

遺伝子組み換え論争のすべては、その前兆といえるＤＮＡ組み換えが大騒動になった一九七〇年代の半ばに決着しておくべきだった。当時「遺伝子接合」と呼ばれた技術は、さまざまな発見や発明ののちに生まれたもので、人間を含むいろいろな生物から採取した遺伝子をバクテリアに組み込む方法だ。最初に応用された成果の一つが、糖尿病を治療するインスリンを大量に、低価格で安全に生成することだった。だれもが、これはきわめて強力なテクノロジーだと実感した。バクテリアが潜在的に有害な形質を作り出す可能性を心配する科学者たちもいて、危険性の有無が解明されるまでＤＮＡ組み換えの研究を一時禁止するよう求めた。

メディアに取り上げられると、一部の人たちがパニックを起こした。宗教団体や環境運動家たちが、手を携え立ち上がった。彼らは、科学者たちが神を弄ぶ（もてあそぶ）とののしり、嫌悪感をあらわにした。環境運動家は、恐ろしい生物が作られ、命あるものすべてにとって脅威になるだろうと主張した。インスリン・ショックが蔓延し、悪性腫瘍が流行るのではないかと危機感を募らせた。有名大学があるケンブリッジとバークレーの市議会は、ともにDNA組み換えの研究を非合法化した。アメリカの連邦議会は、制限を加える法律を議会に提出し始めた。

アシロマ会議

そのような状況を踏まえて、一九七五年二月にカリフォルニア州でDNA分子の組み換えに関するアシロマ会議が開かれた。世界中から集まった一四六人の遺伝子学者やそれに関連する専門家たちは、彼らの研究を規制することについて四日間にわたって話し合った。彼らは、一連の制限措置を決めた。研究を実験室内にとどめて外部に持ち出さないこと、また研究対象を実験室以外では生きられない生物に限定した。さらに、病原性微生物の遺伝子を取り扱うような実験は完全に禁じられた。まもなくアメリカ国立衛生研究所によってガイドラインがまとめられ、アメリカ国内で施行された。

アシロマ会議は、どう評価すべきか。この設問は当時、論争の的になったし、現在でも賛否両論がある。私はたまたま、この問題を早くから察知していた。

カリフォルニア州ジェリー・ブラウン知事の補佐として働いていたとき、私は有力な知識人とのアポイントの調整に当たっていた。ブラウン知事のモットーは、こうだった。

「重要な新しい状況を知るうえで、州政府がつねに最初である必要はないが、最後であってはならない」

そこで私は数週間ごとに、社会思想家のピーター・ドラッカー、未来学者のハーマン・カーン、農民詩人のウェンデル・ベリー、メディアのセレブであるマーシャル・マクルーハンなどのような人々を、一日もてなして過ごした。アシロマ会議から二年後の一九七七年、カリフォルニア州議会が州内におけるDN

A組み換え研究を規制する姿勢を示したために、DNA構造の共同発見者で、高い名声を誇るコールド・スプリング・ハーバー研究所所長のジェイムズ・ワトソンが訪れてきた。ワトソンはDNA組み換えを一時停止した初期の支援者だったし、アシロマ計画を手伝っていた。ブラウン知事、知事室の側近、議員や報道関係者などのグループを前にして、ワトソンは次のような短い話をした。

私の立場から言えば、DNA組み換えは重要だとも言えないし、公衆衛生にとって有害かもしれないと見なすこともないので、法律が必要だとは思わない。私は、科学者としてDNAに三〇年ほど関わり、ウイルスを扱う仕事の法的・道徳的な責任を持つ研究所の所長も経験してきた立場から、この問題について考えている……。

微生物学に関わる多くの人たちにとって一般的なやり方で、もしバクテリアやウイルスを一度でも実験室で培養して育てたら、その微生物は病気を起こす毒素（ビルレンス）を失う。だからたいていの生化学者たちは長生きだ（これは有機化学者には当てはまらない――彼らの寿命は、ほかの人たちと比べて五年ほど短いが、それは悪臭を放つガスが原因だ）。

私たちは、セルラーゼという酵素をDNA組み換えで作るために大腸菌が用いられる危険性があると言われてきた。もし大腸菌でセルラーゼを作ることにきわめて有利な点があるとすれば、それはすでに人間とは別の種がおこなっているだろう。それぞれの生物にはそれにふさわしい位置づけがあるように、進化はつねに遺伝子の最善の組み合わせを探し求めている。私は、「モンスター」など心配していない……。

アシロマ会議後のガイドラインはあてにできない、と言う人もいた。だが私はその人たちこそまったくあてにならないし、まったく不要な人たちだと思う。予防対策として私たちはこれまでに二五〇〇万ドルはムダにしたかもしれないし、やがてムダの総額は一億ドルに達する可能性もある。私たちがムダにした連邦政府の金額は、死の灰を避けるために建てたシェルターと同じぐらいバカげたものだと思える。……危険な証拠がないところまで規制するのは、ナンセンスだ。一般の人たちも事実を知らされ、それについて考えるプロセスに参加すべきだ、という意見に私は全面的に賛同する。昔から、火を確認するまで消防署に電話するなと言われているから。

ワトソンが正しいことは、事実が証明した。分子生物学の歴史に関する権威ある本として、一九九六年に刊行されたホーリス・ジャドソンの『分子生物学の夜明け』（野田春彦訳、東京化学同人）がある。アシロマ会議の翌年、ジャドソンは次のように報告している。

「科学者たちの恐怖心は、急速に薄らいでいる。モラトリアムに署名した生物学者全員とアシロマ会議そのものも、危険性は誇張されすぎで、その実質的な影響が致命的だったという点で意見が一致した。このガイドラインは、二〇年間のうちに次第に薄れてきた」

DNA組み換え技術——遺伝子組み換え——は進化を続け、人類の医学に大変革をもたらし、生物学のすべての部門を変容させ、化学から犯罪の追跡、文化人類学から農業に至る研究分野の主要なツールになった。どの分野でも、有害な例は一つも見られなかった。

さて、アシロマ会議は評価できるだろうか。私は、イエスと断言したい。ただし科学的にというより、政治的な意味においてだ。科学者たちが設定したガイドラインは、政治家たちが作った場合を想定して考えると、はるかに正確で適切なものだった。このガイドラインは世界中で実際におこなわれている遺伝子組み換えに適用されてきたはずで、もし政治的な規制であれば、細かな調整も許さないばかりか、どのように小さな変更であっても完全に拒んだことだろう。アメリカで実際にあった、人間の幹細胞研究のほとんどを禁止した安易な規制が、その典型例だ。アシロマ会議に参加した科学者たちは早い時点で、自ら公共的な責任を適切にとったために、そのようなバカげた措置を未然に防ぐことができた。

勇気ある辞任

新しい遺伝子組み換え技術を独創的に取り入れた一人が、カリフォルニア大学バークレー校の生化学者ブルース・エイムズだった。彼が解決したいと考えた問題は、各産業がごく普通に使っている無数の化学薬品が、毒性検査もほとんど受けずに自然環境に垂れ流しにされていることだった。ハツカネズミやクマネズミを使った発がん物質の動物実験には二年、費用は「一つの化学薬品につき」最高七五万ドルもかかり、新しい化学薬品は毎年一〇〇〇種ほど発表されている。

がんを誘発する化学薬品は、すべてが遺伝子の突然変異を起こすのではないか、と問題を提起したエイムズは、バクテリアの形質を組み換えれば、発がん物質検査の代わりに突然変異誘発性の簡易テストができるのではないかと考えた。彼はサルモネラ菌を取り出してペトリシャーレ〔ガラス製の平皿〕にその菌を慎重に並べ、そのシャーレにはサルモネラ菌の食べる能力が突然変異して発揮されない限り飢死する特殊な栄養剤が満たしてあった。彼はその皿でテストするために、化学薬品のサンプルを滴らせた。もし二日後にサルモネラ菌が増殖していたら、その化学薬品が突然変異を誘発したことを示し、おそらくがんも引き起こしただろう。エイムズは、そのテストを開発するまでに一〇年かかったが、彼はそのサルモネラ菌や彼の技術をだれにでも分け与え、特許をほしがる人には無料で譲渡した。動物実験にはふつう二年はかかり、数百万ドルを要するが、エイムズのテストは二日で終わり、費用は二五〇ドルからたかだか一〇〇〇ドルですんだ。これは発がん物質の世界標準テストとなり、今日でも使われている。

エイムズ・テストの成功は、デイヴ・ブローワーが一九六九年に創設した環境保護団体「フレンズ・オブ・ジ・アース（FOE）」の激しい内部抗争に火をつける一因になった。一九七〇年代はFOEの組織が急成長し、影響力や国際的な広がりが急速に伸びていた時期で、彼らは遺伝子組み換えに反対していた。FOE諮問委員会の二人の著名なメンバーは、そのキャンペーンに抗議し、自分たちの忠告が無視されると辞任した。一人はあの著名な『細胞から大宇宙へ』（橋口稔／石川統訳、平凡社）の著書であり、スローン・ケタリングがんセンターの所長ルイス・トマスで、もう一人が当時、グリーン活動に熱心な科学者として最も影響力があったポール・エーリックだった。私はたまたまエーリックの抗議の手紙の写しを持っていたので、『コーエボリューション』誌にそれを載せた。ポール・エーリックが一九七七年に書いていることは、現在でも通用する。

拝啓
私は生物学の専門家として、FOEなどの環境保護グループが表明したDNA組み換え研究反対の声に関心を寄せて懸念してきた。……進化論者として、私はその後の展開にも落ち込んでいる。

これらの研究は「進化を弄んでいる」から中止すべきだ、と彼らは主張する。人類は、進化をいろいろな方法でこれまでも長い期間、弄んできた。私たちは、植物を栽培したり動物を家畜化したころから、大々的に活動を始めた。環境が変わっても、間断なく続けている。一般的にDNA組み換え研究は、そのような「弄び」に関わるリスクがあったとしても、深刻になるほど増えてはいないと思う。――もっとも、私たちがそれを「弄ぶ」割合は、かなり増えたに違いないが……。

実験室で作られたものは、どのようなものであっても、自然のなかで数十億年もかけて進化し、きわめて特殊化してきた生物と競っていかなければならないことを、つねに忘れてはならない。――進化してきたものはきわめて有利だ、と期待している人が多いかもしれない。それに加えて、バクテリアの種はきわめて長期間にわたり、仲間たちとDNAを交換し合ってきた証拠があり、(高度な) 真核生物とさえも交換していたらしい。

私が見るところ、DNA組み換えは分子遺伝学の一般的な研究ツールとしてはきわめて明るい前途を持っている。――科学が最終目標とするものを追求し、宇宙を知り、おのれを知るために使うツールだと思える。……もしDNA組み換え研究が善用されずに悪用されるかもしれないから終止符を打つべきだというなら、科学全体も同じような非難を受け、基礎研究はすべて中止しなければならなくなる。もしそのような決断をするなら、人類は科学の恩恵を断念しなければならず、「持続可能な社会」へ移行したいがために手のこんだ技術に依存し切っている人口過剰の世界では、維持コストが異常に高くつく。

環境保護論者やFOEの幹部がとくに期待を寄せているのは、バークレー校でサ丶ル丶モ丶ネ丶ラ丶菌に類似するテスターを開発しているブルース・エイムズで、彼のこのテスターは、有機合成化学工業製品の発がん物質をふるい分けるために使われている。そのテスターに精通している人たちは、「エイムズ・スクリーン」といえばこれまで数十年間に環境保護団体に引き渡された単独の技術のなかではきわめて強力なテクニカル・ツールであることを認識している。それでもエイムズの研究において、サルモネラ菌を使ったDNA組み換え研究は全面的に——しかも不条理なことに——禁止され、妨害されている。したがってFOEは、環境面にひそむ発がん物質を見つけるためのきわめて有望なテクニックを使う研究の妨害を幇助(ほうじょ)する立場になってしまう。

スキャンダルの真相

環境運動家たちが、不合理にも遺伝子組み換えに背を向けたのは、その瞬間だった。ポール・エーリックが抗議の辞任をして三〇年が経ったが、FOEなど私が知っている環境保護団体はほとんどすべて、いまだに遺伝子組み換えに反対している。反対の中心になっているのは遺伝子組み換え食品で、したがってなんとも傑作な「フランケンフード」というニックネームで呼ばれるようになった。食事の好き嫌いや「正しくない」食べものに対する嫌悪感や苦情を言ったのはかなり昔の習慣だか、もしかしたらこれが問題の中核なのかもしれない。もし環境運動家たちが、遺伝子組み換え食品を食べても安全だと納得すれば、それに関する不満は消え去るに違いない。したがって、その点から分析を始めよう。

一九九六年以来、食にまつわる史上空前の大々的な実験がおこなわれている。膨大な数の人たち——北米のすべての人々——が、勇敢にも遺伝子組み換えされた莫大な量の食品を食べているからだ。アメリカにおける加工食品のほぼ七割が、現在では遺伝子組み換えされた素材を使っており、その大部分がトウモロコシ、キャノーラ（菜種の一種）、それに大豆だ。トウモロコシ、マフィン、コーン・チップス、トルティーヤなど市場穀物として使われるフィールド・コーンの約半分が、遺伝子組み換えされている。砂糖の約半分は、遺伝子組み換えされたビートから作られている。

一方、統制を受けているグループ——ヨーロッパの人たちすべて——は、遺伝子組み換え農業を採用しなかったためにかなり経済的な犠牲を強いられ、すべての遺伝子組み換え食品の輸入を禁止したために、問題はいっそう深刻化した。遺伝子組み換えは、文明全体に関わる偉大な科学であり、現在ではその確実性が証明されている。テストの結果や、規制されたヨーロッパのグループの間に、なんら違いは見られない。ピーター・レイヴンは次のようにまとめている。

「遺伝子操作された植物から作られた食品についての懸念を援護してくれるような科学は、まったく存在しない。数億万人が遺伝子操作された食品を食べてきたが、病気になった人はいない。実際、ビールやチーズはすべて遺伝子操作をした微生物の助けを借りて作られたものだが、それを厳しく非難する人はだれ一人いない」

レイヴンは無援なわけではない。二〇〇四年に国連食糧農業機関（FAO）は次のように報告している。

遺伝子操作をした食品の安全性に関する問題は、世界中の五〇の権威ある科学的アセスメントの見解を基に国際科学会議（ICSU）が見直した。現在、遺伝子操作をした作物——およびそこから作られた食品——は食べても安全だと判断され、その検査方法も適切だと認定された。

世界中で何百万人もの人が遺伝子操作をした植物（主としてトウモロコシ、大豆、アブラナ）から作られた食品を消費してきたが、これまでなんら悪影響は報告されていない。

アレルゲンや毒素は従来の食品にも含まれているため、遺伝子操作をした植物から得た食品にはより高いレベルのアレルゲンや毒素を含んでいるのではないか、と危惧する人もいた。徹底的なテストをした結果、いま市場に出回っている遺伝子操作食品では、こうした懸念は実証されていない。

現在までのところ、遺伝子組み換え食品を食べて、体に悪い毒素をもたらしたとか、栄養的に有害な影響があったことを実証する証拠は、世界中どこにも見当たらない。イギリスの雑誌『プロスペクト』は、二〇〇七年の「遺伝子操作食品スキャンダルの真相」という記事で、次のようにまとめている。

実際、遺伝子操作をした作物が人間の健康にとってリスクがあるという証拠は、まったく見当たらない。世界で第一線にある専門家——インド人、中国人、メキシコ人、ブラジル人、フランス人、アメリカ人、およびこの問題に関して四つの報告書を発表したイギリス学士院など——がすべてこの点を確認している。いずれの調査でも、テストを受ける必要のない従来の作物と比べて、遺伝子操作をした作物のリスクのほうが高いという事実はなかった。

「食べる量」にかかってる

これには、科学が関わっている。そうなると次の問題は、遺伝子操作に反対する環境運動家たちがそれにどう対応するかだ。単に、科学的な根拠を認めない人もいる。二〇〇八年二月に、英誌『ジ・エコロジスト』の編集者は次のように書いている。

「遺伝子組み換え食品は危険だというデータを見たことがないと語る政治家は正直だ。というのも、そのような研究はまだおこなわれたことがないからだ」

また、科学は間違っていると言う人たちもいる。緑の党の党首で、一九九八年から二〇〇五年までドイツの外相を務めたヨシュカ・フィッシャーは、二〇〇一年に次のように話した。

「ヨーロッパの人たちは、遺伝子操作をした食品を求めていない。それだけのこと。研究結果がどうであっても関係ない。ただそれを求めていないという点は明白で、その意思は尊重されなければならない」

奇妙に思えるかもしれないが、アメリカでは遺伝子組み換え食品は徹底的に調べられているため、食品としては在来の有機栽培された農産物よりも安全だといえる。アメリカの場合、新しい遺伝子組み換え作物は、食品医薬品局、国立衛生研究所、環境保護庁の検査を受けなければならないが、交配による新種の作物は、そのような検査が不要だ。

キウイフルーツの場合を考えてみよう。もともと中国からもたらされたスグリの仲間であるグーズベリーをニュージーランドで品種改良した果物で、ニュージーランド人たちが積極的に売り込んだ結果、世界中でポピュラーになった。だがイスラエルの植物学者ジョナサン・グレッセルは、次のように指摘している。

「もしキウイが遺伝子組み換えされていたら、私たちの食卓にのぼることはなかっただろう。きわめて少数ながら、キウイに対してひどいアレルギー反応を起こす人がいて、その症状は特定の地域に集中している口内アレルギー症候群から、果物を食べた直後に起こって命を脅かすほどのアナフィラキシ症状まで幅広い」

ピーナツ、貝類、小麦、乳製品、その他の一般的な食べものでも、アレルギー反応を起こすことがある。そのような食品――それにキウイ――は、いつかは遺伝子組み換えによって、アレルギー反応を起こさなくてもすむかもしれないし、またそうなるべきだ。遺伝子組み換えによってアレルギー反応を起こさないピーナツは、すでにジョージア大学で開発されつつある。

植物が毒性を持つのは正常なことで、捕食者や競争相手から逃げることができないからだ。彼らも攻撃に立ち向かい、闘わなければならない。捕食する相手に対してはトゲを用い、競争相手からは身を隠し、人間を含めたすべての外敵に対して毒を用いる。有機農家のラウル・アダムチャクは、次のように報告している。

「緑色のジャガイモは、ネズミなど齧歯(げっし)の動物によく効く毒だということがわかった。あるとき私は、公認された有機農場の無加温ハウスに行ったところ、かじったばかりの緑色をしたジャガイモのそばに、三匹のネズミが死んでいるのを見つけた」

彼の妻で、遺伝学者のパメラ・ロナルドは、次のようにコメントしている。

「動物にとって有毒な複合物は、従来の交配でできた作物の食品によってのみ生じている。市販されている遺伝子組み換えの作物には、健康に異常をきたしたり、環境に影響を与える要素はない」

生化学者のブルース・エイムズは、一〇〇〇あまりの天然の化学薬品のうちの二七種について、動物の発がん物質検査を焙煎有機コーヒーに混ぜて試したことがある。彼と仲間のロイス・ゴールドは、化学薬物のうち八つは無害だったが、一九種はクマネズミにがんを誘発する可能性を発見した。――アセトアルデヒド、ベンズアルデヒド、ベンゼン、クマロン、それにスチレン、トルエン、キシレンなどだ。彼らは、こうまとめている。

「平均すれば、アメリカ人はおおまかに言って五〇〇〇から一万種もの天然殺虫剤やその分解成分を吸い込んでいる」

遺伝学者ニーナ・フェデロフは、『台所のメンデル』（*Mendel in the Kitchen*）で、次のように詳述している。

リマビーン（ソラマメに似た豆）は、人間が食べて消化する過程で有毒なシアン化水素に分解される化学物質を含んでいる。セロリに含まれる有毒なソラーレンは、皮膚に発疹を起こす。またソラーレンは、DNAの鎖を互いに交差結合させるため、がんの原因にもなり得る。カリフラワーに含まれる化学物質は、甲状腺を肥大させることもある。ニンジンは、神経に有毒な物質や幻覚剤を含んでいる。モモやナシは、甲状腺腫を促進する。イチゴは血液の凝固を防ぐ化学物質を含んでいるために、止血をむずかしくする場合もある。グリーンピースや大豆などの豆類、シリアル、ジャガイモにはレクチンが含まれ、吐き気、嘔吐、下痢などを誘発しかねない。

すべては、食べる量に関わってくる。ニンジンが有害な神経障害を起こすのは、一度に四〇〇本も食べた場合だ。だが、野菜は食べなければならない。しかも軽い毒はすべて微量栄養素だし、抗酸化物質としてきわめて重要だ。ブルース・エイムズは、がんの主な原因の一つは食事のアンバランスだと気づいた。

「果物や野菜をほとんど食べない人が、がんを発症する確率は、よく食べる人たちに比べて二倍だ」

ホルミシス〔摂取量が多い場合は有害でも、微量なら有益になる現象〕の理論家たちは、野菜が私たちの健康にいいのは、きわめて微量の自然の毒素が人間の解毒のメカニズムに働いているからだと考えている。

機敏に動き回るゴミの山

生物学者が遺伝子組み換えに動じない理由の一つは、遺伝子組み換えは、進化の混沌とした過程ではごく当たり前のことだと思っているからだ。さらに農業における品種改良に見られるように、あまり組織的だとはいえず、無秩序なものだと認識しているからだ。たとえば、私たち自身の遺伝子の構成を考えてみよう。科学ジャーナリストのカール・ジンマーは、こう書いている。

「科学者たちは、ヒトゲノムのなかに九万八〇〇〇以上のウイルスと、ほかにも突然変異した痕跡を一五万あまりも確認している。……もし私たちから自らに遺伝子導入されたDNAのすべてを取り除いたら、私たちは消滅してしまう」

人間は七万年前にアフリカから伝播を始めて以来その進化は加速し、農業を始めてからはさらに共進化の速度が増した。人類が出現したのは、たった二万年前だ。農業のおかげで人口が増えると、私たちの進化の度合いは一〇〇倍も速くなった。いま機能している私たちの遺伝子の七%は、最近になって適応したものだ。文化人類学者のジョン・ホークスは言う。

「一万年前には、青い目の人なんていなかった。青い目の人たちはなぜ、目が青くない人たちと比べて五%も多く子孫を残せる利点を持っていたのだろうか。私にはわからない」

ユタ大学の進化生物学者グレゴリー・コクランは、次のように述べている。

「歴史は一段とSFめいてきて、突然変異が繰り返し起きて普通の人間は追い出されてきた——ときには静かに飢餓や疾病を巧みに生き伸び、またときには移動する動物たちの群れを征服することによって。そして私たちも、その突然変異の産物なのだ」

グローバリゼーションと都市化のおかげで、どの人種も互いに交じり合い、それがまた進化にさらなる変化を与えた。私たちの世界は、利口な雑種犬の世界になりつつある。

ヒトゲノムのカタログづくりに貢献したクレイグ・ヴェンターは、ヒトゲノムのわずか三%がたんぱく質を作り出す遺伝子を持っていることに注目し、次のように断じた。

「残りはDNAの化石、古い遺伝子の錆びついた残骸、反復配列、寄生的なDNA、ウイルスなどの調整遺伝子にすぎず、役目も定かでないその他もろもろだ」

たった一つの「利己的な遺伝子」が私たちのゲノムの一〇%だけを取り上げて、一〇〇万個も複製した。自己複製以外の機能は、何も持っていないらしい。遺伝学的に言えば、人間は機敏に動き回るゴミの山だ。その他、すべてのものが同様だ。

レナピー・ポテト

人間がはじめて遺伝子操作に乗り出したのは農業の分野で、地球全体に及ぶできごとだった。私たちは遺伝的に適応力のある何十種類かの植物を、一〇あまりの独立した農業革新センターで開発した。その進化の過程はゆっくりとしたもので、選択的な採集から始まって、小規模な開墾から大規模な耕作へ、そしてみごとにデザインされた栽培品種を列挙してみよう。アメリカ人の農産物の例を上げると、まずカボチャ（最初に栽培したのは一万年前）、トウモロコシ（九〇〇〇年前）、ジャガイモ（七〇〇〇年前）、ピーナツ（八五〇〇年前）、トウガラシ（六〇〇〇年前）。中東の農産物としては、ライ麦（一万三〇〇〇年前）、イチジク（一万一四〇〇年前）、小麦（一万五〇〇〇年前）、大麦（一万年前）。中国の農産物としては、コメ（八〇〇〇年前）、キビ（八〇〇〇年前）。ニューギニアの農産物では、バナナ（七〇〇〇年前）、ヤムイモ（七〇〇〇年前）、タロイモ（七〇〇〇年前）。アフリカの農産物では、ソルガム（モロコシ。四〇〇〇年前）、パール・ミレット（ヒエ。三〇〇〇年前）。人間は何千もの植物遺伝子を組み換え、世界を永久に変革した。

遺伝子操作に反対する活動家のなかには、作物植物のゲノムは「完全無欠な姿」であるべきだと主張する人がいる。いったい、何をもって「完全無欠」だというのだろうか。作物植物は、完全無欠でなどあり得ない。作物は人間が不器用に作ったもので、それが遠い昔の野生のいとこに似ているだけだ。植物学者のクラウス・アマンは、昔の優れた品種改良技術によって作られた優秀な小麦は、「染色体の断片を追加し、まったく異質のゲノムを統合し、放射線の誘発による突然変異」などによるものだと指摘する。

遺伝子導入による融合は、農業では古くからおこなわれてきた。哲学者のヨハン・クラッセンは、次のように反論する。

「ウマとロバの人為的な異種交配によるラバ、キャベツとカブの異種人工交配によるルタバガ、小麦とライ麦の異種交配によるライコムギには、それほど違和感はない」

有機農業を手がけているホセ・バエルは、次のような視点で述べている。

人間は、一〇〇〇年にわたって奇妙な種の作物を作ってきた。まず、気に入ったタネを選び、それを蒔(ま)いて収穫してはまた蒔いた。突然変異を速めるために、化学的に合成された突然変異誘導遺伝子も使った。すぐには成果が得られなかった。だがやがて、放射線による突然変異遺伝子が、さらに効果的だということを発見した。私たちは、遺伝子操作のおかげで捜し求めていた形質を、突然変異した苗木の山から探し出すよりたやすく選別して接合できるようになった。

バエルは認定を受けた有機農家として、放射線による突然変異生成でできたさまざまな品種の作物を栽培している。実生(みしょう)〔タネから発芽したもの〕でできるだけ多くの突然変異を得るために、高炉処理で強烈な放射線を当てられた種子が、一九二七年以来、育種家には広く利用されている。有機農場では一般的だったが、彼は遺伝子組み換えをした作物の生育を許されていない。アメリカ科学アカデミーが二〇〇七年に刊行した比較研究によると、遺伝子導入したコメの系統よりも、ガンマ放射線による突然変異生成からできた稲のほうが、「標的化によらない遺伝子」(予期しない結果を生じやすい)の分裂がより多かったと発表した。有機農業の規則によって、ホセ・バエルは予期しない結果が生じるリスクが微妙に高いほうのタネを無理に使わせられていることになる。

どのような形式の品種改良でも、化学薬品や放射線(現在の作物のうち二〇〇〇品種ほどが放射線を受けている)によって改良が早められるかどうかは別として、予期しない結果も生じている。植物遺伝学者のパメラ・ロナルドはこう語っている。

「品種改良に当たってだれでもが経験する問題は、ある植物から別の植物へ形質を引き渡していくのはあなた自身であり、その結果が期待はずれでも、その形質をリンクさせたのはあなたにほかならない。それを〝リンケージ・ドラッグ（連鎖の引きずり）〟と言う。遺伝子組み換えでは、そのようなことは起こらない」ジョナサン・グレッセルは、遺伝子組み換えの厳密さはあなた自身に任されている、と次のように書いている。

「どの組織に、どのような環境のもとで、遺伝子がどれくらい発現するのか。――関連する種の交配によってもたらされる異質の遺伝子の荷物をすべて持ち込まなくてもいい。遺伝子組み換えとは、義理の家族ぬきで連れ合いを得るようなもので、品種改良は、村全体でこぞって相手を受け入れるようなものだ」

異質の遺伝子を取り除く従来の方法は、数世代にわたって戻し交配〔雑種の子孫に、最初の親のどちらかと再び交配させる〕を繰り返す――先が見えない手探り状態で――きわめて苦労が多いプロセスだ。

望まれない形質でも、すり抜けることがある。一九六〇年代に、害虫に強い野生のジャガイモと、人気の高いデルタ・ゴールドポテトが交配されて、レナピー・ポテトが開発された。レナピーは味もよく、害虫にも強かったので一般に売り出され、人気のポテトチップスになり、育種家たちも愛用した。ところがある育種家がレナピーを食べて吐き気をもよおしたた、分析したところ、野生のジャガイモにある天然グリコアルカロイドの毒性成分が強まっていた。レナピーは公式に回収されたが、遅すぎた。レナピーの毒素を含むジャガイモは、いまだに一三種類ほどが市場に出回っている。

遺伝子組み換え薬品

一九九九年にエイモリー・ロビンスが遺伝子組み換えに反対する見解を発表したが、私にはそれが不可解だった。彼はこう書いている。

「無縁の遺伝子を一気にゲノムに撃ち込むことは、生態系にエイリアンの種を導入するようなものだ」

もしロビンスの専門が物理学ではなくて生物学であれば、このようなことは書かなかったはずだ。彼は間違って遺伝子と種全体を引き比べている。遺伝子は利己的かもしれないが、野生種のように独立して頑丈な種にはほど遠い。遺伝子は断片でしかなく、一つの生物を作る無数の遺伝子の一つにすぎない。よそ者の侵略的な種であれば生態系のうえで支配することがあっても、一つの遺伝子が全体を支配したり、ゲノムを変換させるほどの力は持っていない。遺伝子が機能するためには周囲に同調しなければならない。

ミズーリ植物園のピーター・レイヴンは、それがいったいどういうことなのかを明確にした。彼は一九九九年のインタビューで、次のように話している。

「ある生物から遺伝子を取り出して、関連の薄い生物へ移す話をしているとき、一般の人はまるでハツカネズミの遺伝子には一つ一つの遺伝子にも小さなハツカネズミが入っているかのように思い違いして、それをどこか別のところに入れるとは怪奇なことのように感じている。（遺伝子の）三つの塩基が並んだトリップレット構造は、たんぱく質を構成するアミノ酸に対応して〝翻訳〟されていく。多くの異なる生物は、同じような仕事をするために、似たような、あるいはほとんど同じような遺伝子を備えている」

遺伝子の出所は問題ではなく、肝心な点はそれがどのような役割を果たすかだ。

遺伝子組み換えは品種改良よりもはるかに厳密だが、透明性が高く、説明がつけやすいので、技術史の専門家ケヴィン・ケリーは次のような思考実験を提唱している。

「因果関係が逆になった場合を考えてみよう。遺伝子組み換えは、私たちが昔からずっとやってきたことだと考えたらどうだろうか。すると、こう言う人々がいるかもしれない。『いや、私たちは品種改良（ブリーディング）という、新しいプロセスを使う。私たちは、たくさんの突然変異を得るためにタネに放射線を浴びせたり化学薬品を使ったりして、いろいろなおもしろい組み換え品種を作って、どんな芽が出ようと、そのなかから自分たちの好きなものを選んで、すべてがうまくいくように期待する』」

薬品に関していえば、一九七〇年代に起こったDNA組み換えに端を発したパニックは、完全に姿を消した。一九八二年、ヒトの遺伝子が大腸菌バクテリアに導入されたので、遺伝子組み換えされた無数の有機体の「バイオリアクター」〔細菌や酵母などの生物体を産生する発酵装置〕が、ウシやブタの膵臓を使う古い技術よりもはるかに安全ではるかに安く人間用のインスリンを量産できるようになった。現在、新薬のほぼ四分の一が遺伝子組み換えによって作られており――アメリカではいまのところ一三〇種類、ヨーロッパでは八七種類――しかもその比率は上昇している。私たちはそのような背景も知らずに薬を使っているが、それでいっこうに差し支えない。遺伝子組み換え薬品は、遺伝子組み換え食品と同じく安全なのだから。組み換え食品は、より安全になっている。クスリの場合は、飲み過ぎるとか飲み合わせの悪いことも起こるが、それはすべての薬品で起こり得る。

「自然食品」などありえない

「自然食品」――この言葉がささやかれると、私のへそ曲がり精神が頭をもたげる。「自然だって」と、私は声を荒げる。

「生態学者にとっては、ほんの少しでも自然と言える農産物など一つもない！　生態系が完備している一画を切り刻んで土にばらまき、はるか昔から永遠に続いている遷移（サクセッション）〔群落が極相に向かって変化、交代していくこと〕にすき込んでみればわかる。その土壌をばらばらにほぐし、ぺちゃんこにつぶし、大量の水を出しっぱなしにして水浸しにする！　そして、一人では生きられないほど深く傷ついた同一の単一作物を植え付ける！　どの食用植物を取っても、一つのスキルしか持たない哀れな視野の狭い専門家であり、数千年にもわたって遺伝子音痴の状態で同系交配されてきた。このような植物はきわめて虚弱なので、延々と世話をさせるために、人間を飼い慣らさざるを得なかった！」

　ピーター・レイヴンは、次のように言う。

「世界の生態系のシステムにとって六三億の人間を食べさせることは容易ではなく、そのために大いに農業を発展させたが、これほど種を絶滅に追いやり、あるいは不安定にさせた要因はない」

　ジェームズ・ラブロックは、次のように言う。

「少なくとも地表の四割が食用作物のために使われているということは、現在の気候変動へのアプローチをほとんど考慮していなかったことを示している。自己統制している地球では、生態系にとってホメオスタシスと呼ばれる『恒常性』が必要とされる。作物と安定した快適な気候の、両方を望むことはできない」

　遺伝子組み換えに反対する者は、組み換え作物は生態学的に有害だろうと疑っているが、すべての作物は生態学的に有害だから、その点では間違っていない。そこで、問題点はこうなる――遺伝子組み換えをした作物と従来の作物を比較した場合、生態学的にどちらが害を及ぼし、どちらが生態学的にいいのかだ。生態学的に「いい」というのは、豊かな土壌、保護地として残す原野、作物以外の生物多様性との調和の取れた融合、そして（社会的な目標を加えて）より多くの人々を貧困から救い出し、飢餓から遠ざけることを意味している。遺伝子組み換えを批判する人たちは、耕作地への影響や環境に与える除草剤や殺虫剤の質、そしてスーパーウィード（超雑草）やスーパー昆虫（除草剤や殺虫剤が効かなくなった種）を作り出す可能性に焦点を当てている。これらの問題すべてに対しては、以下のように徹底的な研究がおこなわれ、データもそろっている。

世界中で生産される農産物の約四割が、毎年、雑草や病害のために失われている。そのような損失を低く抑えるうえで遺伝子組み換え作物は輝かしい成果をあげている。『サイエンス』誌は二〇〇七年に、次のように報告した。

「バイオ技術による作物の作付面積が過去一一年間で六〇倍あまりも増え、近代史で最も早く普及した農業技術の一つが、遺伝子組み換え作物だといえる」

成功した主な特性としては、除草剤に対する耐性と、昆虫に対する抵抗力という二点が際立っている。除草剤で問題になったのは、一九七一年に見つけ出され、一九七四年にモンサント社から「ラウンドアップ」という商品名で販売されたグリフォサート剤だ。これは、奇跡的とも思える化合物だ。植物の葉にグリフォサートをスプレーすると、葉緑体のなかの酵素が無力化し、植物は一週間か二週間で餓死してしまう。それが昆虫、魚、鳥、哺乳類、人間などの動物になんらかの影響を与えたかどうか、はっきりした証拠はない。グリフォサートは土のなかで数週間のうちに固まって無害になるため、水を汚染したり、ほかの除草剤のように土中に残留せず、毒性もほんの微量だ。モンサント社は一九九六年以来、グリフォサートに耐性を持たせた「ラウンドアップレディ（ラウンドアップ耐性）」のトウモロコシ、大豆、ワタ、キャノーラ、ビート、アルファルファなどすべて遺伝子組み換えした品種を発表した。そしてグリフォサートの特許が二〇〇〇年に切れると、その除草剤の価格を半額に下げた。安くなったグリフォサートの魅力に、それまで二の足を踏んできた農民もあおられた。アメリカでは二〇〇七年までに大豆の九〇％、トウモロコシの七五％が、グリフォサートに耐性を持つ遺伝子組み換え品種に切り換えられた。

遺伝子組み換えによって除草剤に耐性を持つ作物ができた。その偉大な「環境にやさしい」功績としてあげられるのは、いわゆる不耕起栽培、つまり耕す必要をなくしたことだ。前年の収穫の残骸である刈り株は畑で自然に腐り、コンポスト効果で微生物の住み処になって、土は浸食されることなくその場所に残る。農民はタネを地中に埋める直播きで、肥料とともに刈り株を突き通して土に埋め込めばいい。そして発芽し始めたら畑にグリフォサートを噴霧する。グリフォサートに耐性のある作物にはなんの影響も与えずに、すべての雑草が始末される。その成果として、作物の収穫量は増え、土質はやせずに小さな団粒状になり、年ごとに豊かになって生命力にあふれる。ワシントン州立大学の植物病理学者で、持続可能な農業の伝道者ジム・クックは言う。

「不耕起栽培では、土壌成分を改良し、浸食を抑え、炭素を封じ込め、水を流し捨てるのではなく、よりよくろ過させ、干ばつに備えてさらに貯水する」

また、気候変動を抑制する大きな恩恵もある。土は、生きている植物すべてと大気中の炭素を合わせた量よりも多くの炭素を包含している（地球の土のなかには約一五〇〇ギガトンの炭素が含まれているのに対し、生きている植物には六〇〇ギガトン、大気中には八三〇ギガトンの炭素がある）。耕作すれば、炭素が大気中に放出される。ジム・クックは、次のように説明する。

「土をかき混ぜれば、炭素は素早く土中から消滅する。もし作物の残留物を刻んで土に埋めてかき混ぜると——つまり耕作すれば——生物学的な活動は活発化するが、それは分解する微生物が活動しやすい新しい表面を作り続けるからだ。もう、炭素を封印しておくことはできない。一年分の残留物をすべて燃やしているからだ」

耕作地は、大気中に漂う数ギガトンに及ぶ二酸化炭素の根源だ。カンザス州立大学で比較研究をおこなってきた土壌微生物学者チャールズ・ライスによると、何十年も耕作し続けると土は有機炭素の半分を失うが、遺伝子組み換え農業による持続力のある不耕起栽培に転じれば、炭素の含有量をトールグラス（パンパスなどの丈の高い草）に覆われた大草原のような荒野の土と同じレベルにまで戻せる。不耕起栽培へのシフトは進んでいて、たとえば大豆では畑の面積の八割に達する。それによって農民は時間、カネ、燃料をかなり節約できる。燃料を節約すれば、大気の汚染から助けることになる。遺伝子学者のジェニファー・トムソンは、『未来の種子』（*Seeds for the Future*）でこう書いている。

「全化石燃料の約五％が農業で使われ、そのほとんどが除草のために費やされている」

有機農家のラウル・アダムチャックは、カリフォルニア州で開催された不耕起栽培会議で出会った遺伝子組み換え農家の人たちは、有機農業に熱中し始めているようで、自分たちの土地が豊かでミミズがたくさんいることを自慢し合っている、と話してくれた。ところが、有機農家は遺伝子組み換えを使うことができないために、いまでも春になると毎年、耕し、被覆作物（クローバーなど）や出はじめの雑草を埋め、地中の二酸化炭素を放出させている（有機農家でこの問題に気づいている人たちもいるが、非遺伝子組み換え作物による解決策は見つかっていない）。

「遺伝子組み換え」と「温暖化」

どのような新品種であっても、批判された場合の最善の対応策は、その品種がこの土地の生態系に合うか、合わないかを検討することだ。私たちは、それをアグロエコロジー（農業生態学）と呼んでいる。ここで、スーパーウィードが問題になる。これは農家にとっての悩みのタネだ。雑草は、日照と水分があり、肥料の効いた豊かな畑にはすぐに適応して畑を食いものにし、農家の雑草対策がおろそかであれば、貴重な作物と競い合う。もし雑草が作物の種に近いなら、雑草は有用な遺伝子を作物から拝借してしまう。これは歴史的に見て、コメ、アワ、モロコシ、ヒマワリ、ビートなどで起こったし、新種の遺伝子組み換え作物の遺伝子でも注意が必要だ。

新しい除草剤のグリフォサートに対しても、耐性のある雑草がすでに出始めている。遺伝子借用にも気をつける必要はあるが、それよりも用心しなければならないのは、殺傷力が強いために多用される農薬に対しては、雑草の進化も刺激を受けて促進される点だ。雑草を枯らすためにグリフォサートだけを使っていると、別種の雑草がすぐに進化して取って代わるだろう。その対策としては、収穫のタイミング、輪作、防菌防微対策など統合的な対応を充実させることが重要で、雑草にとっては芽を出したとたんにきわめて多くの障害物に出くわすことになる。遺伝子組み換えにおいては、グリフォサートのほかにディカンバなどの除草剤に対する耐性を高めた効果的な遺伝子を「重ねる」ことも可能だ。この遺伝子はゲノムの雌しべだけにとどまるため、雄しべの花粉とともに広がっていくことはない。そのようなタネは、流通経路に乗っている。遺伝子組み換えは、進化し続ける統合的な害虫管理道具の一つになっている。

農業における雑草は農民を悩ませるだけで、荒野では問題にならない。森林では〝なんでもあり〟の闘いが展開されているから、草がグリフォサート抗体を持っていたところで、銃撃戦におけるボクサーのようなもので、宝の持ちぐされだ。

「スーパーバグ（超害虫）」はどうだろうか。ここで問題になるのは、きわめて人気の高い遺伝子組み換えのＢｔコーンとＢｔワタだ。Ｂｔとはバチルス・チューリンゲンシスの略で、普通は地中によく存在するバクテリアで、現在の遺伝子組み換えの作物を餌にしているチョウやガの幼虫に対して、致命的な毒性を持つ。有機農家はこれまでずっと乾燥させたＢｔバクテリアを天然殺虫剤だ、と考えて作物に散布し、きわめて効果的だった。しかも目標とした害虫だけを殺し、人間や益虫にはなんの害も及ぼさないからだ。そのＢｔ毒素を作り出すバクテリアの遺伝子がトウモロコシやワタに組み込まれると、遺伝子導入された植物はそれ自体で害虫を殺すことができ、殺虫剤の散布が不要になった。そのうえ、毒素が植物自体に存在するために、スプレーを嫌うトウモロコシの穿孔虫（せんこうちゅう）もいなくなった。それに対して有機栽培のトウモロコシにはアメリカタバコガの幼虫がついていることが多い。有機農家にはＢｔコーンが禁じられているために、農家はトウモロコシを売ることがほとんどできなくなった。

Ｂｔ作物がもたらす最も重要な生態的な効果は、殺虫剤の使用量が激減したことだ。とくにワタは、病虫害防除が強力になっている。遺伝子組み換えのワタを導入したために、殺虫剤の使用は半分ですむようになった。ある遺伝子組み換え作物地域で調査したところ、かつては農作業に従事する人たちの一〇分の一が、農業用化学薬品による病気で入院していた。さらに驚くべきことに、従来は五〇〇種あまりの昆虫が散布された殺虫剤に対する抵抗力を進化させてきたものだが、Ｂｔ作物に著しい抵抗性を持つ昆虫の病害はまだ出現していない。

そのようなわけで、遺伝子組み換え作物は、非遺伝子組み換え作物と比べると温室効果ガスの悪影響を軽減できるし、生態学的にも優しい効果がある。学者仲間が忌憚なく意見を述べ合う雑誌『EMBOレポート』に掲載された二〇〇一年の研究には、次のように記されている。

「遺伝子組み換えトウモロコシやワタ、大豆は市販されてから五年あまりになるが、数百万ヘクタールに及ぶ畑が生態系に悪い影響を与えたという報告は一つもない。実質的に環境面でよかったことは、たとえばBtワタなどの農産物のおかげで、化学薬品による殺虫剤の使用を減らせたことだ。……事実、アブラムシなどを捕食してコントロールしてくれる二次的な存在のテントウムシのような節足昆虫の数は、これまでの薬品散布をするワタ畑よりもBtワタ畑のほうがつねに多いことがわかった」

ミズーリ植物園のピーター・レイヴンは、次のようにまとめている。

「遺伝子組み換え技術は、生物多様性にとって脅威だという主張は、真実とは正反対だ。遺伝子組み換えなどの技術は積極的に使うべきで、それによって持続可能でしかも収穫量が高くて労働力が少なくてすむ農業システムを構築するよう、世界中で協力すべきだ」

農家はどちらを選ぶか

環境運動家の多くが、遺伝子組み換え作物は「家族農業」をやっている人たちにとって脅威だ、と主張する。この論には、二つの幻覚が含まれている。一つはノスタルジーで、もう一つは経済的・政治的なもので実体がない。つまり、家族農業には、遺伝子組み換えとはなんの関係もない歴史的必然性があるからだ。特別な思い入れやミュージカルの歌「ハウディ、ネイバーハッピー、ハーヴェスト」、それに有機農産物の販売イメージなどに基づく牧歌的なファンタジーの記憶がある。アメリカ人の半数が農場で働いて暮らしていた、一九〇〇年のころの様子を彷彿とさせる。現在の農業人口は、アメリカ人の一％にすぎない。子どもたちがこぞって都会を目指して出て行ってしまうと家族農業は成り立たず、それが現実に起きている。アメリカで農業に従事する人たちの平均年齢は、五五歳だ。

政府は工夫をこらした補助金によって農業を続けさせようと試みたが、その一部は意図に反してよくない結果を生んでしまった。農民は概して保守的だから、保守的な政治家たちは政府の巨額な補助金を法制化したが、保守的な農民たちは没落した町でコーヒーを飲みながら、彼らがもらっているわずかな手当に文句を言うような、茶番劇を展開した。

農作業の実態は収入が最低だし、その労働のほとんどが肉体的に辛い作業だ。途上国でその苦労を担うのは、無報酬の家族、それも女性が主体で、毎日、朝から晩までトマト畑の雑草を鋤で刈り取り、あるいは田んぼでかがんで稲の苗を泥のなかに手で植え込んでいく。先進国では、移民労働者にそれをやらせる。環境運動家は、遺伝子組み換え作物は農民にとって、とくに小規模農家にとっては打撃が大きいと主張し続けている。反対する者が多いにもかかわらず、現実には遺伝子組み換え作物がきわめて人気が高いため、遺伝子組み換え反対の姿勢を維持することはむずかしい。植物遺伝学者のパメラ・ロナルドは、次のように語っている。

「遺伝子組み換え作物が認定されるたびに、農民たちはそれを喜んで受け入れてきたから、遺伝子組み換え作物の作付面積はたちまち全体の五〇％から九〇％にまで広がった」

ロックフェラー財団が資金を援助した二〇〇八年の研究では、次のように報告している。

昨年は新たに一二〇〇万人あまりの農民がバイオテク作物を栽培し、世界では合わせて一二〇〇万人の農民が先進技術の恩恵に浴した。注目すべきは、利益を得た一〇人に九人、つまり一一〇〇万人ほどが、貧しい農民だった点だ。……実際、バイオテク作物を栽培した途上国の数（一二カ国）は、先進国の数（一一カ国）を上回り、途上国の成長率は先進国の三倍に達した（六%対二一%）。途上国では、ほとんどすべての畑が五エーカー以下で、大半が一エーカーかそれ未満だ。

農民たちは自分たちの作物用に遺伝子組み換え技術を望んでいるのだが、農民以外の人たちは彼らにそれを望んでほしくない。私はカリフォルニア州のマリン郡とソノマ郡の間で、対決の典型例を見た。私たちがタグボートを保管している場所は非農業地帯のマリン郡にあり、サンフランシスコに近く、考え方も都会的だ。マリン郡は二〇〇二年に、遺伝子組み換え農業を禁じた。私たちが週末を過ごす酪農農場跡の北側はソノマ郡で、基本的にはいまでも農村だ。二〇〇五年に、郡内ですべての遺伝子組み換え農業を減らす条例を投票にかけた。基準に関する議論を経て、原案が固まった。

「メジャーMのプロジェクトは、ソノマ郡の家族農業、庭園、環境を、遺伝子組み換え植物によって回復不能になる遺伝子汚染から守る。私たちの子どもたちは、遺伝子組み換えの実験用モルモットに使われてはならない。遺伝子組み換え作物が市販されれば、除草剤が効かないスーパーウィードがはびこって、地元の食糧供給と自然環境に悪影響を及ぼす。遺伝子汚染は永久に続き、撤回したり抑制したり、片づけてしまうことはできなくなる」

ソノマ郡農村局を含む地元の九つの農民団体が、禁止条例に反対した。パメラ・ロナルドは、次のように話す。

「それとは対照的に、都会の住民、食品加工会社、ワイナリーなどは禁止条例を支持し、彼らの生産品を販売する新しい方法として、ラベルに〝遺伝子組み換えをしないソノマ〟と表示をしようとした」

だが、彼らは負けた。メジャーMを投票にかけた結果、五五％対四五％で破れた。農民が支配的だと、遺伝子組み換えが勝つ。農業を主とする州の郡部は、すべて似たような決議を否決した。

二〇〇六年、フランスの反遺伝子組み換え活動家たち二〇〇人が、トゥールーズの近くにある一五エーカーの遺伝子組み換えトウモロコシの畑を襲撃したため、地元の八〇〇人の農民たちがそれに抗議して近くの町まで行進し、政府に遺伝子組み換えの研究を支援するよう請願した。アルゼンチンでは二〇〇〇年に遺伝子組み換え大豆が法的に認められたが、ブラジルでは違法とされた。生産性の差が歴然としたため、ブラジルの農民たちは政府が方針を変更して遺伝子組み換え農業を法的に認めるまで、国境を越えてタネを密輸入していた。

途上国における利点

環境運動家たちは、遺伝子組み換え作物を最も必要としている途上国の農民たちにとって大きな利点を、なぜ認めたがらないのだろうか。『科学への渇望』(*Starved for Science*)の著者ロバート・パールバーグは、豊かな国は経済の微妙な差異を討論したり、遺伝子組み換え作物周辺のリスクを読み取る余裕があるが、貧しい国にはそれがない、と説明している。

テクノロジーは、豊かな国のほんの一部の人々——大豆農家、トウモロコシ農家、種子会社、特許保持者など——にだけ直接的な利益をもたらす。消費者が直接的な利益を得ることはないから、規則によって市場から追い出したところで彼らには一文の得にもならない。豊かな先進国で作られた管理システムを、人口の三分の二が農民で直接的な受益者であるアフリカのような地域に輸出すると、問題が生じる。

これに対してケニアの植物病理学者フローレンス・ワムブグは、露骨にこう評している。

「先進国の人々は確かに自由に遺伝子操作された食品のメリットを議論できるだろうが、まず私たちにそれを食べさせていただけないだろうか」

途上国の貧しい農民たちは、携帯電話にすぐなじんだが、それと同じようにいとも簡単に遺伝子組み換えのタネになじみ、貧困から抜け出そうとしている。この二つのツールの組み合わせによって、彼らが新たな都会人に都会の値段で食品を売ることができれば、農業で現金収入が得られて、キャッシュレスの罠から逃れることができる。似たようなパターンが、国家レベルでも起こる。インドの殺虫剤メーカーが激しく輸入規制のロビー活動を展開しているにもかかわらず、インドの農民たちは二〇〇二年にＢｔワタを取り入れ、インドはワタの輸入国から輸出国になり、ワタの収穫量も一七〇〇万ベイルから二七〇〇万ベイルに大幅に増加した。その社会的なコストは、どうだったのだろうか。二〇〇八年のロックフェラー財団が支援した報告書では、以下のように述べられている。

インドにおけるＢｔワタと非Ｂｔワタを栽培するインドの九三〇〇の家計調査では、非Ｂｔワタの生産者よりもＢｔワタの生産世帯の女性や子どもたちのほうが、わずかながら多くの社会的保障を得ている。たとえば、出産前の検診や自宅分娩における補助、在籍児童や予防接種を受ける割合が高まった。

巨視的にみれば、Ｂｔワタのおかげで生産量が五割増しになり、殺虫剤の使用は半減した。インド人のワタ栽培農家の収入総額は、八億四〇〇〇万ドルから一七億ドルに倍増した。

農民たちが体験から得た結果がよかったために、活動家たちは農民に対して、遺伝子組み換え作物はよくないものだと説得できなくなった。そこで活動家たちは、農民たちのマーケットの顧客を間接的な手段で脅す代わりに、遺伝子の「汚染」という幻のお化け話で、一般の人たちを対象にする作戦に変更した。

遺伝子組み換え反対派が繰り返し吹聴しているウソがある。もっともらしい話に聞こえるので、聞いた人はだれでも遺伝子組み換えへの問題として信じ込みがちだ。——一つはモナークチョウ（オオカバマダラチョウ）についての話で、もう一つはその土地にむかしからあったメキシコ・トウモロコシについてだ。「ターミネーター遺伝子」〔結実能力のあるタネを作らない遺伝子組み換え作物の遺伝子〕の話もある。一方で遺伝子組み換えを推進する人たちは、自分たち固有の話をもっている。

Ｂｔトウモロコシの花粉はモナークチョウを殺す

一九九九年五月号の『ネイチャー』誌に、コーネル大学の昆虫学者ジョン・ロージーと同僚による記事「遺伝子組み換えの花粉はモナークチョウの幼虫に有害」が掲載された。彼らは、モナークチョウの幼虫を実験室で四日間、Ｂｔトウモロコシから採れた花粉（量は不明）を餌として与えた結果、四四％が死んだと報告した。この話は『ニューヨーク・タイムズ』紙の一面に掲載され、遺伝子組み換え反対者によって吹聴された。それはいまだに続いている。

その後それに続く徹底的な実地調査の結果、Ｂｔトウモロコシの花粉が実際に与える影響は最大でも一万匹の青虫のうちの三匹が死ぬぐらいであることが判明した。モナークチョウがこのような危険に遭遇する割合は微々たるもので、文明に由来するその他の影響のほうが大きかった。二〇〇一年九月に「アメリカ科学アカデミー紀要（ＰＮＡＳ）」に掲載されたこの問題に関する詳細な六つの論文（三〇人が寄稿）は、九・一一の同時多発テロのメディア大騒動の余波で、そのニュースの陰が薄くなって消えてしまった。環境問題の専門家であるピーター・レイヴンは、ＰＮＡＳの二〇〇〇年七月に、共著で次のように結論づけている。モナークチョウの数を減らした主な原因は、適正な生息環境の減少と、メキシコとアメリカにおける殺虫剤の使用によるもので、「同じ作物に使う殺虫剤の使用量を制限することで生き残ったモナークチョウおよびその他の昆虫の棲息数が明らかに増えたことを考えると、Ｂｔトウモロコシの広域にわたる栽培は、むしろモナークチョウの生き残りに大いにプラスに働いたのではないか、と思われる」。

バイオテク・トウモロコシがメキシコに侵入

二〇〇一年一一月号の『ネイチャー』誌は、デヴィッド・クイストとイグナシオ・チャペラによる「メキシコのオアハカでランドレース・トウモロコシに遺伝子導入DNAを移入」と報じた。ランドレースは農業にとって重要な種であるため、この論文の波紋はたちまち広まった。ランドレースは遺伝子によって潜在的な多様性が試みられる宝庫で、この地域に昔から住む小規模農家の人たちが、地元の状況や好みの条件に最適なものを選んで継承してきた。とくに心配なのは、トウモロコシが最初に作られ、最初に多様化されたメキシコで、原点ともいえるランドレースに何か疑わしいことが起きかねないことだ。ランドレースはメキシコで栽培されるトウモロコシ全体の三分の二を占めている。

『ネイチャー』誌の論文によると、遺伝子組み換えトウモロコシの遺伝子の破片がランドレースのゲノムに出現し始めたが、その遺伝子はどこからか勝手にやってきて、しかも経路はたどれないと書いている。メキシコの国立生物多様性委員会の事務局長ホルヘ・ソベロンはこう言明した。

「主要作物の原産地で起こったこの問題こそが、遺伝子的に操作された物質による汚染では世界最悪のケースだ。これはまるで、だれかがイギリスへ行って、大寺院の窓のステンドグラスをプラスチックに入れ換えたようなものだ」

その後、遺伝子組み換え反対派は、導入された遺伝子が「メキシコの大事な宝の一つを汚染し」、「遺伝子の巨大企業が、メキシコ農民の社会文化的な権利を侮辱した」ことに怒りを爆発させた。「グリーンピース」は、メキシコにおける遺伝子組み換えトウモロコシの禁止を求めた。

そこで『ネイチャー』誌は、クイストとチャペラのオリジナルの論文に関し、方法論を批判するとともに、編集上の不信を抱かせた論文の掲載に遺憾の意を表明し、二つの書簡を公開した。四年後の二〇〇五年八月、アメリカ科学アカデミー紀要に「メキシコのオアハカにおけるランドレースに検知できる導入遺伝子はない（二〇〇三〜〇四年）」という論文を発表した。六人の著者（メキシコが四人、アメリカが二人）の一人が、ホルヘ・ソベロンだった。著者たちは、「クイストとチャペラの結果が正しいことを確信する」として、同じ地域の一二五の畑で一五万三七四六粒のタネを調べたが、なんの痕跡も見つからなかった。メキシコでも遺伝子組み換えトウモロコシの栽培がおこなわれているのだが、ランドレースのトウモロコシに遺伝子組み換えの遺伝子は発見できなかった。著者たちは、もし二〇〇〇年に遺伝子組み換え遺伝子が存在していたとしても、二〇〇三年までには検知できないレベルにまで薄まった可能性があると推測した（科学は歩み続ける。二〇〇八年にある研究者が、二〇〇〇のランドレースのサンプルの約一％に、遺伝子導入された形跡が見つかったと報告した）。

このエピソード全体としては作物科学にとって好ましい事例で、「遺伝子の流れ」と呼ばれる重要な研究が動き始めたし、トウモロコシはその研究にふさわしい材料であることがわかったからだ。それというのも、ほかの作物用植物と違って、無差別な他家受粉をするからだ。ランドレースは何十年もの間、販売用のほかの作物と遺伝子をスワップしてきたが、多様性は失っていなかったことが判明した。この点については、遺伝子組み換えの遺伝子も同じだと期待されている。ランドレース農民は、「同系交配による落ち込み」（彼らはそれをトウモロコシが「疲れた」と表現している）を心配していて、つねにほかの種類と交配しているし、花粉の遺伝子は絶えず畑から畑へと飛び回っている。イスラエルの植物学者ジョナサン・グレッセルはこのような状況を、『遺伝子のガラス天井』（*Genetic Glass Ceilings*）のなかで次のように述べている。

市販される品種と近くで栽培されているランドレースの相互間で、遺伝子が流れることはあった。どちらかの長所が発現する結果も生んだ。農民は、形態のうえからも味の点からもランドレースを大事に保存するが、実際には（何気なく）病原菌やストレスに耐性があるとか、収穫量がより高い遺伝子を持つものを選んでいる。メキシコの農民が選んだトウモロコシが確実に向上していることを見ても、それは明らかだ。一世紀前のランドレースは、たとえ農民たちが同じだと思っていても、遺伝子学的には二世紀前と今日のものとは同一ではない。

グレッセルは、こう嘆いている。

「〝遺伝子的な純粋さ〟を保つ、という政治的な意味合いのある表現は、〝人種的な純粋さ〟を保つと似たような、言外のニュアンスを含んでいると思う」

世界のどこであっても、ランドレースの多様性にとって脅威になるのは都会の風潮だ。若者はよりよい仕事を求めて都会に出ていくため、地元の作物は死に絶えていく。そうなると、放棄されたランドレースのゲノムにただ一つ残された望みは、メキシコ・シティの近くにある、有名なインターナショナル・マイースとか、小麦改良センターのような種子の貯蔵所しかなくなる。

遺伝子の流動性は、農業や自然においてはごく普通のことだ。導入遺伝子も流動するが、市販されているどの作物の遺伝子よりも有害だということはなく、害が少ないわけでもない。遺伝子流動の問題には、一般的に三つの解決策があり、一つはやさしいが、あと二つは巧妙で手品めいたところがある。不安定なテクニックの一つは、流動できないようにブロックすることで、遺伝子組み換えによって花粉を出させない。もう一つのアプローチは、遺伝子組み換えをしていない植物の「レフュジア（待避地）」が遺伝子組み換えの作物を囲い込むことによって、導入遺伝子を孤立化させる方法だ。簡単な方法というのは、遺伝子組み換えによって不毛にするやり方で、実がつかないので子孫を残せない。遺伝子が流動しないのだから、完璧な解決法だ。遺伝子組み換え反対の人たちは、この方法を嫌悪する。

モンサント社のターミネーター遺伝子は農民を従属させる

一九九八年に、デルタ・アンド・パインランド社は、遺伝子組み換え作物に不稔性（ふねん）〔植物がタネを生じない現象〕を組み込む、ＧＵＲＴ（Genetic Use Restriction Technology）という名の遺伝子使用制限技術に対して、特許が与えられた。その狙いは、農民たちに自分たちのタネを再利用するため貯蔵させるのではなく、種子提供会社からは毎年、新しい種子を買い付けさせようという魂胆だった。デルタ・アンド・パインランドの一部を所有している農業技術の巨大企業モンサント社は、ワタの種子を供給するうえで都合のいいように、会社全体を買い取る意向を漏らしていた。そうなれば、遺伝子組み換え作物すべてにＧＵＲＴの不稔性を持たせるテクニックをモンサント社が導入するに違いない、という恐れを抱かせた。

遺伝子組み換えに反対する世界中の人たちが、叫び始めた。

「遺伝子組み換えによってタネに不稔性を持たせる究極の目的は、生物学的な安全性のためではないし、栽培の生産性を上げることでもなく、農民を農奴化することだ」

と、パット・ムーニーは宣言し、「ターミネーター（致死遺伝子）・テクノロジー」という極限の用語を作り出した。チリのある役人は、次のように喝破した。

「これは農村が昔から受け継いできたタネの保存と、育種家としての権利を奪う、非道徳的な技術だ。これは、農業における中性子爆弾だ」

怒号は一年間にわたって、とくにヨーロッパや途上国で大きく広がった。結局モンサント社は、この技術を棚上げすると発表した。二〇〇九年の時点で、不稔性の遺伝子組み換え作物は世界中から姿を消したが、歓迎されない遺伝子流動を食い止めるには適切な行動がとられた。

遺伝子組み換えによる不稔性の技術によって毎年、種子を買う必要が生じるという恐れは、標準的な農業に携わっていれば、それほど奇抜でもなければ警告を要するものでもない。たいていの農民は毎年、活力のある品種改良された新しいタネをもう何十年も買ってきた。品種改良されたタネは「正確に交配された」ものではなく、次世代は交雑したミックスになる。有機農業をやっているラウル・アダムチャクは、次のように説明している。

種子会社の観点からすれば、これはすばらしい。交配種は毎年、種子会社によって新しく作られる。値は高いが、ほとんどの有機農家は新たに購入する。それというのも、交配種は勢いがよく、作柄が安定していて、病害に強く、実がよくつき、おおむね味もよく、余分のカネを払ってもそれに値すると思われている。しかも、大方の農家は毎年、他家受粉による同系交配で自分たち専用の系統を作ることには消極的だ。品種改良と農業を同時にやっているヒマはないからだ。

一九二〇年代に交配種トウモロコシが開発されて以来、一九七〇年までに、アメリカのトウモロコシ作物の九六％が交配種になり、収穫量もエーカー当たり二〇ブッシェルから一六〇ブッシェルへと飛躍的に伸びた。中国では、交配種のコメが主流になりつつあり、二〇〇七年にはイネの六五％に達した。遺伝子組み換え作物は別にしても、毎年新しいタネを買うことが先進国では標準的で、途上国でもその傾向が強まっている。「タネを残す昔からの権利」に関して、ジョナサン・グレッセルは鋭く切り返している。

遺伝子組み換えを誹謗(ひぼう)する人たちの多くは、農民たちがタネを買わなければならなくなると「自分たちが保存してきたタネ」を聖なる呪文マントラに祭り上げてしまうという理由で、彼らの反バイオテクの手厳しい非難を正当化している。農業経験の豊かなほとんどの人が、農家が保存してきたタネほど農業にとってマイナスになるものはないことを知っている。勢いが弱まり、病気がちになり、雑草の悪影響を受けるにしたがって、生産量は減る。きわめて優れた栽培家だけが一定の水準に達するタネを育てるために選ばれるが、それでも彼らは政府から規制を受けている種子会社によって厳しく監視されている。

脱・大企業独占

モンサント社の行動は、疑心暗鬼を呼んだ。一九八〇年代にCEOロバート・シャピロのもとで、同社は確かに早く動きすぎた。ヨーロッパへ遺伝子組み換え作物を導入しようとして完全に失敗し、事情を明確にすべきときに口を閉ざした。同社は、栄養とか多様性ではなく生産性と効率性という、消費者よりも農民の利益に焦点を当てていると非難する人もいたが、もともとタネや除草剤の会社の顧客は栽培家であって、食べる消費者たちではない。モンサント社のような「遺伝子マンモス会社」は、農民たちが寄りかかりやすいように社の姿勢を仕向けているという非難もあるが、明らかに「顧客」という概念に不明確な部分がある。モンサント社の顧客が企業のサービスに不満を持った瞬間に、農民はほかの企業に鞍替えできる。ほとんどの農民は、彼らが必要とするタネを広い範囲の供給者やブローカーから買う。もし遺伝子組み換えのタネを求めたいなら、モンサント社の競争相手としては、シンジェンタ社、ダウ社、デュポン・パイオニア社などがある。

一九九九年、遺伝子組み換えを糾弾する『サイエンス』誌あての手紙で、エイモリー・ロビンスは疑問を投げかけた。

「生物学的なペースに合わせるのではなく、収益を四半期決算に間に合わせるペース。あるいは生物学的な適応に合わせるのではなく、経済的な儲けに合わせて進化がうまく進むようにデザインし直すことが、はたしていいことなのだろうか」

生物学的な適性や農業のペースに関するロビンスのロマンチックな見解は別にしても、彼は原子力になぞらえた経済分析をここでは差し控えたようだ。民間資本や市場報酬が欠如していると反核につながると彼は言うが、民間資本や市場報酬がたっぷりあると、遺伝子組み換えに対する反対論が強まるらしい。

一般論で言えば、法人と対立しても国家に楯つくのと同じで成果が上がらない。遺伝子組み換えに関しても、いいものも悪いものもあり、いいものが悪いことをする場合もあるし、その逆もある。遺伝子組み換えに反対する場合は、企業に対する偏見が部分的にかなり極端に出る。なぜかといえば、農業関連の遺伝子組み換えは糾弾されるが、薬品関連の巨大な多国籍企業は非難されない。その理由を、国際政治が専門のロバート・パールバーグは次のように示唆している。

「多国籍の薬品企業は……裕福な国では広く価値が認められた利点を持つ製品を出荷しているが、多国籍のタネの企業はそれほどの信頼は受けていない」

水道水へのフッ化物添加は政治的右派から反対され、フランケンフードは左派によって拒絶された。なぜだろうか。答えは、フッ化物添加は政府がやったことで、遺伝子組み換え作物は企業がやったからだ、と私は思う。もしそれが逆だったら――この両者ならあり得ることだが――立場もまた逆になったことだろう。

現在、農業のバイオテクを牛耳っている企業に問題があることは確かで、環境運動家が不満を言っているわけではないが、私としては彼らにも発言してほしいと期待している。ほんのわずかな大企業だけが整理統合を経て生き残ったのだが、それは反遺伝子組み換えに対する厳格な規制のために小規模な企業が閉め出されたためでもあった。勝ち残ったのは、モンサント社、ダウ・アグロサイエンス社、デュポン・パイオニア社、スイスのシンジェンタ社、ドイツのバイエル・クロップサイエンス社およびBASFプラント・サイエンス社だ。遺伝子学者パメラ・ロナルドは、特許を取った遺伝子および農業バイオテクの中心的な原動力である技術の知的財産を管理し、統合するために、このような寡占(かせん)状態になったと指摘している。彼女は、次のように要約している。

これが意味していることは、私企業ではいま、遺伝子組み換え技術に従事する人材を限定してコントロールを強化していることだ。もし技術を特定しようという側面がプロセス全体にとって重要だとすれば——たとえば、遺伝子を植物に導入する場合——技術的な構成要素の一つにアクセスできないとなれば、プロセス全体へのアクセスが拒否されることになる。遺伝子組み換え技術の核心を、大学側が私企業に対して〝独占的な認可〟を与えるとなれば、遺伝子組み換えによって新しい作物を開発するための公共研究部門の能力を大きく制限することになる。

幸い、それに代わる研究機関が生まれている。途上国ではそれぞれの農業のニーズに合わせ、法人化していない遺伝子組み換えプログラムを作り上げつつあり、多くはロックフェラー財団、マクナイト財団、あるいはビル・アンド・メリンダ・ゲイツ財団からの資金援助や科学的な支援を受け、情報公開によって新しい技術を自由に共有している。オーストラリアのリチャード・ジェファーソンは、規制のない遺伝子組み換えのツールを開発するカンブリアという名の非営利団体を運営している。ロックフェラー財団の後ろ盾を得て、彼のグループは特許でコントロールされた遺伝子組み換えの特許に触れない二つの技術を開発し、それを自由に使用できるようにした。特許に関係ない東南アジアで、よく利用されている。

カリフォルニア大学デービス校の遺伝子学者パメラ・ロナルドは、コメの病害に強い遺伝子を分離した。彼女の意向に従って、大学はモンサントとパイオニアに対して、先進国で広く栽培される特定の作物の遺伝子のライセンスを選べるようにしたが、貧困国におけるイネのライセンス取得の権利は許可しなかった。さらにその遺伝子は、世界中で広く自由に、望む人にはだれにでも分け与えられた。中国の科学者たちはいま、この遺伝子を持つ遺伝子組み換え交配のイネを開発し、病気に強いイネのタネモミがまもなく栽培家に無料で配布される運びになっている。

途上国では、地元の作物として遺伝子組み換えプロジェクトが公共的な支援を受けて拡大している。ジョエル・コーエンとジェニファー・トムソンによれば、二〇〇五年のリストには次のような国々と農産物が含まれている。

アフリカでは、エジプト、ケニア、南アフリカ、ジンバブエの四カ国が、遺伝子組み換えをしたリンゴ、キャッサバ（イモ）、ワタ、ササゲ、キュウリ、ブドウ、ウチワマメ（ルピナス）、トウモロコシ、メロン、パール・ミレット（ヒエ）、ジャガイモ、トウモロコシ、ソルガム（モロコシ属）、大豆、スクウォッシュ（カボチャ）、イチゴ、サトウキビ、サツマイモ、トマト、スイカ、小麦などを開発している。それらの特徴として、それぞれの農業特性、バクテリアや真菌に対する抵抗力、除草剤や虫害に対する耐性など、作物の品質およびウイルスに対する抵抗力があげられる。

同様にアジアでは、中国、インド、インドネシア、マレーシア、パキスタン、フィリピン、タイの七カ国で、バナナやオオバコ、キャベツ、カカオ、キャッサバ、カリフラワー、ヒヨコマメ、トウガラシ、柑橘類、コーヒー、ワタ、ナス、落花生、トウモロコシ、マンゴー、メロン、緑豆（りょくとう）、マスタードまたは菜種、ヤシ、パパイア、ジャガイモ、コメ、エシャロット、大豆、サトウキビ、サツマイモおよびトマトなどの遺伝子組み換え作物を開発している。

ラテンアメリカでは、アルゼンチン、ブラジル、コスタリカ、メキシコの四カ国で、アルファルファ、バナナ、オオバコ、豆類、柑橘類、トウモロコシ、パパイア、ジャガイモ、コメ、大豆、イチゴ、ヒマワリ、小麦などの遺伝子組み換えを開発中だ。

左派の面々が恐れているのは、遺伝子組み換えをした地球規模の食糧生産を中央集権化した大企業が管理することで、それも杞憂に終わった。遺伝子組み換えはそれとは逆に、地域を活性化し、食べものに変化に富む文化の彩り（いろど）を添え、農民たちは地球規模の市場に支配されずに世界的な市場で販売する力を与えられている。

知られざる秘話

遺伝子組み換えの熱烈な推薦者たちは、『未来の種子』、『台所のメンデル』、『生物学の開放』（*Liberation Biology*）、『遺伝子操作された地球』（*Genetically Modified Planet*）、『明日の食卓』（*Tomorrow's Table*）などと題した本に繰り返し出てくる自分たちのお気に入りの話を持っている。ところが、だれもが話していながら、反遺伝子組み換えの記事や本には出てこない話が一つある。

ハワイの人たちは「遺伝子組み換えパパイア」が大好き

一九六〇年代に、パパイアの輪紋病ウイルスが大流行してオアフ島のパパイア産業を一掃したため、栽培農家は、まだウイルスが侵入していないハワイ島のプナに移動した。そして一九九二年、パパイアの年間収穫量が約二万五〇〇〇トンに達したところで、プナでも輪紋病ウイルスが探知された。幸い、同じ年におこなわれた実地試験で、ウイルスから組み込まれた遺伝子を導入されたパパイアは、病気に対するワクチンの役目を果たしていることが判明した。競争は続けられた。パパイアの木がウイルスにやられて実がつかなくなったのを見た栽培農家は、州当局や遺伝子組み換えパパイアの開発者とともに、ハワイのウイルス学者デニス・ゴンサルヴェスに、抵抗力のある品種に法的な認可がもらえるよう協力を依頼した。

やがて一九九六年に、アメリカ農務省から認可を得て、翌九七年には環境保護庁と食品医薬品局からも許可が出た（従来のように人工授粉された植物は、このような厳しい試練に遭うことはない）。一九九八年には、新しいタネが栽培農家に無料で配布された。二〇〇一年までに、パパイアは完全に強さを取り戻した。遺伝子組み換えしたサンアップとレインボーの二種類は味がよく、アメリカ全土、カナダ、日本でも消費者に歓迎されている。ハワイのパパイアの九〇％が、いまでは遺伝子組み換えされている。

ヨーロッパにおけるグルメ食品の輸入業者は、ハワイの遺伝子組み換えパパイアを輸入したいと思っていたが、持ち込みが許可されなかった。ハワイの有機パパイア栽培農家は、非遺伝子組み換えパパイアの木を遺伝子組み換え果樹園の真ん中に植えた作戦が効を奏して、ウイルスから守られた。

タイのグリーンピース活動家たちは、貧しい農民たちの関心を平然と無視し、ウイルスに抵抗力のある遺伝子組み換えパパイアの試験栽培を禁じるよう政府を説得した。だが技術的には中国で積極的に研究が進められているため、中国がひとたび遺伝子組み換えパパイアを受け入れれば、アジア全体がそれに倣うのではないかと多くの人たちが期待している。二〇〇八年に、中国は「遺伝子導入のグリーン革命」を促進し、「高額の資金投入と広域にわたる農耕から、ハイテクで集約的な農耕へ」を促進するため、三五億ドルのプログラムを発足させた。これらの事例は、どのようにすれば多くの途上国で遺伝子組み換え作物がうまく導入されるかを示しているように思える。パパイアはマイナーな作物だと考えられていて、したがって多国籍企業はハワイのドラマでは果たすべき役割がなく、多国籍の環境問題関連組織にとっても同じだった。遺伝子組み換えパパイアの統制解除へのプロセスは、主として栽培農家が推進していたために、キャンペーン全体が透明で迅速、それほどのカネをかけずにできた。重要な支援は公共部門で得られた。たとえばハワイ大学とコーネル大学の農業プログラムが共同で研究し、アメリカ農務省が六万ドルを援助した。ひとたび新しい作物が販売されると、地元の消費者たちは即座に遺伝子組み換えパパイアを歓迎し、その反応が海外の輸出市場へ広がっていった。この成功物語に陰りはないが、次の話はニュアンスが異なる。

ゴールデンライスは人々の命を救い、数百万人の失明を防ぐ

世界の人口の半数はコメを食べるが、コメにはビタミンAの前駆物質ベータカロチンのような、重要な微量栄養素に欠けている。したがって、ビタミンAが不足している世界の貧しい人たちの健康を大いに損なっている。WHOによると、「ビタミンA不足で失明する子どもたちは年間二五万人から五〇万人いると推定され、その半数が視力を失って一年以内に死亡している」。ユニセフ（国連児童基金）は、二〇〇四年に次のように報告している。

「ビタミンAの不足は、途上国で五歳以下の子どもたちのほぼ四割の免疫システムを危険にさらし、その結果、年間一〇〇万人の幼児たちが死亡していると推定される」

一九九二年、この件に関する会議がロックフェラー財団の資金援助によって開催され、スイスのインゴ・ポトリクス社とドイツのペーター・バイエル社が共同で、ビタミンA欠損を遺伝子操作で補う強化米の開発を手がけることが決まった。実現するまでに、七年かかった。ポトリクスは反遺伝子組み換え活動家たちにしつこくいやがらせを受けたため、スイス政府はこの企業のために防弾設備をほどこした温室を建てたほどだ。一九九九年に科学者たちは『ネイチャー』誌に論文を送ったが、その論文では、ラッパズイセン（水仙）とバクテリアの二つの遺伝子をどのようにコメに導入して所期の成果を得たかについて

明らかにしている。だが、『ネイチャー』誌は、それについてコメントすることさえ拒んだ。植物学者のピーター・レイヴンはその状況を聞いて、論文が『サイエンス』誌に掲載されるよう手配した。公表されるとすぐに、すばらしい科学の成果で人道的に大きな突破口だという称賛が寄せられた。二〇〇〇年七月に『タイム』誌はポトリクス社を表紙に取り上げ、「このコメは年間一〇〇万人の子どもたちを救済できるだろう」という見出しをつけた。ゴールデンライスは、大ヒットした。

反遺伝子組み換え派からの罵声は、ひどいものだった。「でっちあげ」「見かけ倒し」「トロイの馬」「意図的な詐欺」「技術的な失敗」「無用の長物」「生物多様性への脅威」「国民一般の信頼を裏切るもの」「白米への挑戦状」「不治の脳障害への道程」などだ。さらに、「もしイネの遺伝子組み換えが大規模に導入された場合には、栄養失調状況を悪化させ、食の安全を侵すことになりかねない」、という反論もあった。コメが唯一の食糧源だからだ。——これは二〇〇五年、グリーンピースの主張だ。エジプトの科学者イスマイル・セラゲルディンは、多くの科学者たちを前に次のように語り、参加者たちを驚かせた。「私は、バイオテクノロジーに反対される方々に伺いたい。ゴールデンライスが作られた方法に反対するだけで、年間二〇〇万から三〇〇万人もの子どもたちがビタミンA欠乏症のために失明し、一〇〇万人の子どもが死亡してもかまわないというのか」

その後、批評家たちが言っていることのなかで、一つだけは正しかった。ゴールデンライスのベータカロチン供給量は、一日に推奨されるビタミンA摂取量の五分の一だった。ポトリクス社は強く反対したが、スイスのシンジェンタ社が競争に加わった。同社の科学者たちは、ラッパズイセンの一つの遺伝子をトウモロコシの遺伝子に置き換え、「ゴールデンライス2」と名づけた。ベータカロテンを二〇倍に増やし、ビタミンAの充足問題は解決された。シンジェンタ社のイギリス人科学者で渉外担当のエイドリアン・デュボックは、ポトリクス社を議長にし、他社も巻き込んで特許侵害問題がこじれた迷路からゴールデンライスを救い出した。ゴールデンライス2ネットワークを立ち上げ、ゴールデンライス2が人道主義に基づいて利用されるよう、途上国の権利を確立した。年収一万ドル以下の農家はタネを無償でもらって自由に栽培し、毎年、繰り返して蒔くことができるようになった。

二〇〇七年の時点で、フィリピンの国際稲研究所はゲイツ財団から二〇〇〇万ドルの補助金を得て、二〇一一年までに一般の人たちが遺伝子組み換えのコメを自由に使うことができるように、ゴールデンライスの試験栽培を始めた。ゲイツ財団はまた、ペーター・バイエル社が音頭をとる国際組織プロビタミンライス・コンソーシアムにも資金援助をして、「ゴールデンライスに複数の微量栄養素を加え、生物学的利用能の形質を蓄積させる」ことを目指している。次世代のコメにはたんぱく質、ビタミンE、鉄分、亜鉛などがより多く含まれることになるだろう。国際稲研究所のきわめて野心的なプロジェクトでは、コメをC3植物からC4植物に変えようとしている。つまり小麦やジャガイモのように効率の悪い光合成様式から、トウモロコシやサトウキビのようにもっと進化した、効率のいいものにする。C4のコメでは水や肥料はかなり少なくても、生産高は五割増しになる。ミネソタ大学の農業経済学者フィリップ・パーディは、「これこそが、政府が資金援助すべき長期的で高い成果が期待できる研究だ」と断じる。

遺伝子組み換えに反対する環境運動家たちは、ゴールデンライスに対しては激しく闘ったが、彼らは、それが広く望まれている栄養価の高いものに生物学的に強化された、最初の食用植物の宝庫だと知っていたからだ。その見方という面においては、彼らも正しかった。

「毒」だとして拒絶された、遺伝子組み換えトウモロコシ
二〇〇一年と〇二年に、アフリカ南部ではひどい干ばつに見舞われ、七カ国で一五〇〇万人の命が脅威にさらされた。国連世界食糧計画からの食糧援助で、一万五〇〇〇トンのアメリカのトウモロコシ（約三分の一が遺伝子組み換え）が送り込まれたが、遺伝子組み換えのトウモロコシの粒は食べるよりも栽培される可能性があり、そうなると遺伝子組み換えを嫌うヨーロッパへの輸出を危うくさせると考えて、ジンバブエ政府はそれを断った。アメリカは、トウモロコシを粉に挽いてしまえば栽培できなくなる、と提案した。一方、輸送食糧の一部は真北のザンビアに転送されたが、そこでは三〇〇万人が飢えに苦しんでいた。ザンビアはそれまで六年間にわたって輸入トウモロコシを消費してきたが、今回は拒否された。レヴィ・ムワナワサ大統領は、こう宣言した。

「わが国民が飢えているからといって、健康にとって本質的に危険な毒を彼らに与える正当な理由はない。毒を食べるなら、飢えるほうがましだ」

ザンビアのシマバラにある施錠した倉庫の外には、無料配布用のトウモロコシが積んであり、『ロサンゼルス・タイムズ』紙によれば、一人の年老いた目の不自由な男性が役人にそのトウモロコシをただで分けてほしいと懇願した。

「どうか食べものをください。それが毒だろうと、いずれ私たちは死んでいくんですから、構いません」

絶望のどん底に落ちたザンビアの農民たちは、「葉っぱ、小枝、毒のあるベリー類や木の実」などを食べて飢えをしのいでいた、と同紙は報じていた。ＷＨＯは、数カ月のうちに三万五〇〇〇人のザンビア人

が餓死するだろう、と推定していた。同じようなアメリカのトウモロコシの輸送品はその年、マラウイ、レソト、スワジランドでは何事もなく受け取られ、シンバブエとモザンビークではトウモロコシを粉の形で受け取った。

ザンビアにおける方針の致命的な変更は、ヨーロッパに拠点を置く環境保護団体がこぞってアフリカの国々に対し、遺伝子組み換え穀物について警告を発した結果だった。南アフリカはすでに遺伝子組み換えのワタ、大豆、白色のトウモロコシ（この地域で好まれている食品）を採り入れていたが、ほかの国々は圧力に弱かった。アフリカのキャンペーンでリーダーを務めたのは、「グリーンピース」と「フレンズ・オブ・ジ・アース」で、ともにアムステルダムに本部を置いている。グリーンピースは四〇カ国に支部があり専任スタッフが一〇〇〇人、フレンズ・オブ・ジ・アースは六八カ国に支部があり専任スタッフが一二〇〇人いる。ロバート・パールバーグの著書『科学への渇望』には、これらキャンペーンの活動家、技術、それに効率のよさなどが詳述されている。ザンビアなどの国策決定者は、遺伝子組み換え穀物はアレルギーを起こし、消化器官に悪影響を与え、ＨＩＶ／ＡＩＤＳを流行させ、ブタの遺伝子が含まれていると信じ、そのような穀物をヨーロッパの市場に出すことは決してできない、と確信していた。

飢餓は、原因にどれだけ関与していたかによって責任度が判断される。だがアフリカでは、より望ましいと考えられていた国際奉仕活動を受け続けているうちに、環境保護運動は一種の人格障害に陥っていった。ヨハネスブルグにおけるパネルディスカッションで、ジャーナリストのビル・モイヤーズはインドの反グローバリストであるヴァンダナ・シヴァにザンビアの状況に関して質問し、彼女はこう答えた。

似たような状況で、インドでサイクロンによって三万人が死亡し、多くの人が飢餓に悩まされたとき、私たちに与えられた食べものが遺伝子組み換え食品だと知り、その情報を空腹の被害者たちに伝え、彼らはその援助機関に抗議しました。単に私たちが貧しいから、あるいは緊急事態だからといって、私たちが食べたくないものを押しつけることはできないはずです。緊急事態を市場拡大のチャンスとして利用することはできません。

他人に主義として飢えを勧めるなら、自らも多少は絶食すべきだ、と私は提案する。一週間ほど絶食するだけで、まことにすばらしく精神を集中させてくれる、と私は断言できる。劇作家のベルトルト・ブレヒトは実効的な規範に関して、明確にこう述べた。

「まず心を捉えること。倫理はその次だ」

エクソン・モービルが、気候変動に関して信用を失墜して数百万ドルを投じたときのCEOはだれだったか（リー・レイモンド）、を知っていること、覚えておくことには価値がある。それと同じように、「グリーンピース」のリーダー（サイロ・ボーデ、後にガート・レイポルド）や「フレンズ・オブ・ジ・アース」のリーダーがだれだったか（リカルド・ナバロ）を知り、覚えておくことも大事だ。このころ、この二つの組織は長い期間にわたって、援助の理念として、飢えはアフリカの人々にとっていいことだ、と説得したのだった。彼らが音頭をとり、彼らがおこなっていた多くのキャンペーンのなかで、彼らの組織――およびヨーロッパ諸国や彼らが影響を与えた人道主義に基づくNGO――は、アフリカで大失敗を重ねた。

ケニアの植物病理学者フローレンス・ワムブグは、二〇〇三年にアメリカ議会で証言に立って次のように述べた。

「主としてヨーロッパの反バイオテクノロジーの圧力団体が、徹底的に間違った情報と政治的に巧妙な手段を使って達成した重要な点は、安全で栄養価の高い食物を飢えている人々に渡さないようにすることだった。……反バイオテクノロジーの圧力団体は、アフリカ大陸は巨大な多国籍バイオテク企業から守られなければならない、と力説した。よく使われるこのようなヨーロッパ中心的な見解は、二つの前提に基づいている。一つは、アフリカには情報に通じていて、かつ決定を下すための専門的な知識を持っている人がいないこと。二つ目は、アフリカ大陸は有機農業に焦点を当てるべきだという点だ」

ワムブグ博士は、企業もNGOも、アフリカの自主性を尊重しすぎる傾向がある、ということを詳細に説明し続けた。


農業面におけるさまざまなバイオテクノロジー・パッケージや、生殖細胞質を不適切に使った海外の産物の危険性、またいかにして地元の生殖細胞質の損失を防いで地元の多様性を維持していくか、その賛否両論について、消費者は十分な情報を与えられなければならない。そのほか、地元の生殖細胞質にやたらに特許を与えたり、多国籍企業によって改変の手を加えられないように目を光らせることの重要性、知的財産権に関する政策を守り、不公平な競争を避け、地元種子企業の独占的な買い占めを防ぎ、海外の多国籍企業による地元消費者と企業の搾取を避けるためのチェックをしてバランスをとる抑制均衡が必要だ。アフリカでは、熱帯気象条件のもとで環境面における安全性を確立するために、実地テストをそれぞれの地域でおこなわなければならない。

ソリューションとしての遺伝子組み換え

その後もアフリカには解決すべき農業問題が山積している。そのうちのいくつかは、遺伝子導入技術によって解決できるに違いない。問題の核心は栄養失調と栄養不足で、ともにまだ増加を続けている。二〇〇八年のある報告は、「全児童の死亡原因の半分は、主要栄養素、たんぱく質およびエネルギーの不足だけでなく、鉄分、ビタミンA、亜鉛およびヨードなどの微量栄養素の不足にある」と述べている。

この問題も、遺伝子組み換えで救うことができる。──そして、もっと多くの、良質の食べものを摂ることが肝要だ。アフリカの小規模な畑では、雨水に頼り（アジアでは潅漑の普及率が六〇％なのに対し、アフリカでは五％にすぎない）、農業は完全にお天気だのみだ。雨が降らなければすべての作物が失われ、地域全体が飢餓状態に陥る。干ばつに強い遺伝子組み換え作物はある程度の助けにはなるが、最も必要とされるのは潅漑システムや井戸であり、それらを動かす電気であり、農業用具や農産物を運ぶ道路だ。

アフリカの土壌は、深刻といえるほど劣化している。一つには、作物の残留物が土に還元されずに、燃料や建築材料として使われるからだ。合成肥料が入手しにくいことも、マイナス要因だ。遺伝子組み換えは、この面では役に立たない。だが土壌を肥沃化する方法は、十分に確立されている。たとえば、ゲイツ財団の資金により国家研究評議会がまとめた報告書は、次のように述べている。

肥沃化する方法には、管理された放牧、有機物質を使ったマルチ（作物の発芽、防草、保温などのために土を覆う被覆資材）の使用、堆肥やバイオソリッドと呼ばれる下水汚泥（都会の汚水処理に伴って生じる有機残留物）の活用、被覆作物（クローバーなど豆科の植物で、土壌浸食や雑草の抑制を図るとともに緑肥として利用する）を周期的に植えること、森林農業（アグロフォレストリー）、等高線耕作、生け垣、棚田の形成、土砂流出を防ぐためのプラスチック・マルチ、無耕作または旧来の耕作方法の保持、作物残留物の再利用、水や潅漑の適切な活用、包括的な栄養管理、化学肥料の慎重な導入などがある。土地利用計画や土地の保有条件改革は、このような技術面に付随する政策手段だ。

アフリカにはとくに、すさまじい害虫や厄災が多い。ツェツェバエは家畜類を苦しめ、ストリガのような寄生植物の雑草は栽培する植物すべてを襲い、ウガンダで発生した小麦のサビ病の新種はいまや世界中の小麦にとって脅威となり、何百万羽というアフリカ産の小型コウヨウチョウ（紅葉鳥）の大群は、モロコシ類を完全に食い尽くし、この鳥を畑から追い出すために、子どもたちは学校へも行けない状態が何世代にもわたって続いている。遺伝子組み換えは、これらすべての解決に役立つ。

ところが、ここにポイントがある。アフリカのサハラ以南の農地は、ほとんどが熱帯だ。農作業のやり方、生殖細胞質、企業、政治姿勢など、温暖な北半球で開発されたものは、そのままではあまり利用できない。植物学者のデボラ・デルマーは言う。

「熱帯は太陽に恵まれているが水に乏しく、温帯は水こそ豊富だが太陽に恵まれていない。ほとんどの作物は、温帯で開発された。だが人口のほとんどは、熱帯に住んでいる。熱帯の害虫や厄災は、冬がないために死なない。熱帯の農場では、温帯の農場より多くの作物が作られている。熱帯では、それぞれの地域に合った研究基盤が必要になる」

数十年にわたってヨーロッパが続けてきた干渉は迷惑だったため、アフリカは独自の農業事情に合わせたバイオテクノロジーの利用を自ら決めるようになった。二〇〇一年にスイスで開催されたダボス会議（世界経済フォーラム）では、物理学者のフリーマン・ダイソンが、遺伝子組み換え作物に関するパネルディスカッションを傍聴した。彼は次のように報告している。


これは、ヨーロッパとアフリカの間で闘われた論争だ。ヨーロッパの人たちは、遺伝子組み換え食品に対して宗教的ともいえる情熱で反対する。彼らは、遺伝子組み換え食品は自然のバランスを破壊し、人の健康や自然の生態系に関しては受け入れがたい危険を伴う、と主張する。彼らは予防原則と呼ぶルールについて、大いに意見を述べた。予防原則とは、ある行動方針が生態系に対して万が一でも取り返しのつかないダメージを与える可能性があるならば、その行動の結果にどれほど大きな利点があっても、やってはならないことだ。何をなすべきかを決める際に、利益に対するコストバランスをとることは許されない。予防原則は、ヨーロッパの人たちが遺伝子組み換え食品に対して「ノー」と言うための、確固とした哲学的な論拠を与えている。

それに対し、アフリカの人たちは、予防原則はイエスと言うための哲学的な論拠として使うこともできる、と指摘した。人口の増加やアフリカの一般的な貧困化はすでに生態系にとって取り返しのつかないダメージを与えているし、遺伝子組み換え食品に「ノー」ということは、取り返しのつかないダメージをいっそう悪化させるだけだ。ヨーロッパの、ダメージの危険性はないという口実は、現実にまったく道理に合わない。実際の世の中では、何をしようと取り返しのつかないリスクはつきものだ。一つのリスクを別のリスクと比較評価しても、逃げ道にはならない。アフリカの人たちにとって、生き残るためには遺伝子組み換え作物が必要だ。アフリカではほとんどの土地が痩せていて、干ばつは壊滅的な被害になり、多くの作物は病気や害虫にやられて実らない。遺伝子組み換え作物は、自給農家が飢え死にするか生き残るかのカギを握っていて、現金農家が繁栄するか、自滅するかの分岐点を作る。アフリカの人たちはヨーロッパに生産物を売る必要がある。ヨーロッパの遺伝子組み換え食品禁止はヨーロッパの農民を守るが、アフリカの農民を傷つける。アフリカの人たちが考えているように、ヨーロッパの人たちの遺伝子組み換え食品反対は、純粋な哲学的な理念に基づくのではなく、むしろ経済的な利点のほうに動機がある。

ヨーロッパが遺伝子組み換えを拒絶した一方で、アメリカはそれを受け入れた。その理由に関しては、さまざまな考え方がある。多くの人たちは、一九九〇年代の末にヨーロッパで発生した狂牛病（遺伝子組み換えには関係ないが）の余波で、食品にその危険が潜んでいるのではないかという恐れが発生し、政府当局があまりにも熱心に恐怖を抑えて合法化したことへの不信感が生じた。アメリカ人は、遠くからそのメロドラマを見ていた。ロバート・パールバーグは、それは法と政治の枠組みの違いのためだと考えている。「アメリカの法システムでは、消費者と環境の安全を守るに当たって、事前に規則を作って枠をはめるのではなく、むしろ事後に市民の告訴を使う傾向がある。そして……アメリカの二大政党の政治システムでは、緑の党のような第三党が与党と連立を組む余地はほとんどない」

遺伝子組み換えの問題は、長いこと動物の権利活動家や、中絶反対の活動家の手で推進され、暴力も辞さないような特殊な領域に入り込んできた。遺伝子組み換え作物や施設を破壊するような行為は、研究者たちへの脅迫を伴い、アメリカよりもヨーロッパでより多く見られた。FBIによると、アメリカで目立つのは「アース・リベレーション・フロント（地球解放戦線）」だけで、一九九六年から二〇〇四年の間に六〇〇回に及ぶ攻撃を仕掛け、四三〇〇万ドルの損害を与えた。イギリスの政治家ディック・タバーンは著書『不条理な行進』（*The March of Unreason*）のなかで、論理的根拠がときにはどれほどややこしくなるかを検証し、こう述べている。

「ドイツでは……マックス・プランク研究所の一つが、ペチュニアの遺伝子研究をしたことを理由に、極端な遺伝子組み換え反対の活動家たちから焼夷弾で攻撃された。彼らは、遺伝子操作は優生学を目的にナチスが実践していたものと同じで、このような研究はナチズムに通じると主張する」

概念的な領域の対極には、二〇〇四年にスイスで可決された遺伝子組み換えテクノロジー法がある。「植物の尊厳」の保護を強化するのが目的だ。バイオテクノロジー研究を申請する場合はすべて、その尊厳に関わる部分がどのように扱われるのか文書化しなければならない。研究の明細を求められた科学者たちは、遺伝子組み換えではたとえば、植物の「独立性を失う」ような原因を作ってはならないと倫理委員会にさとされるが、委員会が意味しているのは、植物の再生能力のことだった。そこで、遺伝子学者は尋ねた。「それは、タネなしの果物はダメ、生殖機能のない花粉を作る交配はダメということを意味するのでしょうか。いずれも、農業ではよくあることですが」

予防原則

遺伝子組み換え作物に関してヨーロッパがアメリカなどと違う主な要素は、予防原則と呼ばれるものをヨーロッパでは真剣に受け止めている点だ。それはダボス会議の議論で鮮明になり、ザンビアの大災害でも露呈された。それは一九九二年以来、EUでも規制され、遺伝子組み換え生物の国際的な動きを支配するカルタヘナの生物安全性に関する議定書によって二〇〇〇年以来、規制は強化された。ロバート・パールバーグは、次のように指摘する。

「ヨーロッパの予防原則は、原点として評価されるものだった。最初は、ドイツで〝森林の死〟として知れわたった環境破壊に関して、真面目で巧みに文書化されたものとして世に問われた。ドイツ政府は一九七四年に大気浄化法を作り、有害な可能性のある化学薬品が害悪につながっているかどうかの科学的な確証がなくても、その法律によって対策をとることを許可した。一九八四年にはこの同じ予防原則が、もう一つの実証された災難である、北海の海洋汚染の処理に利用された」

だが時間が経つにつれ、予防原則が引き金になって有害な証拠が姿を消し、科学面の実証価値が明らかに薄れていった。

予防原則には、さまざまな側面がある。最も明確できわめてよく引き合いに出されたのは、一九九八年にアメリカのウィスコンシン州で開催された会合で作られた「ウィングスプレッド声明」と呼ばれるもので、概要は次の通りだ。

ある活動が人々の健康や環境にとって有害な脅威になったときには、場合によってはその因果関係が科学的に完全に確立されていなくても、予防手段を講じるべきだ。これに関しては一般の人たちよりも、活動の提案者が立証の責務を負わなければならない。

ダイソンが指摘したように、現在のような予防原則は恣意的な一方的措置であり、「リスク・バランシング」を無視している。ウィングスプレッド会議に関わった環境問題に詳しいキャロライン・ラッフェンスパーガーの次の表現は、広く引用されている。

「リスクの評価基準について言えば、私たちはリスクと損害を判断してうまく処理できる、と自認している。ある種のリスクは受け入れられると考えている。予防原則の考えはまったく異なっていて、有害なものはすべて防ぐという、倫理的な観点から言っている」

ここでは、便益解析は排除される。予防原則の一つの重要な点は、自主撤回できることだ。いまはのちの研究成果を待つと言いながら、現実にはその研究を実行するのはきわめて危険だ、と強調できる。予防原則という錦の御旗のもとに、活動家たちは遺伝子組み換えの研究が進められている畑を焼いたり、研究者たちを脅したりする。フレンズ・オブ・ジ・アースの創設者デイヴ・ブローワーはこう喝破した。

「すべての技術は、無実が証明されるまでは犯罪だと見なされるべきだ」

これは、停滞している活動に使う常套句になっている。

「完全な安全」など存在しない

ウィキペディアのソフトウェア技術者たちは、ウィキペディアで起こり得る問題を想定するためにかなりの時間をかけ、それらの問題を起こさないためのソフトウェア・ソリューションを考え出す。ウィキペディアは、想像上の問題を解決しようとするのではなく、いま進行中の状況に細かい注意を払い、問題が発生したときにできるだけ局部的に迅速かつ効率的に解決するよう、コミュニティの全勢力を注ぐことによって、前代未聞の大成功を収めた。システム全体が問題に追われているというより、成功に駆り立てられてハッスルしている。

どのような行為でも、そこから期待される利益は有限で内容も知れている。たとえば、「ゴールデンライスは子どもたちの目の障害を防ぐ」効果がある。だが仮定の問題は無限で、先が見えない。「ゴールデンライスは、貧しい人たちに青野菜を食べなくさせるかもしれない。これは、ビタミンAの過剰摂取をもたらすしれない。これは企業の乗っ取りで、トロイの馬につながるかもしれない。これは、そんなことは知るか、という無関心を引き起こすかもしれない」などと考えていたら、話は進まない。

明らかな不均衡が、競争と見られる傾向がある。小さくてあり得ないような善、大きくて確かな害悪だ。このような公式化では、驚くほどいいことは起こり得ず、不具合な驚きはすべて起こり得て、意図された結果と実際に生じることにはズレが生じる。実際には、意図された結果はだいたい実現するのだが、驚きはいい場合と悪い場合のバランスがとれていて、しかもそれは判別しやすくて、必要に応じて広がり、あるいは修正されていく。

もし携帯電話が予防原則の規制を受けたとしたら、次のようなことが問題にされたことだろう。携帯電話は、マイクロ波による脳障害を起こす。デジタル格差を悪化させる。コミュニケーション全般にわたって企業の乗っ取りを促進する。携帯電話は社会を均質化してしまう。——そんなことはない、と実証できるだろうか。実際には、そのようなことは何も起こらなかった。――ただしほかにも、互換性のないスタンダード方式や、新しい不作法のような問題は生じた。だが総体的な結果はケタ外れにすばらしく、たちまち成功して世界中の人たち、とくに貧しい人たちに大きな力を与えた。

文化人類学者で、生涯をかけてリスクについて研究していた故メアリー・ダグラスの指摘によると、いくつかの環境保護団体のような視野の狭いグループは、無限の要求を持つ世界規模の組織とは一線を画していると言う。彼女はさらに続ける。

「十分な神聖さや安全など、あり得ない」

イギリス人として、彼女はまた疑問も投げかけた。

「アメリカ人が恐れているものは何だろう。実際、彼らの食べもの、飲み水、吸う空気、住んでいる土地、使うエネルギーのほかには、あまりないようだ」

経済学者のポール・ローマーは、地球規模の大局的な視野から、こうつけ加える。

「一つの社会が活力をなくしたとしても、松明(たいまつ)を掲げて前進できる新しい人が必ず出てくるものだ」

アマチュアのちから

予防原則が前進を阻むものとして広く知れわたってしまったため、二〇〇六年にイギリスの雑誌『プロスペクト』によると、下院の科学技術特別委員会では、予防原則という言葉を「使うべきではなく、『政策ガイダンスでも使用しないよう』」勧告したという。代案として、さまざまなアイデア――プロアクティブ原則、予防的アプローチ、可逆性の原則、そして破局防止原則――などが出た。これは、オバマ大統領の情報・法制室の長官で、行動経済学者のキャス・サンスティーンによる『恐怖の法律』（*Laws of Fear*）という優れた本によるものだ。

私は、予防原則をほかの言葉に置き換えるつもりはない。その名称と使われ始めたときの着想を失うことは、もったいないと思う。だがこの用語に対する偏見を、無活動の状態から付帯的な要素を予見した活動――警戒原則へと変えていきたい。つまり、「永久に警戒を怠らないことが自由の代価だ」。だが予防原則は、たとえ緊急の事態に遭遇しても、新しいものには厳しくブレーキをかけ、あるいは速度を落とそうとする。一方で警戒原則は、予防に警戒を加えた姿勢だから、新しいものにはすばやく反応する。つねに可能性のある機会を捜し求めているから、新しい工夫や技術は学際的な目で精査され、三つの力のカテゴリーに分類される。①危険だと証明されるまでは暫定的に危険。②安全と証明されるまでは暫定的に安全。③有益性が証明されるまでは暫定的に有益。時間が経つにつれて、評価はより正確になるから、公共政策はそれに見合うように修正する。

遺伝子組み換え作物が最初に公の場に出た一九九〇年代初期は、用心と警戒を怠らなかったから、先頭を切って勇敢に取り組んでいる先覚者たちに厳しい目を光らせ、危害や利益の兆し、いいにつけ悪いにつけ驚くようなことがないかどうか観察していたに違いない。たとえばBtトウモロコシから見つかった驚くべき利点は、虫による損害が減ると菌の成長が阻害され、トルティーヤのためのコーンミールのマイコトキシン毒素が減ったことだ。

一九九〇年代の終わりになると、一〇年にわたる警戒の積み重ねが、それまでの結果を見て、遺伝子組み換え食品の明白な安全性を宣言しても不思議ではなかったし、事実、利益も上げていた。ヨーロッパの人たちも用心深く遺伝子組み換え食品の作物を買って栽培を始め、反遺伝子組み換え活動家たちも疑念は持ちながらも、遺伝子組み換え研究の畑や研究室に火を放つようなことはしなくなったようだ。

警戒の原則が強調していることは自由であり、なにごとも試してみる自由がある。緊急課題に対しては継続的にきめ細かい監視をする一方、いまでは、ハイテク・センサーや警戒のために携帯電話を持ったボランティアから送られてくるデータをインターネットを通じて集め、自動的に修正がおこなわれている。たとえばウィキペディアは、警戒面で大騒ぎする。多くの勤勉なアマチュアのウォッチャーや修正をする編集者たちは、数秒単位の応答でエントリーごとの活発な監視を続けている。

このような状況で予防の過程を管理するわけだから、新しい技術が展開するたびに、用心してチェックしなければならない（ゴールデンライスは、実際に栄養失調を解消したのだろうか。実際にビタミンA過剰による過多症状を生んだのだろうか。それがどのようにして発症したかを究明すれば、阻止できたのだろうか）。また、アスベストが集中している地域で肺がんが増大したように、知的な予防には予期しない相関関係が隠されていて、それらに対する警戒も怠れない。肺がんの増大は一九三〇年代に発見されていたが、八〇年代に至るまでなんの対策もとられなかった。何万人もの人たちがその期間に不必要に苦しみ、死亡した。全国的に流行する病気に対応する呪文は、「早期発見、迅速な対応」だ。辺地の病院で死亡した看護師のニュースは、昔は伝わってくるまでに時間がかかったが、いまではオンラインのチャットを見れば知ることができるし、途上国のマーケットで売られている動物の状態をチェックすることもできるし、「見張り役の医者」のネットワーク、自動化した生物分析などがある。それらが、警戒を組織的に扱う方法だ。

やり過ぎた先駆者がいたことも、考慮しなければならない。一九二〇年代にイーベン・バイヤーズという百万長者のゴルファーが、「ラジオトリウム」（商品名「ラジオソール」）という人気のラジウム飲料を千本も飲んで死んだが、それまで放射線には治療効果があるとして賛美されていた。一九六〇年代に私とほぼ同年代の人たちは、LSD（強力な幻覚剤）の過剰摂取が、以前から言われていたように脳損傷や染色体の損傷を起こす危険性のないことを証明しようと苦労したが、人格のほうを損なってしまった。アマチュアであれば逆に、どれくらいビデオゲームに熱中すると自殺に結び付くのか、ニンジンをどれくらい食べると目の色にオレンジ色の中毒症状が出るか、グリズリーグマに抱きつくと何頭目で食い殺されるかの確率を感覚的に見つけ出せる、と思える。どの程度の遺伝子組み換えだと過剰であるのかを判断できるのは、企業や政府機関ではなくアマチュアだと信じている。したがって、証明する責任分野にアマチュアを加担させれば、うまくいく可能性がある。遺伝子の特許周辺に要塞を築いている企業弁護士の軍団にとっても、これ以上の幸運は期待できない。バイオテクは、自由でありたい。

だれのためのテクノロジーか

現在、遺伝子組み換え作物で最も活発に動いているのは、科学的な運用能力を持ち、異常な警戒心を持つ環境運動家に立ち向かう自信を備えた途上国――中国、ブラジル、インド、南アフリカ、アルゼンチン、フィリピン――だ。彼らが前進すれば、世界も前進する。ゲイツ、ロックフェラー、マックナイトなどの財団は、そのようなテクノロジーの拡大を援助している――地方色を残した形で。それを大いに必要としている主としてアフリカや南アジアのきわめて貧しい国々を支援している――愚痴（ぐち）って唸りながらではあるけれども。ヨーロッパは、後方で足を引きずりながらついていく。

神様は、どうなのだろうか。遺伝子組み換えで神を弄んだ報いとして、招きかねない仕返しはあるのか。この問題に関する見解を、『自然環境保全（コンサベーション）』というすばらしい雑誌の編集長キャシー・コームに尋ねられたことがある。彼女は言った。

「遺伝子組み換えの歴史を見ると、意図しなかった結果の跡が目立つ。私たちの知らないことは、不明のままだ。私たちは、思い上がりと謙遜の間の線を歩き続けるのだろうか」

私は、次のように答えた。

ニュースと考えられるものの多くは、揺れ動いている。古代ギリシャ劇の時代から、神に対する思い上がりと意図しない結果が、芝居をすばらしいものにしてきた。

意図した結果はかなりふんだんにあるが、ニュースにならないし、芝居にもならない。遺伝子操作された生物は徹底的にテストされてきたが、何か変わったことでも起きない限り、ニュースにはならない。

テクノロジーは、科学が産み出す。したがって私たちはテクノロジーに科学を動員する。そうして私たちは、自分が知っていることを確認する。このプロセス全体が、必然的に思い上がりと謙遜の両方をうまくブレンドさせるよう働きかけている。

私は、イギリスのチャールズ皇太子が、都市や建物のデザインに人間らしさが反映されている点を認識していることを高く評価したい。彼は持ち前の直言癖から、遺伝子組み換えの不信心について、はっきりと意見を述べた。
「私はこの類の遺伝子操作は、人類を神の領域へ、そして神だけの下へと導くのだと信ずるようになりました」

二〇〇六年に教皇ベネディクト一六世は、科学者たちに苦言を呈した。
「神が創り給い、神が望まれた命の基本原理そのものに改変を加える。神でもないのに神の場所を占めることは、狂気の傲慢さであり、リスクを伴う危険な仕業だ」

皇太子と教皇が手を組むという、あり得ないコンビネーションを説くのが、アメリカの左翼評論家ジェレミー・リフキンだ。彼は遺伝子組み換えが「神聖なものと神聖でないものの境界線」を乱すものであるから、世界的に禁じられるべきだと信じている。進化論者でかなり左寄りのスティーヴン・ジェイ・グールドは、リフキンのバイオテクの本『エントロピーの法則』（竹内均訳、祥伝社）を、こう酷評している。
「学問に見せかけた反知的プロパガンダを、巧みに構成した小論文。重要な思索家による真面目で知的な声明として推奨された本のなかで、私はこれほど見かけ倒しの本は読んだことがない」

環境運動家には、自然に作られたものはすべてよく、人間が作ったものはすべて悪い、という共通した感情がある。つまり、「四本足はよくて、二本足はよくない」。

自然を〝完成した完璧なもの〟として見るから、聖なるものに見える。それは、深淵で神聖だ。ところが私たちは粗野で、自然は壊れやすく、私たちの粗暴な略奪に対して傷つきやすい。

私たちは、正確にはどのような「自然」について話しているのだろうか。もしあなたの考える自然に物理、化学、力学が含まれているのなら、あなたは自然に反することは何もできない。嫌悪感を持つことは想像できても、手は加えられない。あなたができることは、自然が許してくれる範囲内でのみ可能になる。核融合が地質学的に起こるなら、それは自然なことだ。遺伝子の水平移動は自然で、微生物のなかでは当たり前だ。人が「自然に反する」と言うときの意味は、明らかに「私が理解しているダーウィンの自然淘汰や従来の品種改良路線の農業に反する」という感覚だ。あるいはそこまで壮大でなくても、人々が漫然と考えているのは、「自然に反するということは、自分がまだ馴れていない」ということでもある。

倫理上の問題に関するガイダンスを探しても、嫌悪感に対してはあまり役立たない。役に立つ面があるとすれば、利害がどのように配分されるか、という点だ。一九九九年と二〇〇三年の二回にわたり、遺伝子操作の問題について、イギリスでバイオテクノロジーに関して高名なナッフィールド委員会によって、徹底的に詳細にわたる検証がおこなわれた。彼らの結論は、以下の通りだ。

「遺伝子組み換え作物を必要としている途上国の人たちにとって、それが常時、経済面でも購入できるようにするための倫理的責務がある」

ほとんどの環境運動家は、いまのバイオ科学で何がおこなわれているかをあまり気づいていないように思える。彼らの遺伝子組み換え作物に対する闘いは、バイオテクノロジーに対する、ピント外れで苦しまぎれの引き延ばし作戦にすぎない。これまで私たちは、「農業生態学入門」や、「遺伝子学入門」などの教材にも目を通してきた。いま私たちは、まだテキストにも載っていない新発見や新技術という、生物学の最先端に飛びつこうとしている。この点こそ、警戒感を強める環境運動家たちがグリーンの問題を把握し展開するうえで、そして力強くて新しい方法論を探し求めるために力を注ぐべきポイントだ。自分たちにとって気がかりで、取り組むべき側面がいくらでも転がっている。遺伝子組み換え作物は、昔の食べもので流行っていたように、期限切れのものを入れるゴミ箱に入ることになるかもしれない。歴史は変転する。

「私たちがBtトウモロコシは世の終わりだと思ったときのことを、覚えているだろうか」

Some cells decided it was advantageous to leep their intellectual property private..Each invention only benefited the species that invented it. Everybody else had to compete separately. Evolution then went much slower for a couple of billion years. That's what I call the Darwinian interlude. Since humans came along, that has changed again. Now we're back in an epoch when genes can be horizontally tranferred.

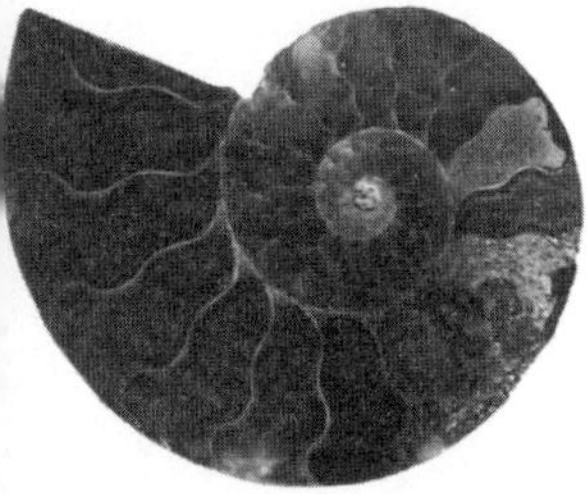

The Hawaiian papaya story may exemplify how GE crops can best be introduced in much of the developing world. Papayas are considered a minor crop (though they are far from minor to Hawaiians and to poor people throughout the tropics), so multinational corporations had no role in the drama in Hawaii, and neither did multinational environmental orga-nizations.

The transformative technique that makes all of this new science suddenly possible is the shotgun sequencing of the aggregate genomes of large sample of microbes, hence metagenomics.

Some 85 percent of the sequences in species are unique every 200 miles. So, instead of the ocean being a giant homegeneous soup, it's actually millions and millions of microenvironments, dynamically changing.

Genetic engineers have borrowed, not invented, gene shuffling...Bacteria are not really individuals so much as part of a single global superorganism, responding to change environmental conditions not by speciating but by excreting and incorporating useful genes from thier well-endowed neighbors and then rampantly multiplying...

In

one milliter

of seawater, there's

a million

bacteria and

10 million

viruses.

The rest of the story: The critics were right about one thing (and only one thing). Golden rice supplied enough beta-carotene to provide just a fifth of the recommended daily allowance of Vitamin A. Over Potrykus's strong objection, the Swiss corporation Syngenta entered the fray. Scien-tists there replaced one of the daffodil genes with a maize gene and got a twentyfold increase of beta-carotene in... .

第6章 遺伝子の夢

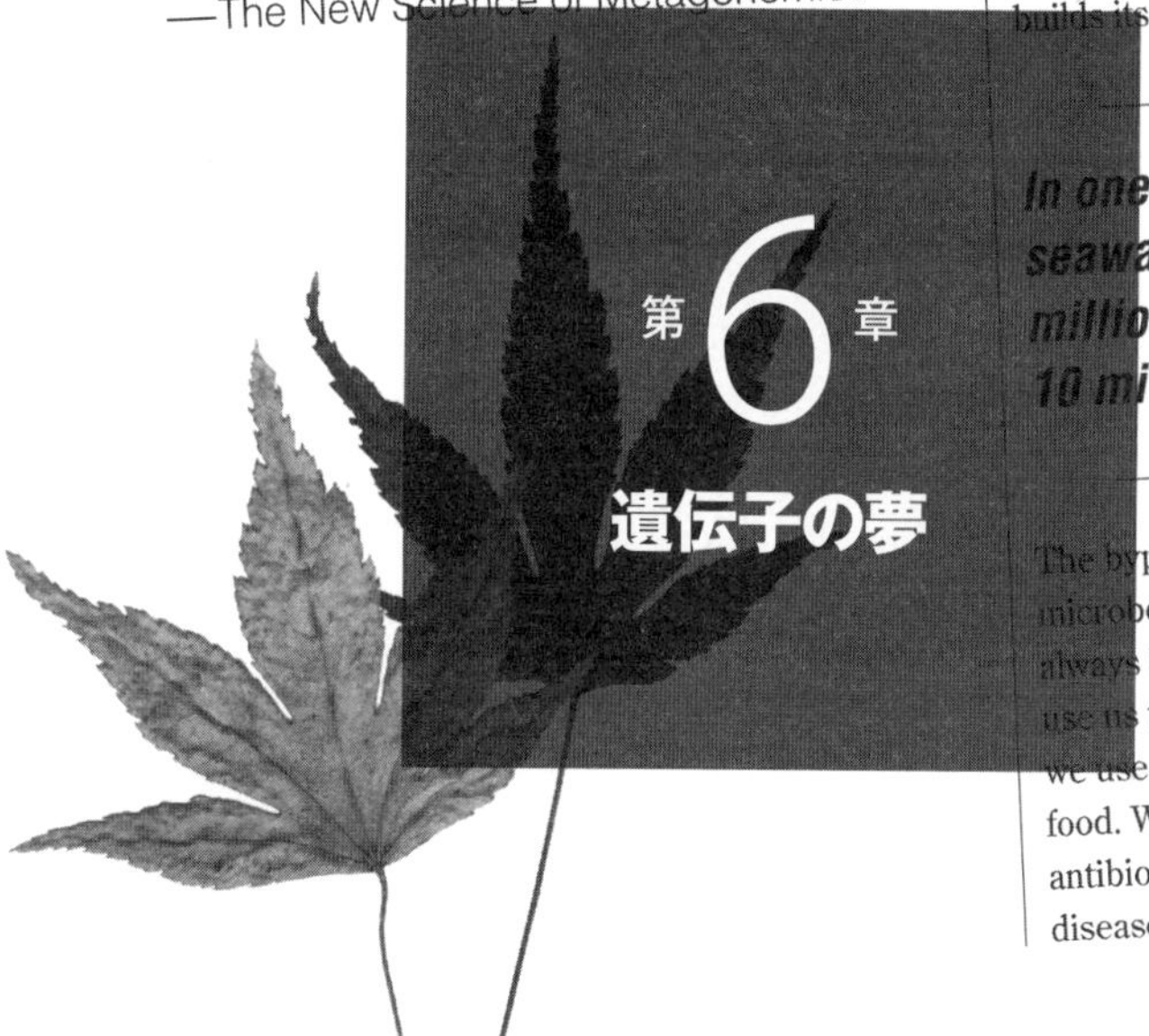

Microbes run the world. It's that simple.

—The New Science of Metagenomics

In 2008 Craig Ventor told an audience in San Francisco how his team took the chromosome from one kind of vacteria, implanted it into another kind, and got it to "boot up" there, totally converting the invaded organism. "This is true identity theft at the ultimate level," he said, and marveled: "This software builds its own hardware."

In one milliter of seawater, there's a million bacteria and 10 million viruses.

The byplay between microbes and humans has always been intimate. They use us to provide food; we use them to fement food. We cull them with antibiotics; they cull us with disease.

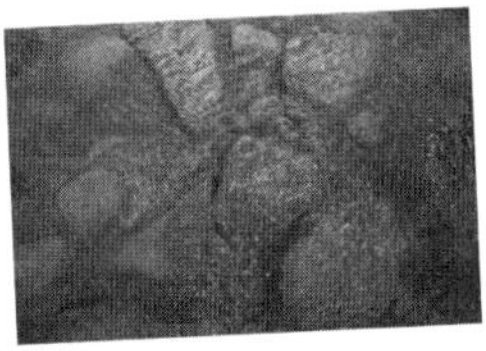

Every process in the biosphere is touched by the seemingly endless capacity of microbes to transform the world around team. It is microbes that convert the key elements of life- carbon, oxygen, and sulfur- into forms accessible to all other living things. For example, although plants tend to get credit for photosynthesis, it is in fact microbes that contribute most of the photosynthetic capacity to the planet. All plants and animals have closely associated microbial communities that make necessary nutriens, metals, and vitamins acailable to their hosts...

一九七〇年代、微生物学者のリン・マーグリスの手によって、微生物の発明能力がはじめて知られるようになった。彼女はラブロックとともにガイア仮説の共同研究をする一方、核のある細胞（人間を含めた、真核生物）は、無核のバクテリア（原核生物）が精巧に同化してできたものだ、とする彼女の細胞内共生説を提唱して、生物学に改革をもたらした。ミトコンドリアは私たちの細胞内に寄生するエイリアンだが、これがエネルギーを生みだす。植物細胞の光を集める葉緑体は、内共生細菌であるシアノバクテリアから進化したものだ。それがなければ光合成や糖の合成はおこなわれず、したがって人間も存在しない。細胞内共生説は、一九七八年に刊行された『細胞から大宇宙へ』という、うまいタイトルの本の著者、医師のルイス・トマスにインスピレーションを与えた。

その進化過程には、屈辱感も覚える。すべての複雑な生命体は、私たちがシラミや病原菌と考える生きものが根源になって作り出されたものだからだ。マーグリスは、次のように書いている。

「バクテリアは、あらゆる生物のうちで最も多様だし、最古から存在し、彼らの仲間たちを含めて、地球上の多様な生息環境の利点をフルに活用して進化してきた。バクテリアはほかの生命体と、遺伝子を交換しながら新しい遺伝性の形質を獲得し、遺伝子の可能性を分単位、あるいは長くても数時間のうちに拡大していく」

バクテリアは原初から、多様性に満ちた、最古の生命の形を持ち、しかも不滅の生命という資質を持っている唯一の存在だ。老化することもなく、分裂しながら永久に存続していく。

科学界で六回も革命を起こした著名な生物学者エドワード・ウィルソンは、一九九四年に記した回顧録『ナチュラリスト』（荒木正純訳、法政大学出版局）で次のように書いている。

「もし人生のやり直しがきいて、私のビジョンを二一世紀によみがえらせることができるのなら、私は微生物の生態学者になりたい」

私が最近読んだ本できわめて面白かった一冊は、アメリカ科学アカデミーから無料でダウンロードできる『メタゲノム解析という新しい科学』（*The New Science of Metagenomics*）。その要旨は次の通りだ。

生物圏におけるプロセスはどれをとっても、微生物の無限に見える変革能力の影響を受けている。命の重要な構成分子である炭素、窒素、酸素、硫黄を、その他の命あるものが取り込みやすい形に転化させているのは微生物だ。たとえば、植物の光合成は広く知られているが、実際はその能力の大半をもたらしているのは微生物だ。あらゆる動植物は、微生物が寄生する本体に必要な栄養素、金属、ビタミンを作る微生物の集合体（コミュニティ）と密接に絡み合った関係にある。人間の消化器官に棲みついている数十億の良性な微生物は、食べものの消化を助け、毒素を破壊し、病気の原因になる微生物を撃退する……。

微生物のコミュニティ同士が結束して活動すると、海洋全体の化学成分に影響を与え、地球全体を住みやすく適正な状態に維持していく……。

微生物は岩を「食べ」、金属を「呼吸し」、無機物を有機物に変え、きわめて硬い化学化合物も打ち砕く。微生物はこのような驚くべき偉業をなし遂げ、ある意味では微生物の「バケツリレーの列」を達成する——。それぞれの微生物の一つ一つが自らの職務を果たし、その最終的な製品は焚きつけの燃料になる……。

究極のゴールは、二〇二七年までには実現できると思われるメタゲノミクスだ。まるで一個のスーパー複合有機体であるかのように生物圏の行動を予測し（あるいは過去を振り返り）、説明できるメタコミュニティ（コミュニティの集合体）のモデルになると思われる。そのような「ガイアのゲノミクス」は、いずれはシステム生物学を形作っていけるはずだ。

人間の正体

このような新しい科学を可能にする変革の技術は、微生物の巨大なサンプルでゲノムの集合体である長い鎖の配列メタゲノムを、ショットガン・シークエンス法〔ゲノムの長いくさり状の塩基配列を決定する方法〕で決めることができるようになったおかげだ。微生物は、わずかの例を除いて実験室で培養できなかったので、長いこと生物学で「闇の部分」だった。現在では機能的なメタゲノミクスと呼ばれるもののおかげで、生物に左右されることなく、無数の微生物から数百万のＤＮＡの断片を選別して、その断片が作り出す新しいたんぱく質を探し出せるようになった。それによって、遺伝子がどのような役目を果たしているのかもわかる。

クレイグ・ヴェンターの転身は、特異な例だ。彼はカリフォルニア州の海岸でサーファーとして育ち、二〇〇三年に、ヒトゲノムの配列を決める大がかりな取り組みをリードしなければならない重圧から逃れるために、海に戻ってきた。ヴェンターは自家用のヨット「ソーサラー（魔術使い）二世」号に乗って、およそ生物など何もいないだろうと考えられていた北大西洋のサルガッソー海に向かい、水のサンプルを採取した。それを彼がヒトゲノムのために開発したショットガン・シークエンス法で分析するため実験室に送った。二〇〇四年四月の『サイエンス』誌に寄せた論文で、ヴェンターのチームは、サルガッソー海の水一バレル（一一九リットル）には科学の分野でまだ知られていない一二〇万の遺伝子（以前のサンプルの二倍になる）が含まれていて、バクテリアと古細菌の新しい「種」は一八〇〇もあると発表した。機能としては、驚いたことに、新しい遺伝子のうち八〇〇が、日光を感知または収集するために使われていた。そのような遺伝子の二〇〇個だけが、それ以前に生物から発見されていた。一回のヨットの船旅で、ヴェンターは世界有数の遺伝子学者から、世界をリードする生物学者の一人になった。ライバルや批評家たちから受ける嫌がらせに対して、彼は世界を楽しくヨットで周りながら、その全行程で新発見を続けた。彼は、次のように報告している。

「種における分子配列の約八五％は、三二〇キロごとに独自なものになっている。したがって、大洋は巨大な同質のスープではなく、実質的には数千億の微環境がダイナミックに変化している」

またヴェンターは、微生物の密集状況を次のように描写している。

一ミリリットル（小さじ五分の一）の海水には、一〇〇万のバクテリアと一〇〇〇万のウイルスが存在している。この部屋の空気で――私たちは空気のゲノム・プロジェクトをしている――この時間帯にもだれもがやっていることは、少なくとも一万の異なるバクテリアと、もしかすると一〇万のウイルスを吸い込んでいる。……したがって、あなたはまったく意図しないまま隣の人と

DNAを交換している。……これが私たちの住んでいる生物界であり、目には見えないが分刻みで進化が起きている。……私たちが呼吸する空気は、そのような生物から発生している。この地球の将来は、このような生物とともにある。……もしバクテリアが嫌いなら、あなたは別の惑星に行かなければならない。ここはバクテリアの惑星なのだから。

著名な微生物の分類学者カール・ウースは、地球上の全生物対量(バイオマス)の八〇%は微生物だと言う。海洋の全生物の九五%は、一〇〇〇倍の顕微鏡がないと見えない。海底のさらに下一・六キロのところに、おびただしい数のバクテリアが生きているのが見つかったが、おそらくその周辺の堆積物と同年代——約一億一一〇〇万年前のものだ。

もっと身近なところで観察してみよう。自分の体の九〇%近くは、自分ではない。——細胞のたったの一〇%だけが人間で、残りは微生物だ。私たちの人体は、移動できる沼地水袋にすぎない。いま世界中に広まりつつあるグローバル・メタゲノミクス・イニシアティブという活動の一つのプログラムは、国際ヒトマイクロバイオーム・コンソーシアムと呼ばれ、私たちの肉体を共有するすべての微生物の集合体(コミュニティ)をショットガン・シークエンス法で一定の順列に配列する作業に追われている。私たち人間には一万八〇〇〇もの遺伝子があり、微生物は三〇〇万にも達する。私たちは一つの種だが、中身には多様の種が含まれている。——消化器官には一〇〇〇の種(一〇〇兆もの微生物を養っている)があるし、私たちの口のなかにはほかに一〇〇〇、皮膚には五〇〇、膣を持つ者はさらに五〇〇の種が含まれている。「メタゲノミクス」に関する本には、次のように書かれている。

「私たちは、微生物と人間のパーツからなるスーパー生物だという状況からは逃れられない」

私たちが身につけて運んでいる、微生物の実際の湿重量〔水分を含んだ生状態の重さ〕はどのぐらいだろうか。バクテリアの細胞は人間の細胞よりかなり小さい。――よくたとえられるのは、ミツバチ対ネコの比率だ。『人間に棲みつく微生物』(*Microbial Inhabitants of Humans*)という教科書では、その全体量は私たちの脳の重さと同じ、一・三五キロほどだと推定している。

「天然」の遺伝子組み換え

私たちの体(および海洋、土壌、大気)のなかの微生物は、それぞれが数分ごとに予防措置や神聖なものを無視して思うがままランダムに、ヨーロッパでは違法になることをやってのけている。――つまり、張り合ったり協力し合ったりしながら、利点を探し求めて遺伝子のスワッピングに励む。放蕩で不注意きわまりない遺伝子組み換えが、三五億年間も日常的におこなわれてきた。リン・マーギュリスはその過程を、彼女の息子のドリオン・セイガンと共著で一九九八年にまとめた『性とは何か』(*What is Sex?*)のなかで、独特の切り口で次のように説明している。

遺伝子組み換えは発明されたものではなくて、遺伝子のシャフリング(トランプを切ること)のやり方を真似ただけだ。……バクテリアは、実は環境条件の変化に呼応しながら新種に分化していくのではなく、老廃物を排出しながら手近なところから有益な遺伝子を組み入れ、多種多様に増えていったもので、地球上に存在する超生物ほどのものではない……。

コーヒーショップで、緑色の髪の毛の男性に対抗してブラッシュアップする自分の姿を想像していただきたい。そのうちに、彼の遺伝子コードの斬新な部分を獲得していく。現在では緑色の髪の毛の遺伝子を子どもたちに遺伝させることができるばかりではなく、自らの髪の毛も緑色になってコーヒーショップを出てくることができる。バクテリアはつねに、このように気軽に短時間のうちに遺伝子獲得をやっている。青い目をした自分が、プールで、もっと一般的な茶色の目の遺伝子をガブリと飲んでしまった様子を想像してみるといい。体を拭きながらも、ヒマワリやハトの遺伝子を取り込んでいる。しばらくすると、自分の茶色の目から花びらが出てきて空を舞う。――やがて茶色の目、緑色の髪の毛の五つ子に増殖して滑空している。このようなファンタジーが、バクテリアの世界では日常的な現実だ。

普通の成り行き任せの無用な突然変異とは違って、ほかの生物から大量に取得した遺伝子の束は、すでにその気質の検証を済ませてある。この違いといえば、テキストの信用度を下げるミスプリントと、目的に適った適切な引用との差のようなものだ。

遺伝子の伝承には、五つの型がある。そのうちの二つは「垂直型」でなじみがあるが、残り三つは「水平型」で、見かけは風変わりだが数ははるかに多い。垂直型の遺伝子伝承は、有性生殖か無性生殖だ。――つまり子どものゲノムは、両親の両性間の再結合(人間と同じ)から直接に受け継ぐか、あるいは無性的に一人の親から分離、発芽、胞子、あるいは無精卵によって受け継ぐ。その遺伝子は、上の世代から下へと引き継がれるために垂直型と呼ばれる。水平型の遺伝子移動については、『サイエンス』誌にある次の記事を援用しよう。

「遺伝子は、まごつくほど入り組んだ道に沿ってゲノム間を移動できる。たとえば、細胞膜間にある橋を滑り下りたり、ウイルス内でヒッチハイクしたり、あるいはむき出しの破片として自然環境に吸い込まれたりもする」

微生物における遺伝子導入の五つの型のうち四つが、セックス以外のあらゆる手段をとっている。現在の推測では、微生物の遺伝子の八〇%が、これまでに水平移動を経てきた。流動性が高い遺伝子も、いくつかある。カール・ウースは、最も流動性のある遺伝子を「コスモポリタン遺伝子」とか「ライフスタイル遺伝子」と呼んでいる。これらは、すぐに新しい環境に順応できる。だが、「根づかない」遺伝子も多い。ゲノムに姿を現わすが、役立たずのお荷物になって徘徊したあげく、徐々に排除されていく。

最近の研究でわかった驚くべき事実は、水平移動する遺伝子は、「生命体の同じ種、属、亜界、界の相互だけでなく、生物間でも行き来できる」ことだ。活動中のDNAの固まりが、コメとキビの間で自然に移動していることが確認された。寄生植物やキノコ類は、寄生相手との間でごく自然に遺伝子を交換している。ヘビのDNAが、スナネズミから見つかった。クレイグ・ヴェンターの研究室では、ショウジョウバエのゲノムのなかにボルバキアと呼ばれる、一般的な寄生バクテリアのゲノムのすべてが入っていて、一二〇六のバクテリアの遺伝子のうち二八がハエのためになんらかの寄与をしている。これをたとえると、私たち人間のゲノムに、不可思議な機能を果たすノミの完全なゲノムを見つけるようなものだ。

私たち人間に関わるウイルスについての新発見としては、『ニュー・サイエンティスト』誌のレポートにこう書かれている。

「総合すれば、ウイルスのような遺伝子は、驚くべきことに、人間のゲノムの九〇%という膨大な比率を占めている」

遺伝子の大半は役立たずだが、哺乳類の胎盤や免疫システムを発達させたように、進化のうえで重要な革新を密かにおこなってきたものもある。ウイルスを介した遺伝子スワッピングは、進化の中心的な原動力なのだろうか、という疑問が深まっている。基本的に自由に浮遊している遺伝子は、バクテリア・サイズの百分の一ぐらいのパケットにまとまっているが、ウイルスの種類は一億にも及び、何よりも多い。『ニュー・サイエンティスト』誌の記事は、次のようにまとめている。

「ウイルスがＤＮＡをあちこちにシャッフルして動かす割合から判断すると、生命は別の新しい供給源を思いがけなく獲得することも可能で、しかも風邪をひくくらいわずかな期間に劇的な飛躍を遂げることもできる」

その記事には、次のようなコメントが付記されている。

「生物圏は、絶え間なく循環している遺伝子が連結されたネットワークに近づいてくる――つまりパンゲノムだ」

この世はまさに、天然の遺伝子組み換えが花盛りだ。

微生物と人間の関係

水平移動遺伝子のおかげで、微生物は驚くほどのスキルを発達させた。微生物は極小だが、彼らは学習もできる。大腸菌には予知能力があり、人間が消化している間に消化器官では次に起こる状況に向けて準備を進めている。微生物は、同種間および異種間双方の複雑に選抜された一定の集合体を探知する。これらはその意味では多細胞だ。意図的に雨を降らすこともできる——あるバクテリアは、水の微粒子を雨粒や雪にまとめる表面たんぱく質を持っていて、空気中に滞留したときには、この特質によって雨滴を地上へと戻す。また彼らは岩や氷のなかで、数億年も生き延びることができる——微生物学者のラッセル・ヴリーランドは、二億五〇〇〇万年もの間、塩の結晶体に閉じ込められていたバクテリアを再生させた。彼は、地学は微生物にとって「遺伝子銀行の役目を果たしている」と言っている。また、「氷河はこれまでも、遺伝子のアイスキャンデーだ」とも言う。

微生物と人間は、つねに緊密な関係にあった。微生物は食べものを供給するために人間を使い、人間は彼らを発酵食品に利用して使う。私たちは微生物を抗生物質で殺し、微生物は人間を病気で殺す。バクテリアは、人間を脅かす生命体の主たる生き残りだ——ウィキペディアのバクテリアの項目によれば、破傷風、チブス熱、ジフテリア、梅毒、コレラ、ハンセン病、肺結核などが列挙されている。これらの微生物は斑点病、火傷病、立ち枯れ病などで作物に害を与える。ヨーネ病（牛や羊などの慢性下痢症）、乳腺炎、家畜に見られるサルモネラ菌や炭疽菌などをもたらす。だが一方で人間は数千年にもわたって、チーズやピクルス、醤油、ザワークラウト、酢、ワイン、ヨーグルトなどの発酵食品を作るために微生物を利用してきた。

植物の不活発なセルロースを、利用価値のあるエネルギーに転化させる方法を研究していた科学者たちは、シロアリの後腸にある奇跡的なバイオリアクターの研究をしている。その部分にある複雑な微生物の集合体は、一枚のプリント用紙を一・八リットルの水素ガスに変えることができる。そのようなことができるものは、ほかにない。アメリカのエネルギー省長官のスティーヴン・チューは言った。

「私たちは、シロアリの内臓から取り出した微生物の遺伝子を組み換え、バイオマスを材料にして、さらに微生物が必要とする以上のエネルギーを作り出せるし、微生物のなかの化学を応用して自らバイオマス加工をすることも可能だ」

クレイグ・ヴェンターは言う。

「数百万ラドの放射エネルギーに耐える微生物の存在には、畏敬の念を抱く。彼らの遺伝子コードは吹き飛ばされて粉々になる。完全に脱水される。ところが水に落とせば、一二時間から二四時間以内に彼らは染色体を完全に復元し、ふたたび増殖し始める」

彼は、さらに続ける。

「それに関して言えば、生物は宇宙をさまよっていて、地球のように好適な環境にある土地に落ち着き、複製を始めるというパンスペルミア説（胚種広布説）は、決して突飛な考えではない。もし生命体が宇宙を旅することができるのならば、三〇～四〇億年のできごとではなく、六〇～八〇億年単位で考えるべきことなのかもしれない」

これは、遺伝子の水平移動のおかげだ。生命が最も創造的な力を発揮できるのは、遺伝子導入の分野だ。だからこそ人間の創意工夫によって、ヨーグルトやアルテミシニン（マラリアの薬）、ワインからジェット燃料に至るまで、微生物の発明の才を発展させてきた。

私が生物学を学んでいたころは、一八世紀の進化の理論である「獲得した性格の継承」の提唱者ジャン＝バティスト・ラマルクは、冷笑されていた。彼は、キリンの首が長いのは親が高いところの葉を食べようとして背伸びをしたからで、その形質が子どもたちに継承されたのだと説いた。私たちはそのような単純な考えが、チャールズ・ダーウィンによって修正されたと教わった。ダーウィンは、ランダムに継承された変位の間でおこなわれた自然淘汰を、進化のメカニズムとして説明した。ダーウィンの学説は、品種改良家がおこなっている人工的な選択を基盤にしていた。――古典的な、垂直型遺伝子移動だ。今日、遺伝子の水平移動を研究すればするほど、ラマルク的になっていくように思える。ラマルクが提唱したように、便利な形質は環境への直接的な反応として、途方もない時間をかけながら獲得された。

そのためカール・ウースは「ダーウィンの遷移（トランジション）」が数十億年前に起きていたのだと提唱することになり、さまざまな生物の遺伝子水平移動は影が薄くなり、垂直方向へとバイアスをかけられて、用心深く自分たちの遺伝子の系統を守り始めるという説に傾いていきた。これが、私たちが指す種の起源で、同一のクラゲとかシマリスの初代が次世代へと続いていく、という考えが主力になった。そこでウースは言う。「種とは、生物が、他の生物からの遺伝子を、自分たちの遺伝子と同じように丁重に扱うことをやめたときに形成される」

ウースの話から発展して、フリーマン・ダイソンは言う。

ある細胞は、自分たちの知的財産を固有のものとして残すほうが得だ、と決めた。……個々の発明は、それを発明した種にとっては利益があった。それ以外の種は、個別に競わなければならなかった。原初の進化は、数十億年もの間、遅々としていた。私はそれを、ダーウィンの幕間と呼んでいる。人間が存在してから、それはふたたび変わった。いま私たちは、遺伝子の水平移動を容認できる時代に戻っている。

いまでは、生物学者はだれもがゲノム学者であり、分子生物学の変革スピードはひところの情報工学革命のペースをはるかに上回っている。バイオテクの進化過程を記録しているロブ・カールソンは、彼の名を冠したカールソン曲線をずっと追い続けている。DNAを読んで書き込む合成機能において、ムーアの法則〔コンピュータの能力は二年ごとに倍増する〕を凌駕（りょうが）している。加速する技術のおかげで、医療面におけるバイオテク産業は、年に一五から二〇％も伸びている。それに比べて農業におけるバイオテクの伸びは、年に一〇％程度だ。まったく新しい分野である合成生物学は、どこからともなく生まれてきた。ウィキペディアでは、アプリケーション用語を使って次のように説明している。

技術者たちは、生物学をテクノロジーだと見なしている。合成生物学は大幅に定義し直され、バイオテクノロジー面も拡充された。たとえば、情報の処理、化学薬品の操作や制御、資材や建造物の構築、エネルギーの創出、食糧品の提供を含み、人間の健康増進、環境を維持し、質の向上を図るために遺伝子組み換えによる生物学的なシステムをデザインし、構築を可能にすることを究極の目的とする。

このような構想は「自然を演じる」ことであり、数十億年にもわたってもつれた遺伝子コードをリバース・エンジニアリング〔設計から構築という通常の開発工程の逆をたどる〕して、それをリファクタリング〔外から見える動作を変えずにコンピュータ・プログラミングのソースコードの内部構造を改善〕する

——くだらないその場しのぎの解決策や、無限の時間をかけて進化がもたらしたパッチワークを延々と続けるのではなく、理に適った設計を持つ新しい遺伝子コードを書き込むことだ。ハーバード大学の分子遺伝子学の第一人者ジョージ・チャーチは、生物学についてこう語る。

「互換性のある部品、階層別の設計、相互使用可能なシステム、設計説明書——エンジニアしか愛用しなかったものだが、生物学もいまやエンジニアリングの訓練が必要な分野になりつつある」

ロブ・カールソンは、ゲノムデザインにはミニマリスト〔最小限のことしかしない人〕のアプローチが向いている、と次のように述べている。

「ほとんどの合成DNAの構成は、普通はほんのわずかな遺伝子からできていて、最先端のデザインでもたかだか一五個の遺伝子で組み立てられている。エイミリス・バイオテクノロジー社は、砂糖を、マラリアの薬やジェット燃料、ディーゼル、それにガソリンの類似品など役に立つ複合物に加工するために、遺伝子操作した微生物に小さなサイズの遺伝子回路を使っている」

二〇〇八年にクレイグ・ヴェンターは、サンフランシスコの聴衆を前に、彼のチームが、ある種のバクテリアからどのようにして染色体を取り出し、ほかの種に組み込み、組み込まれた生物がどのようにまったく異なるものに変化していったか、そこでどのように「稼働」したかを説明した。

「これはまさに、究極レベルのアイデンティティの盗難だ。このソフトウェアが、それ自体のハードウェアを作ってしまったのだから」

と、彼自ら驚いていた。

スタンフォード大学のバイオエンジニア、ドゥルー・エンディは、よく聴衆にこう質問する。

「大腸菌のプログラムを組み換えて、成育中はトウリョクジュ（冬緑樹）のような香りをさせ、休眠中はバナナのような香りをさせることは可能だと思いますか？」

もし可能ならば、どれくらい手がかかるのだろうか。——五人の学生が、四カ月かけて実験し、費用は二万五〇〇〇ドルもかかっただろうか。実際には、大腸菌を再プログラムして香りをつけるのに、一人の愛好家が一日かかっただけで、一〇〇〇ドルも必要ではなかった。二〇〇一年にエンディは、MITのトム・ナイトがゲノムを処理するためのバイオブリックス財団を立ち上げた際に、このプロジェクトに参加した。この財団は、学生や愛好家たちがゲノム操作をする際に原料や道具を供給する。年に一度のiGEM（インターナショナル遺伝子組み換え機器展）で、遺伝子創作品を自慢げに見せる。二〇〇七年のiGEMでは、一九カ国から五四チーム、五七六人が参加した。雑誌『スレート』のレポートから、引用してみよう。

プロジェクトのなかには、次のようなものが見られた。ヨーグルトを勝手に味付けして勝手に着色するバクテリア、赤血球の動きや特性を真似るバクテリア、抗生物質耐性の微生物の存在を探る「感染検出」用の生物、乳がん細胞を発見して殺すために使い得るウイルス、水をろ過する際に水銀を探知して除去する二つの細胞から成るグループ、メキシコのサッカーの試合でファンが作るウェーブを真似た模様のなかの色を変える微生物など。

翌二〇〇八年には、参加者は二一カ国から八四チーム、一二〇〇人と倍以上に膨らんだ。フリーマン・

ダイソンは、次のような特色に気づいた。iGEMには、毎年フィラデルフィアで開かれる花の育種家の展示会とか、サンディエゴの爬虫類ブリーダーなどの展示会にも出かけ、自ら育てた新しいバラ、ラン、トカゲやヘビを得意げに見せびらかしている人たちも見かけた。彼は言う。

「この五〇年間に、コンピュータが私たちの生活を支配するほど溶け込んできたのと同じように、次の五〇年間にはバイオテクノロジーが私たちの生活を支配するまでに普及すると予言できる」

ダイソンは、バイオテクがひとたび大企業の独占状態から解き放たれれば、それが奇抜に見えたり異論が出されたりする余地はなくなる、と確信している。

「生物学でも情報が開示できる時代だから遺伝子の魔法は、それを利用する技術と想像力のある人なら、だれでも入手できるはずだ」

是か、否か

環境運動家のなかで「シンバイオ（合成生物学）」に注目している少数派の人たちは、その推進派に加わるべきか、禁止派に加担するか、それとも無視するかで迷っているようだ。反遺伝子組み換えグループETCのジム・トマスは、二〇〇七年に「行きすぎた遺伝子組み換え」というタイトルで合成生物学を調べたうえで一文を書いた。調査は行き届いていて、公平で包括的で、それほど強い懸念は表明していない。その結論はこうだ。

「予防原則に従えば、ETCは——少なくとも——新たに合成された生物がその環境に放たれることについては、社会的な論争が十分になされ、強い統治力が存在しない限り即刻禁止すべきだと主張している」

これは、バイオテクが大企業の傘下にあって規制されていた時期にはうまくいったのだろうが、そのような日々はすでに過ぎ去った。分子化学研究所のロジャー・ブレントは、こう強調する。

「世界中にある数千もの研究所では毎日、細胞や生物から分離された遺伝子、合成酵素の伝令ＲＮＡ〔たんぱく質になり得る塩基配列に関する配列を持った、メッセンジャー機能を備えたリボ核酸〕やたんぱく質が、定められた基準（インターネット経由）あるいは自ら複製した分子（フェデックス経由）を使って移動され、別の細胞に再導入され、あるいは新しい生物に組み換えるために使われている」

ブレントはアメリカの情報公開推進派の重要な一人で、ほかにロブ・カールソン、ドゥルー・エンディ、ジョージ・チャーチ、クレイグ・ヴェンターらがいる。彼らはみなバイオ・テロの危険を深刻に憂慮しており、バイオ・セキュリティに責任ある政府機関に直接関わっている。コンピュータのプログラミング技能が拡大しているおかげで、無数のコンピュータ・ウイルスやワーム、そのほか悪意の攻撃があってもインターネットの健全性が保たれている。それと同じく、彼らは透明性と、起こり得る危険性を扱う際には最も安全できわめて現実的な手段を講じたうえで、バイオテク技術を普及させたいと考えている。クレイグ・ヴェンターは、バイオテクが最も危険だった時期は、それがソ連とアメリカにおける政府の秘密生物兵器の実験室に隠匿（いんとく）されていたころだった、と評している。

数十年にわたった実験室における作業と産業規模になったバイオリアクターの体験によって、生物を損なうことはいとも簡単にできるが、そのために作業場以外で生き延びることができないことが判明したし、生物を弱めるような操作をしなくても自然に弱体化することがわかってきた。野生に適した微生物が本来の持ち味を発揮できるようにする点に関して、コンピュータ学者のルディ・ラッカーは次のように推測している。

私には、病原菌おたくのＭＩＴの専門バカが、ギャングスターめいた衣装をまとって何か荒っぽい代物を見つけようと横道にまで入り込んでいる様子が目に浮かぶ。彼らはそのうち、数十億年もの間、ひっそりと眠っていた田舎者にばったり出くわすこともある。

合成生物学の重要性が期待される一つの利点は、利害関係のあるすべての人を最初から含むように組織や会合がうまく融合ないし連携されている点だ。バイオ科学者やバイオ技術者のほかに、生物倫理学者、環境運動家、バイオ・セキュリティ専門家、社会学者、政治家、マスコミ、財団、それに投資家などが巻き込まれている。

そのなかでも有名な大組織は、ヨーロッパのＳＹＮＢＩＯＳＡＦＥ（合成生物安全性）、ＳｙｎＢＥＲＣ（合成生物工学研究センター）、ポリヌクレチオ合成のための国際コンソーシアム、合成生物学業界などだ。ＥＴＣが要望した公開討論も、現在はかなり広く行きわたっている。たとえば二〇〇八年、ドゥルー・エンディは合成生物学について公開でディベートするために、ＥＴＣのジム・トマスを招待し、私はサンフランシスコにおけるそのイベントの企画を頼まれた。

「私は、生物学の操作を簡単にできる道具を開発したい」と、エンディは述べた。

「強力な技術の場合、不公平な世界だと事態を悪化させる懸念がある」というのがトマスの持論だ。

同じころ、ＭＩＴの合成生物作業グループを訪れた『ニューヨーク・タイムズ』紙の記者は、彼らのＴ

ＤＤリストに書かれた言葉に気が付いた。「グロウ・ア・ハウス（家を大きくすべきだ）」

さて、疑問点を明確にすべき時期になった。人類の食糧を生産するに当たって、合成生物学は環境的に最も有効な手段として何ができるのだろうか。現在の農業にもっとうまく適応していけるのだろうか、新しい穀物を作り出していくのだろうか、藻類をバットに入れて新たにやり直してみるのか、魚に代わるべき微生物の養殖や海洋牧場を開発するのか、それとも、ほかに何かがあるのか。目指すべきは、環境にやさしい食品だ。では、環境にやさしい燃料や資材とはなんなのか。

創造的なアプローチ

自分ではそれほど意識していなかったが、私は有機農業に長いこと関わってきた。マイケル・ポーランが二〇〇七年にまとめたアメリカ農業の自然史『雑食動物のジレンマ』（ラッセル秀子訳、東洋経済新報社）を読み、次のくだりに驚いた。

『有機農業と園芸』誌はマイナーな雑誌だったが、一九六九年、『ホール・アース・カタログ』が手放しにほめたことから、軍産複合体にこびずに野菜をつくる方法を模索していたヒッピーたちの注目を集めた。その後二年間、『有機農業と園芸』誌の発行部数は四〇万部から七〇万部に伸びた。

『ホール・アース・カタログ』は、確かにペンシルバニア州のロデール研究所の有機栽培に関する出版物を好意的に扱っていたから、主宰者のボブ・ロデールと私が親しくなったのは当然だった。ポーランはまた、アルバート・ハワード卿が一九四〇年に著して有機運動の土台となった『農業聖典』（保田茂監訳、魚住道郎訳、日本有機農業研究会）を称賛した、農業詩人のウェンデル・ベリーが『ホール・アース・カタログ』に書いたエッセーの影響に関しても述べている。『農業聖典』は次のように始まる。

「どのような農業形態であっても、土地の肥沃度を維持することが、その恒久的なシステムを維持する第一条件である」

ハワード卿の本は、それより前に出たフランクリン・ハイラム・キングによる『東アジア四千年の永続農業』（杉本俊朗訳、農山漁村文化協会）や、ジョージ・パーキンズ・マーシュの『人と自然』（*Man and Nature*）などと同じメッセージで、文明の質とその文明が続く可能性は、土質によって判断できると私は確信した。したがって、土を中心にした土壌生態学――オーガニック、パーマカルチャー（持続農業）、ポリカルチャー（混作複合型農業）、コンサベーション・アグリカルチャー（保全農業）、生物学的農業、農業の統合的マネジメント――などの新しいジャンルが急成長していることは喜ばしいことだと思っている。遺伝子導入作物がうまくデザインされて正しく使われるなら、これもリストに加えられる。

ここで、すでに何度も引用した二人――パメラ・ロナルドとラウル・アダムチャック――を改めてきちんと紹介しておきたい。ラウルはカリフォルニア大学デービス校で、有機農業を教えている。それ以前は、フル・ベリーという民営有機農場の共同経営者で、カリフォルニア州の認定有機農家委員会の会長を務めていた。パム（パメラ）は植物の遺伝子学者だ。彼らはともに既婚で子どもたちもいて、二〇〇八年に出版された『明日の食卓』という豊かな情報を満載した魅力的な本の共著者だ。著者たちのプロフェッショナルな日常生活を詳細に描きながら、二人は土壌をなるべく傷めずにできるだけ多くの人々に食べさせるために、遺伝子組み換えと有機農業の二つのテクニックを結びつけた組み換え作物や、それを取り扱う事例を語っている。彼らは、次のように書いている。

「環境をひどく荒らさずに世界の人々の食を満たすためには、創造的な新しいアプローチが必要だ。つまり、遺伝子組み換えと有機栽培の組み合わせだ。……遺伝子組み換えは、害虫や病原菌に強いタネを開発するために使える。有機農業では、あらゆる領域の害虫をより効率的に扱うことが可能になる」

ラウルが有機認証〔有機農産物や有機飼料を扱うための認定〕を維持するためには、遺伝子組み換えのタネを使うことが現状ではいっさい許されない。『明日の食卓』で、彼は書いている。

私は有機農家として、もっと多くの農地を有機農業用に転換してほしい。それと同時に、環境にやさしく、持続性があって生産量の高い農場を作るために利用できる、きわめて強力な技術を使いたいと念願する。……品種改良を通して野生種からの遺伝子導入した種は、農家の虫害対策に大変革をもたらした。同様に、遺伝子組み換えを通した遺伝子導入は、病気や害虫管理を大きく改革できるが、線虫に関しては現在のところ有機農業で解決する術(すべ)はない。遺伝子組み換えは、植物の分子レベルで何が起きているか、私たちの理解を大いに深めてくれる。パムは、植物と微生物がどのようなコミュニケーションを交わしているのか、それを理解するため、二〇年も研究を続けてきている。

パムの遺伝子組み換えに至るまでの足取りにも触れておきたい。農業の研究では世界的に有名なカリフォルニア大学デービス校で、途上国のコメの改良を専門にする大きな研究室にいる。アジアの科学者たちとともにフィリピンの国際稲研究所で働きながら、東インドにおける古代米の形質から冠水耐性種――洪水でも生き残る――に関わる遺伝子を分離する作業を手伝った。インドやバングラデシュでは、三〇〇〇万人に行きわたる量の四〇〇〇万トンのコメを毎年、洪水で失っている。ラウルは、インタビューでこう述べている。

「約五〇年にわたり、ここの人たちは古くからの品種改良のやり方で洪水に強いコメの開発を続けてきた。だが、成功しなかった。今日でもミャンマー、バングラデシュ、インドなどの大洪水地域では、ほぼ七五〇〇万人の農民が、一日一ドル以下で生活している」

パムは遺伝子組み換えの技術を利用した冠水耐性の実現には、サブ・ワンAと呼ぶたった一つの遺伝子だけで十分であることを実証した。彼女の研究室で生み出された遺伝子情報をもとに、フィリピン、バングラデシュ、インドの品種改良の専門家たちは、高精度品種改良技術〔遺伝子組み換えと従来の品種改良を合わせたもの〕を利用して、地元で大量に使われている高生産量のコメの品種に潜水遺伝子を導入し、水中でまるまる二週間「息を止める」ことができるイネを作っている。この水中栽培のコメは現在、バングラデシュ、インド、ラオスの農家の水田で試用されている。

『明日の食卓』で、彼女は有機産業へのチャレンジを控えめに提案している。

「私たちの研究チームでは、冠水耐性の形質を持つカリフォルニア米の品種も作ったのだから、地元で有機米を生育している人たちや、除草剤を使わずに雑草と格闘しているその他の農家の人たちを助けることができるのではないだろうか」

有機米を栽培をしている人たちは、雑草を溺死させるために、深く水を張っている。冠水耐性米は、栽培技術をさらに効果的にするはずだ。

アメリカに五六ある有機認定プログラムのうち、どれがパムの水中米を最初に受け入れるだろうか。確かに、遺伝子操作はされているが、問題の遺伝子はほかのイネからきたもので、結局これまで通り自然な形で雑草を死滅させる。洪水に耐性のある遺伝子がガマの穂から来たらどうなるか、自問してみるといい。あるいはナマズから。ネコから。企業から。異分子はどこから割り込んできたのか。イネにとっても米作農家にとっても、あるいはコメを食べる人たちにとっても、そのようなことは問題にならない。私はパムに、洪水が大好きなコメの特許状況について尋ねてみた。彼女は、次のように答えた。

サブ・ワンの遺伝子は、公開されている（第三世界の農民たちにとって、特許権の問題がややこしいと、きわめて重大な結果を生みかねない）。サブ・ワンという品種のコメは、いまでは農家における試験栽培が三年に及び、洪水時の収穫量は、従来のコメの二〜五倍になっている。農民たちは、いまでは自分たちの水田で採れたタネ籾を翌年のために大量に貯めておき、近所の人たちと分け合っている。バングラデシュの国立品種改良研究所でも、無料配布用に備蓄している。彼らは次の三年間で、二〇〇万エーカーに蒔くのに十分な量を確保したいと考えている。

オーガニックの本質

最近は、有機農業が流行している。アメリカでは一九九二年から二〇〇五年の間に、有機作物農場が四〇〇万エーカーへと四倍に増えた（それでもアメリカの農業の三％に満たない）。世界的には合わせて七六〇〇万エーカーに達し、オーストラリア（でさえ！）やヨーロッパの一部では、ほぼ三分の一が有機農業になっている。生産農家および売り手は、ときには在来法で収穫した作物の三倍のプレミアム価格をつけるほどだ。さらに、変動するかもしれない。

私が有機食品に高い代金を払うのは、たった一つの理由からだ。それが在来農産物と比べて安全だとか、栄養価が高いとか、生産量が多いとか、おいしいとかいうことは信じない。だが私は、有機農業が合成肥料や除草剤、アメリカの「土壌、水質、野生生物」に散布される殺虫剤の影響を削減すると信じている。したがって余分に払う費用は個人的負担というより、公共サービスに対するものだと認識している。遺伝子組み換え農業の次の世代になって、現在の最上の有機食品よりもずっと栄養価が高く、味がよく、より安い産物を提供しても、それほど寛大な気分にはなれないかもしれない。そのような作物は、有機栽培でできたはずだし、またすべきだったからだ。

「オーガニック」の本質とは何か。通常の定義では、土壌と有機農場周辺の生態系の手入れであり、またオーガニックとは病原菌の処理を生物学や機械のコントロールに頼り、肥料は有機材料に依存することを指す。それ以上に深入りするのは、有機に関する神学を信奉する人たちだけだ。オランダで権威のある文書には、次のように書かれている。

基本的に自然らしさを価値あるものだと尊重するのであれば、遺伝子組み換えは「反自然」だとして拒絶されることになる。なぜかといえば、それは地球全体の調和やバランスを崩壊するばかりでなく、DNA組み換えで構成されたものは「自然物質」ではなくて、合成物質（無農薬アプローチの立場からすれば）だからだ。……遺伝子組み換えは、生きている生物のあるがままの特徴（「自然」）を尊重していない。遺伝子組み換えは機械論を基礎にしていて、生命に関する全体論的な考え方に基づいていない。したがって、有機農業の遺伝子組み換えに対する反感は、遺伝子工学のリスクをはるかに超えた問題だ。彼らはまた、テクノロジーそのものだけでなく、テクノロジーに反映された自然に対する人間の姿勢をも強く主張している。

これは、ヨーロッパの人たちは放射線照射や化学的な突然変異生成によって作られた有機のタネを使わない、ということを意味するのだろうか。マーケットの世界では、「自然」という表示はいまや、売り手が余分にカネがほしいとき、あるいは何かのためにあなたの注目を逸らせたい状況を匂わせている。「ナチュラル・アメリカン・スピリット」は紙巻きたばこのブランド名で、キャッチコピーに「一〇〇％無添加・自然なたばこ」とある。これはアメリカ・インディアンのアイデンティティを思い起こさせる。エコ情報カードを配布し、有機栽培されたたばこの葉を使用し、割高にする。ナチュラル・アメリカン・スピリットは、大手レイノルズ・アメリカン社が二〇〇二年に買い取った。WHOによれば、先進国では男性の死因の四分の一（全女性の死因の一〇分の一）が喫煙だ。

遺伝子組み換えの有機農業とは、どのようなものだろうか。有機農家のホセ・バエルはこう記している。「大量の遺伝子を持ち、大量の手持ち作物があって、自分で好みの遺伝子を探りながら選び出し、特定の作物に組み込んでもらえる遺伝子組み換えサービスがあったら、すばらしいと思う。それを応用して自分だけの植物を作り、タネを増やし、カスタムメイドの遺伝子組み換え植物を作ってもらえるのだから」

レイチェル・カーソンもやったことがあるのかもしれないが、生物学的に遺伝子組み換えした有機作物をイメージすることはできる。遺伝子組み換え作物は、栽培地の土壌を保護しながら改良し、作物にとって脅威である特定の害虫や雑草を撃退し、その他の有機作物や益虫とうまく調和し、土中の炭素固定量を増やして、メタンガスの放出と亜酸化窒素を削減し、科学的に可能な限り栄養価を高め、味をよくし、栽培者がさらに改善を重ねていけるよう、細かにデザインされている。

地方経済の健全化にとって大いにありがたい現象は、私が一九四〇年代にイリノイ州で育ったころのようなファーマーズ・マーケットが、最近では改善された形で復活してきたことだ。一九七〇年にはアメリカのファーマーズ・マーケットは三四〇カ所だったが、一九九四年には一八〇〇に増え、二〇〇八年までには五〇〇〇まで増加した。ホセ・バエルは、彼自身の有機栽培のクルミやトマトをファーマーズ・マーケットで売った経験から、市場で遺伝子組み換えした有機食品を売るとはどのようなことなのか実感できたという。彼は、こう述べている。

私は、カリフォルニア州南部の四カ所のファーマーズ・マーケットで売っているが、そこでは、自分がどのように生産してきたかを話せば、買いもの客たちは耳を貸してくれるし、そのやり方に賛同できれば買ってくれやすいことに気づいた。有機作物であってもなくても、農作業の話を聞いて気に入られたかどうかがカギになる。問答の内容は、歴史的なこと、雇用関係のこと、土地に関すること、あるいは食の安全に関することなど。価格は、それほど大きな問題ではない。

いまの私にとってきわめて嬉しいことは、食べものの味を、消費者が気にかけてくれていることだ。これが、遺伝子組み換えへの道を開いてくれる可能性がある。ファーマーズ・マーケットは遺伝子組み換え作物を扱うには最適の市場だと思うが、それは、そこで自分の考え方を説明する機会があるからだ。私は自分の畑の写真を持っていくから、まやかしなどないことを理解してもらえるし、納得してもらえる（経済的な面、食の安全性、環境問題など）。一般の人たちには、はっきり説明すれば賛同してもらえると思う。

バエルが説明した味や新鮮さに加えて、私の体験では人々は燃費にも関心を持ってくれるし、私や友人が過去四〇年も推し進めてきた一種のバイオ・リージョナリズム（生命地域主義）のおかげで、スローフードやロカボア（地産地消主義）運動が広まってきている。道路脇での即売スタンドが増え、食料品の生産協同組合や、地域で畑を共同利用するコミュニティ・ガーデン、それに予約農場（サブスクリプション・ファーム）――ドイツ、スイス、日本から取り入れられた方式だが、人々は農家のコスト（リスクも含め）の分担金を支払い、その見返りに毎週、取れたてのすばらしい食品を配達してもらうシステムだ。仲買業者を省く定期的な購入方法で、地域に支えられた農業であり、農家にとっては実入りがいいし、現金収入も増え、消費者は安価で手に入る。

ボーローグの偉業

世界、とくに途上国でバイオテクと有機がどの程度うまく手を携えられるかを予知するには、一九六〇年代および七〇年の緑の革命で何がうまくいき、何が失敗だったかをまず調べることだ。一九六九年は、ポール・エーリックが一九七〇年代から八〇年代にかけて、飢饉による死者が数百万人も出るという「人口爆発」を予言したころで、小麦、コメ、トウモロコシなどの新しい品種がインド、パキスタンで〝離陸〟し、フィリピンはすでにコメの輸入国から輸出国に飛躍していた。その基礎が築かれたのは、一九四〇年代にロックフェラー財団が世界的な飢餓を救済するために、よりよい作物と最先端の農業手段に着手したおかげだった。そのために最初に起用されたのは、アイオワ州出身の博士号を持つ農村青年ノーマン・ボーローグだった。

二〇世紀半ば、アジアにおける飢饉は予測できなかった。一九四三年には、インドの飢饉で四〇〇万人が死亡した。一九五九年から六一年の間に中国で三〇〇〇万人が餓死した。ボーローグと多くの農民や科学者たちは、メキシコで実験を始めた。まず、収穫量の高い小麦やトウモロコシなど、途上国のどこにでも育つ品種の改良に着手した。新しい種は、農民たちが蓄積しておいたタネを再利用できるように、品種改良されていない系統で、不感光性のものでなければならない。——つまり、通年で栽培できる種類だ。収穫量が多い品種のそれまでの課題は、穀物の重さのために穂の先が垂れることだった。ボーローグは、茎よりも穀類のほうがより充実するように、ただし収穫期にはきちんと立っているように頑丈な半矮小種〔茎丈が高すぎも低すぎもしないセミドワーフといわれる種類〕を開発した。除草剤が雑草を抑えるために、この穀物は雑草より高く育つ必要がなくなった。新しい小麦やトウモロコシがアジアに導入されると、フィリピンではコメでも同じような進展がみられた。作物の評論家ジョナサン・グレッセルは、こう回想する。

小麦に関わる作業は、矮小化遺伝子を持っている染色体には収穫を抑制する遺伝子がぴったりリンクされているために、とくにやっかいだった。これらを交配時点で分離することは、めったにおこなわない染色体の組み換え（交差乗り換え）が必要で――つまり、野生にある数百万の植物をテストしてみなければならない。その作業が実行に移され、さまざまな品種がたちまちインドや中国の農家で取り入れられた。このような緑の革命の作物によって三倍の収穫が得られ、戦争の危機が差し迫った国々でも食糧が確保された。ボーローグと彼の同僚がノーベル平和賞を受賞したことは、当然だった。緑の革命の成功は、経済学者、社会学者、政治学者、農学者、そして殺虫剤や肥料産業の大物たちの予言とはまったく逆だった。彼らは、大衆にはそのようなものを受け入れる柔軟性はなく、インフラはできないだろうし、報酬への欲望も能力もなく、八方ふさがりは避けられない、と思っていた。自称農業の専門家たちがいかに農民を知らないかが露呈された。その後も、似たような事態が繰り返された。エセ専門家による予言とは裏腹に、農民、とくに小規模で条件に恵まれない農民は、急速に遺伝子組み換え作物を取り入れている。

ある評価によると、ノーマン・ボーローグは歴史上だれよりも多く――おそらく十億人――の生命を救った。エーリックが予言した飢饉は起こらなかったが、ある意味ではボーローグはエーリックと同じく、人口過剰の危機に恐怖の念を抱いていたため、いまのうちに食糧を十分に供給し、人口削減の努力は後回しにするアプローチをとった。それは、うまく運んだ。おまけとして、生産性の高い作物によって周辺環境にも利点が生まれた。二〇〇七年、ボーローグはこう書いた。

「もし一九五〇年当時の世界的な穀類生産高が、二〇〇〇年になってもまだ従来のような状況であったなら、二〇〇〇年の世界中の収穫を達成するために使われた六億六〇〇〇万ヘクタールの土地に倍する、同じ質の土地をほぼ一二億ヘクタールも余分に必要としたことだろう。そのうえ、もし環境的に脆弱な土地が農地として使われていたら、土壌の侵出、森林や草地の喪失、生物多様性の減少、野生動物の種の消滅など、破滅的な状況が生まれたに違いない」

飢餓に対してつねに無関心だった環境保護運動は、緑の革命は間違いだったという姿勢をとった。ノーマン・ボーローグが一九八〇年代の初期にアフリカで彼の魔法を使おうと着手したとき、環境運動家たちは世界銀行やフォード、ロックフェラーの両財団に対してボーローグに基金を提供しないよう説得した。その後、笹川良一が支援し、ボーローグはいまアフリカ一二カ国で企画を進めている。アル・ゴアは著書『地球の掟』（小杉隆訳、ダイヤモンド社）で、環境運動家の批判を要約した。

第三世界の食糧事情は「緑の革命」によって大きく改善されたが、一部で環境が破壊されたことも事実だ。たとえば莫大な資金援助が化学肥料や殺虫剤につぎ込まれ、わずかな潅漑用水を浪費したこと、あるいは生産性を高めるための短期間の土壌改良開発による深刻な土壌疲労、それぞれの土地に適合していた固有の種を壊滅させてしまうような単一高収穫栽培、そして全面的な機械化などが環境破壊をもたらしている。これらの技術は裕福な農民を、よりいっそう裕福にしただけだった。

ゴアは続けて、貧しい農民、環境、雇用などに焦点を当てた第二の緑の革命を推奨し、こう提案している。「植物遺伝子学の進歩を促進し、病気に強い作物を創造し、殺虫剤や除草剤の使用を削減する」

ゴアの本は、一九九二年に刊行された。その二四年前の一九六八年に、「インドにおける緑の革命の父」として知られた紳士が、インドの科学国民会議協会で次のように話した。

肥沃な土壌の組成を保護せずに農地を酷使し続けていれば、やがては砂漠化へと導く。排水溝の設備がない潅漑は、土中のアルカリ性分や塩分を増やすことになる。殺虫剤や防カビ剤や除草剤を無計画に利用すると、生物学的なバランスが崩れるだけではなく、がんなどの病気の発生率を高める原因にもなりかねない。……非科学的な地下水の開発は、長期に続いた自然農法によって私たちに残されたこのすばらしい資源である地下水を、急速に枯渇させるかもしれない。近隣の広大な土地に栽培されている生産性の高い品種を一種類か二種類と、古くから地元に適応している数多くの品種を急激に入れ替えれば、作物全体を壊滅させかねない深刻な病気を蔓延させる可能性がある。

講演した人物は、植物の遺伝子学者でインドではきわめて名高い科学者モンコンブ・サムバシバン・スワミナサン。彼は一九八七年に世界食糧賞を受賞した。新しいテクノロジーについて先端的で的確な知見を持つ。この分野は新しくてまだ形が固まっていない状況だけに、悪い習慣は根づいていない。私の見るところ、スワミナサンは、そのような新しいテクノロジーを巧みに論じた好例だ。

スワミナサンの警告にもかかわらず、インド政府は潅漑用水の汲み上げに過剰な助成金を付け、古くからの水脈を涸らしてしまい、多くの農民は殺虫剤や除草剤の使いすぎで水を汚濁させ、それが薬害の原因になった。世界で最悪の「永続的な有機汚染」が一二例あるが、うち七つは殺虫剤のクロルデン、エンドリン、トキサフェン、DDT、ディルドリンなどが原因だ。先進国ではすでにすべてが姿を消したが、途上国ではいくつかがまだ使われている。根強く残留するため、がん、出産異常、ホルモン障害、免疫不全、そしていまでは糖尿病の原因にもなっている。

スワミナサンは、国際稲研究所の所長をはじめ、国際自然および天然資源の保護連合、自然保護のWWF（世界野生動物基金）のインド支部、飢餓に対する国連ミレニアム・タスク・フォースの共同議長など責任ある地位に就き、彼の持論である「常緑革命――環境にやさしく、社会的にも持続する条件を基盤に、食糧をすべての人に提供し続けていく」事業を実践してきた。彼はエコ・テクノロジーの提案者であり、彼はそれを「生態学、経済学、ジェンダーおよび社会的な公平さ、雇用の創出、そしてエネルギー保全の原理に根ざしたテクノロジー」と定義づけしている。

スワミナサンは二〇〇六年の演説で、有機農業の運動が遺伝子組み換えを閉め出したことを公然と非難し、次のように続けた。

「私たちが〝緑の農業〟と呼んでいるものが、いま中国できわめて広く普及してきている。有機農業と緑の農業の違いは、次のような点だ。緑の農業は、統合的な病害の管理、統合的な栄養素の補給、科学的な水の管理――どの方法をとってもそれによってその土地の生産力を削減しないこと――が原則であり、さらに、分子レベルの品種改良やメンデルの法則による品種改良のどちらか、最も適したものを使うことができるというものだ。地球温暖化や海面上昇という難題に直面する私たちの能力は、有機農業と新しい遺伝子学をどう調和させるか、その能力にかかってくる」

遺伝子革命

もう一人の「緑の革命」の担い手は、農業生態学者のゴードン・コンウェー卿だ。一九六〇年代にインドネシアのボルネオで研究をしていたころ、彼は「統合的な虫害管理」に励む先駆者の一人になった。一九九八年から二〇〇四年にかけ、彼はロックフェラー財団の会長を務め、その間に『倍増・緑の革命』(*The Doubly Green Revolution*)という重要な本を著した。その本では、最初の緑の革命における欠陥（水の過剰使用、富裕農家の過剰な利益、土地管理の放任）を指摘し、その改善策を提案した。コンウェー卿は、二倍に拡大した緑の農業革命が最貧農の人たちのチャンスを拡大し、さらに収量を上げるために遺伝子組み換えを利用しながら、天然資源と環境保護を重視していくことを期待している。彼は、次のように書いている。

「私たちがタネのなかに生態系を築いていく可能性は、主として近代的なバイオテクノロジーの結果次第だ」

新しい「遺伝子革命」は「緑の革命」よりもうまくやれそうな理由が二つあるが、実行が困難な一点について、コンウェー卿は是正を試みている。現在の利点は、生態学がますます精緻なものになり、遺伝子組み換えが進んだおかげでもある。だが前述したように、遺伝子組み換えは、環境運動家たちが心配するより、はるかに深刻な課題を抱えている。問題は知的財産権だ。コンウェー卿は、二〇〇三年の演説でこう話した。

食品のバイオテクノロジーは、グローバル化のためにパブリックとプライベートという官民の境界線が変化したころに導入された――公共的な利益、公共領域、民間企業に対する公共的な義務、個人的な意志決定、個人的な利点などの区別があいまいになった。民間研究や技術の所有者に対する権利を管理する国際的なルールが変更され、国家および国際レベルでは、政府が公共の利益に対する基本的な責任を全面的に私企業に譲渡してしまったかのように、まるで受動的にしか動かなくなった……。

とくに現在のアメリカでは、科学的な新基軸の大部分を大学が民間企業に認可して譲り、そこには今後の重要なテクノロジーを可能にする技術――さらに研究を進めるための技術――も含まれている。その結果、公的支援による研究で可能になったオリジナルなものを含め、新たなバイオテク製品の四分の三が民間部門によって管理されている……。民間はいまやバイオテクノロジーの研究、生産およびマーケティングなど、あらゆる分野に関心を寄せ、支配している。規制制度でさえ、弁護士の幹部をたくさん抱える大企業の肩を持っている。

種子産業は熾烈な競争と低い利益マージンのため、知的財産を競争相手の手の届かないところに置いておくため、開発しても十分な市場価値のない知的財産まで抱え込んでいる。そのため、貧しい農民のために作物の研究をしたいと思う公的科学者にも、それができなくなっている。生産品を市場に出すための交渉や複雑な所有権のための支払いが山積するため、優れた生産品は行き場がなくて温室に置かれたまま、有用な発案も研究されないままになっている。

コンウェー卿はロックフェラー財団にいる間に、知的財産問題に関して二つの道筋を切り開いた。一つはマックナイト財団と共同作成されたもので、大学とともに私的利用の認可を受け、あるいは特許を取ったバイオテクの知的財産をさらに「公共部門の人道的な作業」に使えるようにした。二つ目は、巧みな工夫をした共同事業者の組織だ。ケニアに本拠を置き、アフリカ人が率いるアフリカ農業技術財団は、情報を提供して契約する以外は何もしない。コンウェー卿は、その理念を次のように説明している。

それはきわめて貧しい国々が、バイオテクに限らず、どのような新しい技術が公共・民間部門に存在するかの情報を伝えるための一つの方法だ。どれが彼らの必要性に最もよく応えてくれるのか。それをどのようにして入手し、どう管理するのか。そして国家として適切な規制とそれを導入する安全な制度をどのように開発すべきか。……その共同事業者が、特許権料なしで権利の所有者の進んだ農業技術にアクセスする機会を提供する(ことができるはずだ)。アフリカ農業技術財団は、その見返りに、資源に乏しい農家が新しい品種を開発する共同研究者を公表し、適切な安全テストを実施し、種子を貧しい農民に配布し、地元にマーケットを創設して余剰分の販売を手伝う。ほとんどの大きな国際的種子会社やアメリカ農務省は、その目標を達成するためにアフリカ農業技術財団と協力することを真剣に考慮する、と表明した。

もしそれがうまくいき、大企業や北半球の政府筋がその努力に加担し、環境運動家たちがその努力に参加するか、あるいはその道から遠ざかっていくか、邪魔にならないよう脇へどけられるだけでも、アフリカ諸国における遺伝子組み換えの道筋が開ける。

弱点を補え

ビジネスとして最も優先順位が高いのは、バイオで強化された食品だ。干ばつに強い根菜のキャッサバは、アフリカ、ラテンアメリカ、アジアの一部で八億人にとっての主要な食材になっている。デンプンはたっぷりあるが、たんぱく質、ビタミン、微量栄養素がまったく足りない。途上国でキャッサバを常食している人たちは、一人が一日に必要とするたんぱく質の三分の一、ビタミンは十分の一しか摂取できず、栄養不足の人にはとくに有害なシアン化物がしこたま含まれている。

二〇〇五年にビルとメリンダ・ゲイツが資金提供したバイオ・キャッサバ・プラスと呼ばれるプロジェクトでは、キャッサバを大幅に改良する遺伝子組み換えがおこなわれた。この新種には、八つの目標があった。栄養面では、日常の食事でだれもが必要とするたんぱく質、ビタミンA、ビタミンE、鉄分、亜鉛をまかなえるものでなければならない。それに加えて、新しいキャッサバではシアン化物を除去し、二週間は保存できるようにし、作物に悪影響をもたらすウイルスに対する抵抗力も強化された。さまざまな形質はそれぞれ個別に組み換えられ、それが一つの万能な作物植物に組み込まれていく。プロジェクトの責任者でオハイオ州立大の植物学者リチャード・セイヤーは、次のように語っている。

「これまでに試みてきた遺伝子組み換えのなかで、これは最も大胆なものだ。遺伝子導入の一つの利点は、作業に時間がかからないことで、一年以内に成果が得られる……。このような形質のすべてを、アフリカ人好みの栽培変種植物になるように積み重ねるとすると、この作業はアフリカの研究室でアフリカ人の科学者の手でおこなわれることが望ましい。私たちは、主にアメリカやヨーロッパで開発した道具を使っているが、このような道具を運び込めば、アフリカ人の手による開発プロジェクトになるだろう」

現地における試作が、ケニアとナイジェリアで始まっている。

ゴールデンライスに引き続き、バイオ・キャッサバ・プロジェクトが、遺伝子組み換え刷新の第二世代の先端を走っている。第一世代――Btコーンやラウンドアップ・レディ大豆など――は、生産性の増大が主目的で、いち早く成果を上げた。二万五〇〇〇回あまりの現場実験でテストした八〇種を超える遺伝子組み換え作物は、組み換え技術の安全性とその成果を証明した。その実験から得た教訓のもとにいま振興している遺伝子組み換えの第二世代は、消費者の栄養補給を十分に満たし、おいしい食べものにしてアレルゲンや毒素を排除し、だれもが栽培できることを目的にしている。

ゲイツ財団が支援したもう一つの事業は、フローレンス・ワムブグのアフリカ収穫バイオテク財団が率いるデュポン・パイオニアなど九つのコンソーシアムと手を組んでおこなっているアフリカ・バイオ強化モロコシ・プロジェクトだ。モロコシ（ソルガム）は、干ばつに強く、世界で五億人が食べている。その遺伝子組み換えバージョンは、消化吸収を改善し、ビタミンAとE、鉄分、亜鉛、三つのアミノ酸を加えてある。温室における試作が南アフリカでおこなわれている。バナナが主食のウガンダのような国では、遺伝子組み換えバナナもビタミンAとE、鉄分を一日に必要な分だけ摂取できるように開発されている。

『サイエンス』誌の二〇〇八年四月号には、次のような記事があった。

「グリーンピースは、ゴールデンライスに反対し続けているのと同じく、貧しい国の畑で遺伝子組み換えバナナ、キャッサバ、モロコシ栽培を続けることに強く反対していく、とロンドンのグリーンピース科学部隊のジャネット・コッターは言明している」

私が知っているジャーナリストのグレッグ・ザカリーは、あまり注目されていないが、アフリカで進行している農業改革について二〇〇八年に次のように書いている。

アフリカの東部および南部から輸出される野菜、果物、花などは、二五年前には実質的にゼロだったが、いまや年間二〇億ドルを超えている……。ロンドンの海外開発研究所の農場専門家スティーブ・ウィギンズは、「農業を変化させているのは、都市化のおかげだ」と見ている。アフリカでも田舎を離れる人が増えるにつれ、残された農民たちの土地の持ち分は増え、都会では消費者が増加する。……多国籍企業がアフリカの農業にいっそう緊密に関わるようになり、プランテーションを基盤とした農耕から離れて、その代わりに数千、いや数十万の個人農家と契約する方式を選んでいる。拡大する中産階級の食欲を満足させることが急務になっている中国やインドは、アフリカを可能性のある主要穀物生産地だと見なしている。

「契約農業」の名で知られる方法が、アフリカを力づけるうえで重要な手段になった。買い手は農家が作ったものをすべて――コーヒー、ワタ、それに魚さえも――買い付けることに同意し、以前は収穫品を腐らせてしまう恐れを持っていた生産者の悩みを解消し、可能な限りたくさん生産することを奨励することになった。買い手は――国内企業もあれば多国籍企業もあるが――儲かるから、彼らは農家の生産性を上げさせ、研修や種子の割引などを提供して意欲を高める。……アフリカと農産物を取引するヨーロッパ、アジア、アメリカの主要な国際的買い手からよく聞くのだが、アフリカでは自分の土地にこだわり、家族労働で化成肥料などカネのかかるものはほとんど使わない小農家のほうが、プランテーションよりもはるかに効率的な生産者だという。

携帯電話と同様に、遺伝子組み換え食品の革新が途上国で多くおこなわれることが、最も好ましいと思う。もし、北半球諸国の有機食品産業が遺伝子導入したものすべてを禁じるとしたら、よりおいしく、より体によく、そして土地や生態学にとってもやさしい遺伝子組み換え食品の名声と市場は失われることになる。

アメリカで最先端をいくのは、私の見るところ、医療面でなんらかの利点が見られる遺伝子組み換え食品だと思われる。まもなくできるのは、遺伝子組み換えのブタだ。魚類にも含まれている、心臓に良いと言われるオメガ3脂肪酸が豊富に含まれた豚肉が開発される。また、赤ワインに含まれるレスベラトロルは、フランス人がバターをたっぷり使っているにもかかわらず長寿であることから、中国ではワインに六倍のレスベラトロルを含む遺伝子組み換えワインの研究が進められている。テキサス州の研究者たちは、日常的な作物からカルシウムを十分に摂れない人たちのために、骨粗鬆症(こつそしょうしょう)予防のために十分なカルシウムが摂れるような遺伝子組み換えのニンジンを開発した。またデュポン・パイオニア社は、料理に含まれるトランス脂肪酸を制限する、TREUSと呼ばれる高オレインの遺伝子組み換え大豆を作り出している。——心臓病の多いアメリカ人にとって、歓迎すべきニュースだ。これには、外部からの遺伝子は導入されていない。この遺伝子組み換え技術では、遺伝子を沈黙させることによって大豆が高不飽和リノレイン酸という健康に好ましくないものの代わりに、一価不飽和オレイン酸(オリーブ油に含まれる)を作る。この組み換え食品には、遺伝子が導入されていない。それでも反遺伝子組み換えグループの人たちは抗議するのだろうか。

　病気を駆逐するために遺伝子組み換えが整備されていくことに、不満を感じる人はほとんどいないはずだ。マラリアやデング熱を媒介できなくするため、蚊を無力にしたり不妊にするプロジェクトが六つほど進められている。日本の科学者たちは、コレラ・ワクチンを運ぶイネの形質を開発中だ。韓国の科学者たちは、アルツハイマー用のワクチンを含むトマトの品種を研究している。フロリダ州の歯科医は、虫歯の原因となるバクテリアに変化を加えたバージョンで、むかしながらのミュータンスレンサ球菌（連鎖球菌変異体）を使った虫歯の永久治療法を考案した。狂牛病については、遺伝子組み換えとクローニング技術の組み合わせによって家畜（したがって人間を含めて）から完全に狂牛病を排除できるようになった。

森が回復する

　次に問題になるのは、樹木だ。何かにつけて反対したがる人たちは、「もし私たち大人が○○○に失敗したら、子どもたちは私たちを決して許さないだろう」と断言する。実際には、後に来る世代はあまり過去を振り向かないようだ。もし振り向いたとしても、問題がどこにあったのか、気づくことはないだろう。たとえ気づいたとしても、それほど気にしない。私はそれに関しては、例外的な育ち方をした。私が子どものころ、毎年、夏を過ごしたミシガン州では、私の曾祖父の代が州内のストローブマツやノルウェー・パインの巨大な森林を伐採してしまった。

「おーい、沼に日が射しているぞ」

　私の両親の小屋は、半島南部を覆っている残された二つのマツの原生林の一つのなかに建っていた。周囲のストローブマツは、高さ五〇メートルにも達していた。私はそこで何が失われてしまったのかを知っていたし、許す気持ちはなかった。ジム・ハリソンの小説『トゥルー・ノース』（*True North*）という本では、世代を超えた怒りの感情を読み取ることができる。ミシガン州北部の森を死なせた男たちの一人の息子が、書斎で一生をムダに過ごし、父親がその土地に対して犯した罪を恨んだ話だ。

それは、過去の話だけではない。数年前に妻と私は、オーストラリアのタスマニア島を訪れたが、一つの目的は、世界で最も背が高くて硬い木質の樹木、堂々としたユーカリに似た一〇〇メートルもの高さまでそびえるユーカリプタス・レグナンスを見たかったからだ。保護されている、仲間の木もある。だが多くは伐採され続け、それも材木として使われるのではなく、細かく粉砕され、ダンボールの厚紙に加工されていた。まるでストラディバリウスの高価なバイオリンが、たきつけにするために壊されているのを見るようだった。

私が望むことは、販売用の材木はその目的のために育ててほしい、ということだ。滑らかで低リグニン〔不溶性の食物繊維〕のパルプ材、木目がまっすぐ通っていてきめが細かく、見た目に美しい、しかも値の張らない木材として使える樹林は、遺伝子組み換えをしてみたらいい。そのような樹木は、プランテーションにまとめて植えるのが好都合で、伐採も簡単だし、多くの森が自然のまま残せる。自然木を切り倒して木材にするのは、利口なやり方だとは思えない。世界的に植林が盛んになったおかげで、温帯や北方の森が、一九五〇年の適切な状態まで戻ってきた。デヴィッド・ヴィクターとジェシー・オースベルは、『フォーリン・アフェアーズ』誌に、「森林の回復」という題で次のような記事を書いている。

「自然木を切り倒すよりも、植林された森林から切り出す産業のほうが、同じ分量の材木を切り出すには五分の一かそれ以下の区域を傷める程度ですむ。世界中の森林の半分を切り倒す代わりに、人類は森林のほぼ九割をほとんど傷めないでおける」

著者たちは、さらに次のように詳しく述べている。

国連の食糧農業機関（FAO）によれば、工業用木材の四分の一はすでにそのような植林地から出荷されていて、最近植林された森林が成長するころには、高い配当が期待できる。現在の植林率が続けば、木材は少なくとも一〇億立方メートル――全世界に供給する約半分の量――が、二〇五〇年までには植林園から出荷される見通しだ。セミナチュラル・フォーレスト――自然に再生した森林だが、生産量を高めるために間伐した森林――が、残りの大部分を供給できるだろう。昔から存在する小規模な「各地域の地元森林」も、工業用木材の一部は供給できる。そのようなやり方をしていけば、地つきの森の住人たちも、材木の販売によって収入を得ることができ、森林も住民も保護されることになる。

環境運動家たちは森林管理協議会（FSC）という持続可能な森林管理認定プログラムを設定して促進させ、指導的な役割を果たすまでに成長させるというすばらしい事業をなし遂げた。材木を買ったときには、FSCというロゴを捜してみよう。現在FSCによって認定され、持続的に伐採されている三六万四〇〇〇平方キロメートル（一四万平方マイル）のうち、約四分の一が植林地（プランテーション）で栽培されている。ところが、植林地には遺伝子組み換えされた樹木も混在しているため、残念ながら、この産業分野ではこの形態が最も望ましい持続可能な方策だとは断定できない。なぜかといえば、ＦＳＣの認定書では、「遺伝子操作された樹木が植えられた地域で収穫された材木」は除外しているからだ。冒険好きなＦＳＣの専門家たちは、やがて遺伝子組み換え樹木用植林地が増えてくると、それを管理してみて、最高の〝グリーン〟であることを認識し、ＦＳＣから枝分かれしたこちらのほうがＦｆＳＣ――フランケン・フォレスト管理協議会――とでも呼ばれる下部組織を作るのではあるまいか。

遺伝子流動がもたらす影響

最も重要な問題は、同種間で起こる遺伝子流動だろう。中国、アメリカ、イギリスなどで最初に組み換えされた樹木はポプラだが、それは成長が速く、大木に育つからだ。ポプラからパルプを作りたい、合板にしたい、バイオ燃料に転用したい人たちもいる。パルプやバイオ燃料を目的に栽培されているポプラは、より安くきれいに加工するため高分子化合物を減らした低リグニン品種が巧みに作られていて、パルプ工場から排出する毒性を削減している。だが、中国の植林地における害虫抵抗性のＢｔポプラが、遺伝子流動によってこれからどのような影響を生んでいくのか。中国産ポプラの害虫に対する成功率がきわめて高いことが証明されたため、ヨーロッパの黒ポプラのＢｔポプラの二品種が二〇〇二年に、中国における広大な再植林プロジェクトでテストするために実験的に植えられた。二〇〇四年に中国・森林アカデミーのフオラン・ワン（王豁然）は、次のように報告している。

中国政府は、森林開発の高邁な目標を掲げた。二〇一〇年までに森林面積は全土の一九％に、二〇二〇年までには二三%に達するだろう……。森林遺伝子学、遺伝子操作、そして森林の樹木を土地になじませる作業は疑いもなく前進し、目標達成に貢献することは間違いない。……

これまでのところ、一〇〇万本ほどの遺伝子組み換え黒ポプラが増殖され、植林地の設立に役立った。……だが増殖が容易になり、遺伝子組み換え樹木の取引も緩和され、遺伝子組み換え樹木と通常の樹木の形態上の区別がむずかしいため、遺伝子組み換え植林地の正確な面積は査定できない。市場に関与する多くの養樹園主たちは、彼らが手がけている種は高額で売買されるハイテクによる遺伝子組み換えの木だ、と断言する。多くの種が一つの養樹園から別の場所へ移されるために、追跡もむずかしい。……

遺伝子組み換えの樹木から、非組み換え樹木への遺伝子流動のリスクを隔離距離に関係なく減らすことは、同一区域にあるポプラの間での自然交配が緩和されたこともあって、ほとんど不可能で、また中国北部ではポプラが広範囲にわたって植えられているために、花粉や種子が飛散することは防げない。

これがまさに、環境運動家が最も恐れていた状況だ。組み換え遺伝子が世界中で野放しになり、古くから生きてきた生物の間で自由に交雑する。遺伝子流動の実地調査をするうえでは、最高のチャンスだ——どれだけ分布し、どのような悪さをするのか。

もし中国のポプラに関する徹底的な実地調査がおこなわれたならば、私は次のような点を予見する。

▼ポプラの組み換え遺伝子を探知する、迅速で安価な方法の考案。
▼遺伝子流動が見られるのは、予期されたよりはるかに少ないだろう。妨害するのは、アメリカにおけるポプラ研究グループの論文で、「遺伝子惰性」と呼ばれる要因だ。その論文のリストに上げられた惰性の現象は、「開花の遅れ、木の寿命、植物の遷延性（持続性）、野生樹木群の発展性、これらの野生樹木群によって引き起こされた植林に伴う繁殖体の減少」などだ。
▼非遺伝子組み換えのポプラの樹木群が交じっていて、まだ機能を進化させていない昆虫の避難所の役割を果たすため、Ｂｔ耐性害虫の進化が、手に負えないほどのことは起こるまい。
▼組み換え遺伝子が非遺伝子組み換えポプラの生態系に及ぼす害は、とくに気候変動、生息地の損失、仮住帰化植物の侵入などの影響に比べれば微々たるものだ。
▼だが、不稔の遺伝子組み換えポプラの品種は、現在進行中の組み換え遺伝子による「汚染」の恐れを鎮静化させる目的のためだけに開発されるだろう。

私の予測は、間違っているかもしれない。証明は、研究の成果を待たなければならない。研究されたとしても、二者択一の議論のまま残された場合、白黒はつかない。私の主張はおわかりいただけたはずだ。

ここに、反対派の「世界正義エコプロジェクト」の反論がある。

「遺伝子組み換え樹木による自然林への汚染は避けられず、野生生物を破壊させ、新鮮な水質や土壌を枯渇させ、自然林の生態系を破壊し、森林に生活の拠点を置くコミュニティの文化を殺戮し、人間の健康に関わる影響などの原因にもなり得る」

私は疑問に思うが、中国が教えてくれることを期待しよう。

新しい社会における、新しい技術

遺伝子組み換え農業を大きく加速させた要因の一つは、気候変動だ。農業のやり方は、気候問題への対応から気候変動を解決する道へとスイッチを切り替えなければならない。その変革の端緒は、土地の肥沃化と原野の保存をよりうまく実践することからも生じるし、組み換えされた「種子のなかの生態系」からも生じる。

化学肥料漬けになってしまった土壌から放出される二酸化炭素よりも、その三〇〇倍も悪質な温室効果ガスである亜酸化窒素を考えてみよう。『ニュー・サイエンティスト』誌の記事によると、もし窒素肥料の使用を三分の一ほど削減すれば、「世界中すべての航空機が着地する際に排出する以上の温室効果ガスが減らせる」という。有機栽培が増えることも、望ましい。新しい品種のコメやその他の作物が肥料から摂取する窒素がずっと少なくてすむよう、効率をよくするための遺伝子組み換えがおこなわれているが、それによって農民の出費は節約できるし、大気や水質の汚染も減らせる。

また私たち自身や家畜、ペットなどが吐き出す息、げっぷやおならなどのガスも考えてみよう。ラブロックは、それらが温室効果ガス全排出量の二三%を占めると言う。オーストラリアが、そのテストケースだ。あるプロジェクトでは、牛から排出されるメタンガスを二〇%削減できると思える低リグニンの草に遺伝子組み換えしている。もう一つのプロジェクトでは、できればメタンガスを一五%削減するために、メタンガスを発生しないカンガルーの消化器官から、消化を促進する微生物を牛の消化器官へ移そうと試みている。

エネルギー効率に関しては、あらゆる種類の実現可能なプラス面に対して熱い注目が向けられている。植物の石あるいは植物珪酸体という言葉をお聞きになったことがあるかもしれない。それは土中に数千年も埋まっていた植物炭素で、顕微鏡でしか見られないシリカ球だ。すべての作物植物に存在するが、遺伝子操作によって増やすことができれば農家は炭素を封じ込めることができるから、炭素クレジット（取引可能な温室効果ガスの排出削減量証明）を稼ぐことができる。

遺伝子組み換えに従事している法人、企業、政府機関はいずれも、とくに気候的にハンディキャップを持っているアフリカでは、干ばつや塩分に耐用性のある作物の研究を続けている。そのような作物では気候変動に対する適応がきわめて重要な要素だから、必ず必要になるし手を打つなら早いほうがいい。だが生態学者たちは、このような作物は、乾燥して手のほどこしようがない環境では、それに適した野生に戻る――雑草となってはびこる――のではないかと、当然ながら心配している。そのような荒れ地では、土着の植物との競争があまり激しくないからだ。このようなケースこそが、新しくて有望な作物はどのような特性を持つのがベストなのかを探り出すための真剣な生態学的調査をおこなうべきだ。

バイオ燃料は、温室効果ガスを削減すると考えられていたが、食品用の作物をバイオ燃料に転用することは、経済的にマイナスになる。第二世代のバイオ燃料は、スイッチグラス（干し草用のイネ科の植物）とかジャトロファ（油分の多い種子を利用）、大麻、ポプラ、ヤナギ、それにワラやトウモロコシの茎や葉などの農業廃棄物、森林の灌木などの非食用作物から燃料を作るバイオテクが主体になっている。植物の遺伝子組み換えは、しっかり固まっているセルロースを燃料に変える助けをいくらかはするかもしれないが、セルロースのくずをゴールドに変える作業のほとんどは、莫大な量の注意深く調整された微生物がやってくれる。ヒトゲノムの解析に貢献したクレイグ・ヴェンターは、こう警告する。

「もし微生物が自分たちのやっていることに不満を感じたら、彼らはあなたたちが彼らにやってほしいと思うこととかけはなれたことをやり始める。未来のカギに当たる部分では、微生物が甚だしく不快でないシステムの構想をまとめる役割を果たす必要があるだろう」

ヴェンターは彼の新しい会社シンセティック・ジェノミックスを立ち上げたが、彼はバイオ燃料のゴールド・ラッシュ時代における無数の起業家の一人だ。彼は述懐する。

「燃料と石油の産業は、数兆ドル産業だから……」

燃料として燃やされる石油は、また石油化学産業を全面的に支えており、私たちの衣類、プラスチックや医薬品などすべてが石油またはその派生品だ。……現在、石油は地球上の辺地で産出しているため、移送に大変な努力が払われているが……移送先である精油所の数はきわめて限られている。私たちはそれと同じ燃料を、もっと流通に便利な方法で、生物学的に作ることができる。私は、たぶん一〇〇万の小規模精油所が必要ではないかと想像している。会社、都市、そしていずれは個人でさえも、自家用の燃料を作る精油所が持てるのではないだろうか。そうなれば多くの流通問題や石油関連の汚染も減らせるはずだ。

これは、一つのはっきりしたビジョンだ。もう一つは、イギリスの「グリーン」おたくの雑誌『エコロジスト』への次の投稿に見られる。

「私たちが直面している最大の悪夢には、植物の基本的な構造物であるセルロースを液化するという、強力な能力を持つ遺伝子組み換えされた生物（ＧＭＯ）も含まれている。……これらの遺伝子操作生物の一部は流出し、その先で適応し、増殖するだろう。それは〝グリーン・ペスト〟（大厄災）を招きかねず、野菜王国を壊滅させかねない。これは、取り越し苦労ではない」

もう一つのエネルギー補給の解決策として、ヴェンターは彼が培養している、活発で飼い慣らされたバクテリアを最大効率時点で活用したいと考えている。サンフランシスコの聴衆に向かって、彼はこう語った。「私の新しい会社は、地中深いところで石炭を掘削するのではなく、生物学を利用して石炭を生物学的にメタンに変える事業を試みる契約をＢＰ（ブリティッシュ・ペトロリア）社と結んだ。……炭素を地中から放出することに変わりはないが、石炭を掘って燃やすよりは、約十倍も改善できる」

疑念は現場で解ける

私は最近、アメリカの情報産業の第一線にある人々と共同で作業をして、環境運動家のものの見方について学ぶところがあった。すべての新技術に対する国家安全保障の視点は、不安な疑問と表裏一体になっている。この新しい事業は、私たちにとってどのような弊害をもたらす可能性があるのか。だれがそれを作り出し、普及させ、あるいは飛びつき、そして協議すべき事項としては何があるのか。その協議では、その技術が危ない方向へ導く恐れはないのか。

このようなテクノロジー恐怖症は、自己実現的な予言だともいえる。不信感が内部に充満するため、恐怖ばかりが募り、敵とみなし、そのような感情ばかりが膨らむ。国を守ろうとしているにしても、自然界を守ろうとするにしても、新しい技術はすべて中立的だ、という前提で考えるほうが有益だ。したがって、それを作り出す人も、それを使う人たちも中立的だ。あなたがやるべき仕事は、それらの利点を最大限に活用し、弊害を最小限に食い止めるよう手を貸すことだ。そのためには、距離を置いていては不可能だ。とくに環境運動家にとって、疑問を感じる新技術を管理する最善の方法は、それに関してなんの疑念も持たない熱狂的な人の手にすべてを委ねることがないように、自ら取り組むことが肝要だ。

ひたむきな環境運動家である科学者の旗手たちが、遺伝子組み換えを使って何ができるのか、その成果をぜひとも見たいものだ。植物のクズ（葛）やミトンガニのような侵略的なヨソ者を阻止し、安価なバクテリア・センサーを使って水中の害毒を調べる、あるいは畑で私たちを悩ませている問題などに、これらパワフルな新しいツールで采配を振るってほしい。最後の件は、すでにブラウン大学の学生三人の手でおこなわれた。その成果によって、二〇〇八年のｉＧＥＭ（国際合成生物学）の大会で、環境プロジェクトの最優秀賞を獲得した。

一九七〇年代に、ハッカーたちがコンピュータを組織的なコントロール・マシーンから個人的な自由なマシーンに変換させた状況を、私は見た。「グリーン」のバイオテク・ハッカーたちは、どこにいるのだろうか。新しい草の根運動の一つであるメーカー・フェアーズ（ＤＩＹ［Do It Yourself］のお祭り）のある参加者が、適切な態度を示してくれたと評して、こう語った。

「私たちは技術をひったくり、その背中を引っぱがし、私たちがたどり着いてはいけないところにまで手を伸ばしている」

たとえ活動の中心になっている人物がインドのスラムに住み、携帯電話の修理マニュアルを自分なりに書くためにリバースエンジニアリング（分解・解析）しているか、バイオ・ブリック（標準生物学）のパーツをアマチュアのバイオ技術者に分け与えているドゥルー・エンディであっても、あるいは西アフリカで新しい遺伝子組み換え作物や家畜に関してアフリカ伝統の混作農業を再導入している契約農家であっても、関心を引き付けるのは、つねに草の根の強化策だ。

どのような環境団体であっても、このような人々と密接に手を組んで作業することが役立つ。どれほど新しい技術でも、その本質的な性質は、それに熱心に関わっている人から直接聞けば最もよく学べるはずだ。体験を基にした批判は、イデオロギーや理論だけに基づく論理よりも切れ味がよく、広く宣伝される前に問題点の修正を試みるし、街頭レベルで立証できる。

もし環境運動家や遺伝子組み換えに疑問を持つ人たちが、一九八〇年代はじめから現場で研究者にぴったりついて回っていたら、彼らは遺伝子組み換え作物は食べても安全であり、生態学的にも有益で、企業は重要だが技術者たちを管理する必要性は必ずしもないことにすぐ気づいたことだろう。環境運動家たちは、途上国で「グリーン」の農業革命を遅らせたりすることなく、緑の革命の効果を倍増する手伝いを率先してできたはずだ。二〇年という時間、資金、人的資源、信用が反遺伝子組み換え主義のためにムダになったことは、生態的な理念よりも実際問題の解決に振り向けられていれば有意義に使えたし、遺伝子技術は、「グリーン」の世界では基本から始めて最高の水準にまで到達したに違いない。

以上で、この本で扱う重点項目の導入部は終わる。都市は「グリーン」だし、原子力も「グリーン」。遺伝子工学もまた「グリーン」だ。この本の後半部分では、この三つのテーマに関して、私たちが犯してきた過ちをどうすれば繰り返さずにすむか、定住者たちは彼らの周辺の自然に対してどれぐらい深い心配りをしているか、そして地上の地球規模の自然のインフラをどのように扱っていくべきか、できるだけ軽いタッチで検討していきたい。

The historical pessimist sees civilization's virtues under attack from malign and destructive forces that it cannot overcome; cultual pessimism claims that those forces form the civilizing process from the start. The historical pessimist worries that his own society is about to destroy itself, the cultural pessimist concludes that it needs to be destroyed.

The exception was Jacques Cousteau, the pioneer of underwater exploration. In a 1976 interview for CoEvolution, he told me that in the 1960s his fellow ocean specialists were scandalized by the expense and irrelevance of the U.S. space program, but he supported it for philosophical reasons that quickly became practical.

I have given nearly one thousand talks about the environment in the past fifteen years, and after every speech a smaller crowd gathered to talk, ask questions, and exchange business cards. The people pffering thier cards were working on the most salient issues of our day: climate change, poverty, deforestation, peace, water, hunger, conservation, human rights, and more.

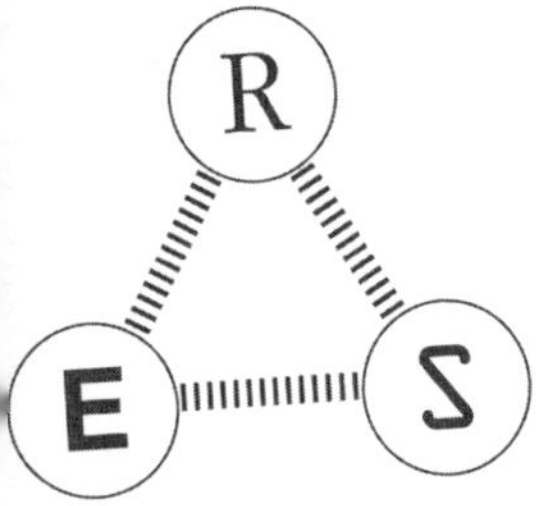

and are uncomfortable with the prospect of fixing things because the essence of tragedy is that it can't be fixed. Romantics love problems; **scientists** discover and analyze problem; **engineers** solve problems.

Science is the only news.

The environmetal movement is a body of science, technology, and emotion engaged in directing public dicourse, public policy, and private behavior toward ensuring the health of natural systems.

It was romantics- charismatic figures such as Henry Thoreau, John Muir, David Brower, Ed Abbey, Dave foreman, and Julia Butterfly Hill- who taught us to be rings of bone, open to all of it, ready to redirect our lives based on our deepesr connection to nature.

Examine the primary source of information.... Ask if the work was published in a peer-reviewsd journal...Check if the journal has a good reputaion for scientific research....Determine if there is an independent confirmation by another published study....Assess whether a potencial conflict of interest exists....

DO YOU ALSO BELIEVE IN FAIRIES?

I saw myself a ring of bone in
the clear stream of all of it and
vowed, always to be open to it
that all of it might flow through
and then heard "ring of bone"
where ring is what a bell does

-Lew Welch, Ring of Bone

第7章 夢想家、科学者、エンジニア

Environmentalists own the color green. That's extraordinary, an astonishing ... movement has owned a color ... Communists took over red. Red means nothing now.

A new set of environmental player is shifting the balance. Engineers are arriving who see any environmental problem neither as a romantic tragedy nor as a scientific puzzle but simply as something to fix. They look to the scientists for data to fix the problem with, and scientists appreciate the engineers because new technology is what makes science go forward. The romantics distrust engineers-sometimes correctly-for their hubris

It may seem hardest to change course when you think you're triumphant, but it's actually an opportune time. Resources abound; new people with new ideasshow up.

Today's torrent of environmental progress rivals that in the heady years around the first Earth Day **in 1970**.

環境運動家たちは、グリーンをシンボルカラーにしている。これが定着したのは、すばらしいことだ。共産主義者たちが赤をシンボルカラーにして世界中に普及させて以来、このような快挙はなかった。赤はすでに勢いをなくしてしまったが、グリーンはいつまで命脈を保てるのだろうか。あるグリーン系雑誌の編集長が、私にこう尋ねた。

「環境保護運動を定義するとしたら、どういうことになるんでしょうかね？」

そこで、私はこう返答した。

「環境保護運動というのは、科学と技術に加えて、自然のシステムを健康に保つ方向に人々を導くための講演活動や公共政策の策定、個人的な活動を総合したものでしょう」

私見によれば、環境保護運動の成功には二つの条件があると考えている。——夢想的とでも言えるロマンチシズムと、サイエンスだ。この二つは相反することも多いが、そこに第三の要素が加わる。ロマンティックな夢想家は、自然のシステムに共鳴し、その感情はモラル面も含むため強い力で抑圧的な権威に反発し、正しいと信じる道から外れたものは排除したがる。ところが自分たちの誤りは認めたがらず、方向を変えることも潔しとしない。一方、科学者は感情ではなく倫理を重んじ、既存の規範にとらわれずに互いに論議を闘わせる。彼らにとって科学とは誤りを認めることであり、方向を変えることが目標だ。

環境保護運動に熱心な者のなかに、ロマンチシストが多いのは喜ばしいことだ。たいていの先進国では、彼らが運動の中核になっていると大多数の国民に信じさせてくれるからだ。裏返して言えば、科学者は少数派で影響力も強くない、ということになる。科学者は重んじられず、無視されがちで、彼らの見方が大多数の見解に一致しなければ悪罵（あくば）される。

最近は、環境問題に取り組む顔ぶれのバランスに変化が出ている。しだいにエンジニアの数が増える傾向にあり、彼らは環境の現状をロマンティックな側面から悲劇の到来として慨嘆するわけではないし、科学的な謎解きにのめり込むこともなく、状況を元通りに直そうとひたすら努力する。彼らはその手段として科学者にデータを求め、科学者もテクノロジーが科学を前進させる「持ちつ持たれつ」の関係があるので歓迎する。ロマンチシストはエンジニアを評価したがらない。何事も修正可能と過信するエンジニアを傲慢だと感じるからだ。三者は三様で、ロマンチシストは問題が発生することを歓迎し、科学者はその原因を突き止め、エンジニアはそれを解決する。

総力戦

以上は、単純に図式化しすぎたきらいがある。アメリカでは一九七〇年代に、大気浄化法、水質浄化法、絶滅危惧種保存法など、環境関連の法律がたくさん成立したし、環境保護庁も設立された。それは、このような固定観念のせいではない。数々の法案を起草し、議会を通過させて法律に仕立てた人たちを、なんと呼ぶべきか。「政治エンジニア」あたりが、ふさわしいのかもしれない。

一九三〇年代に早くもアヒルのハンターが保護運動を開始して湿地に保護区を設定し、七〇年後にも同じようなことをやっている人々は、どのようなジャンルに入れるべきなのだろうか。北米では、二四〇〇万エーカーにおよぶ水鳥の広大な生息地が保護区に指定されている。そこでは「ダックス・アンリミテッド」の訓練を受けた七七万五〇〇〇人が働いている。

リサイクルを実施し、ロサンゼルスの大気を清浄化し、テムズ川の水質をきれいにし、エコロジーを哲学の域にまで高めたのは生身の人間であって、紙を切り抜いた人形ではない。エコツーリズムをビジネスに高め、野生生物のドキュメンタリーを娯楽のレベルに引き上げ、「ウォーターシェッド（集水面積）」を都市計画の専門家が芸術的に取り込み、街頭に無数の並木を作り、アマゾンの熱帯雨林の乱伐を防ぐのも、すべて人間の仕事だ。酸性雨やオゾン層の破壊を防ぎ、絶滅が危惧されるコンドルを救い、ツルを保護し、全地球規模のグリーン組織を結成し、各国政府レベルで野生公園を作って世界遺産にまで高める運動も同様だ。このような事業を列記していたら、それだけでこの本が終わってしまう。環境保護運動に挺身しているポール・ホーケンは、二〇〇七年の著書『祝福を受けた不安』（阪本啓一訳、バジリコ）のなかで、保護運動の広がりを概観している。

私はこれからも、自分の個性に合ったやり方を続けていく。これから起こってくると思われる大きな変化に対応できると思っているからだ。二〇〇七年に気候変動が世界的な大きな懸念になったとき、世界中のグリーン派は自分たちの主張が正しかったと自負した。その年の夏、シエラクラブの幹部は次のように評した。「今日の環境運動の盛り上がりは、一九七〇年にはじめてアースデイが制定されたころを思い起こさせる」ついに、世界中のコンセンサスがグリーン派の周囲に結集したかのように思えた。環境保護運動が、最後の勝利を収めたかに見えた。

だが、そうはいかなかった。グリーン派の活動は、長い時間をかけて進化してきた。それが突然、気候問題に関しては古くさいものになってしまった。ひどく否定的に響くようになり、伝統に縛られすぎ、専門的すぎ、政治的に偏向しすぎている印象を持たれるようになった。環境運動家たちは、主導的な役割を果たすどころか以前より影が薄くなって追い込まれた。グリーン派がこれまで手がけてきた活動は、自然を文明から守ることだった。文明を自然のシステム――気候のダイナミズム――から守るという事業は未経験だった。

勝ち誇っているときに路線を変更することは、困難だ。だがチャンスとも言える。利用できる者は多々いるし、新しいアイデアを持った新顔も次々と出てくる。勇敢な若手たちは、思い切った作戦に出る。感傷を捨てれば、もはや役に立たなくなった古い方法論も捨てられる。そして、これまでタブー視されてきた新しい価値観を捜し求めることも可能だ。私はここで、その枠組みを提唱しておきたい。頑迷で保守派の環境保護者ばかりでなく、気候変動に呼応できる環境運動家たちのためにも。

ロマンチシストたちの夢

ロマンチシストでカリスマ性のある環境問題の先覚者に、たとえばヘンリー・ソロー、ジョン・ミューア、デヴィッド・ブラウアー、エド・アビー、デイブ・フォアマン、ジュリア・バタフライ・ヒルなどがいる。彼らは私たちもやがて骨になることを思い出させてくれるし、世界の謎を解き明かし、自然との深い関わり合いを教唆してくれる。私がスタンフォード大学を卒業した年に、ブラウアーはシエラクラブの展示様式に基づいて、アンセル・アダムスの自然写真集『アメリカの大地』(*This is the American Earth*)を発刊した。私はそれに触発されて人生の航路を決め、いまだに歩み続けている。エド・アビーは砂漠についてのフィクションやノンフィクションの本をたくさん書くとともに、抵抗運動のロマンについても教えてくれた。そして、「地球第一（アース・ファースト）」という団体を仲間とともに創設したデイブ・フォアマンの先駆者になり、長期の樹上生活をしたジュリア・バタフライ・ヒルにも影響を与えた。

なんのために闘うのか、何に対して闘うのか、というある程度の意識を持っていると、人生に意義が感じられ、「決してあきらめない」という研鑽（けんさん）を積むことができる。だが私は、いまではそれが幻想で視野が狭かったと思えるようになった。神秘的な絶対性に忠誠を尽くしていると、大厄災に見舞われかねない。とくに、時代の転換期においては。

私は夢想的な考え方に幻滅し始めたが、一九九七年に出たアーサー・ハーマンの『西欧史における没落の概念』（*The Idea of Decline in Western History*）を読んでから、ロマンチシズムとは決別した。滅亡や衰退はよく語られるが、この本のテーマは、その背景にあるものはいったい何なのだろう、という疑問だ。欧米の著名なインテリたちはもう何十年にもわたって、世界は堕落した状態に陥っていると指摘してきた。人類が進歩を遂げつつあるなどというのは偽りで、悪い人間、悪い考え方、悪い組織が、よいものを一方的にぶち壊していると非難を繰り返した。

現実世界ではいいことも数多く進行しているのだが、悲観派は見ようとしない。ハーマンは、ひたすら慨嘆する者たちを二つに分類する。歴史的な悲観主義者――たとえば、スイスの歴史学者ヤコブ・ブルクハルト、ドイツの哲学者オスヴァルト・シュペングラー、アメリカの歴史学者ヘンリー・アダムズ、イギリスの歴史学者アーノルド・トインビー、同じくポール・ケネディなど。もう一派は、文化的な凋落を嘆くさらに強烈な悲観論者たちで、哲学者や思想家に多い――たとえば、アルトゥル・ショーペンハウエル、フリードリヒ・ニーチェ、マルティン・ハイデッガー、ジャン＝ポール・サルトル、フランツ・ファノン、ミシェル・フーコー、ハーバード・マルクーゼ、それにノーム・チョムスキーなどだ。ハーマンは、次のように書いている。

歴史的な悲観論者は、文明の優れた部分はつねに悪質で破壊的な攻撃にさらされていて、容易に太刀打ちできないと考えているように思える。文化的な悲観論者は、文明の最初からこのような反文明の勢力があったと見ている。歴史的な悲観論者は社会が内部崩壊することを恐れるが、文化的な悲観論者は破壊されなければならない、と結論づけている。

そこで、ニーチェはこう言っている。

「現代の人間は、すべての面で自壊していく要素を持ち合わせているという特色がある。やがて、消えてなくなってしまうのではなかろうか。虚無空間のなかで呼吸をしているだけではないのか。だんだん、冷えていくのではなかろうか。つねに闇に閉ざされる状況に陥るのではないだろうか」

一九九二年には、エコ悲観論者が支配的になって勝利宣言する気配が感じられた。環境学者エドワード・ゴールドスミスは著書『エコロジーの道』（大熊昭信訳、法政大学出版局）の冒頭でこう述べた。

現代の人類は、自分たちの存続がかかっている地球の自然を急速に破壊しつつある。世界中どこへ行っても、同じ光景が見られる。森林は伐採され、湿地は干上がり、サンゴが乱獲され、農地は浸食が進むとともに塩分が加わって塩類土化し、あるいは砂漠化し、場合によっては舗装されてしまう。汚染が進み、地下水も河川も河口も海洋も汚濁し、呼吸する空気も汚れ、食べものも汚されている。地上のあらゆる生物が、農業や工業の化学物質まみれになり、その多くに発がん性や突然変異の誘発要因があったり疑われたりしている。

人間の活動のおかげで、おそらく毎日のように何千種もが絶滅している。科学界でも、そのごく一部しか突き止められていない。……このようにして自然界を破壊していけば、地球は次第に住みにくくなっていく。もしこのような状況がこれから何十年も続けば、しだいに生命体を維持できなくなっていくことだろう。

ヒトラーとグリーン

アーサー・ハーマンはロマンチシズムの根源をさかのぼり、その盛衰を調べた結果、ジャン＝ジャック・ルソーと、一七八九年のフランス革命に端を発していることを突き止めた。フランスの哲学者ルソーは想像上の原始主義を信奉していて、「人間の手にかかると、すべてのものは劣化する」と喝破した。潔白で自由な状態に回帰するためには、フランスの王制を打破する必要がある、とルソーは考えた。ヨーロッパのインテリたちは、一七八九年の新しい夜明けに興奮した。だがそれから一七九三年まで、流血の惨事が絶えなかった。このようなトラウマを体験し、絶望と反逆のなかでロマンティックなものの見方が芽生え、今日まで続いているという。

それから何世紀にもわたって、ロマンチシズムは社会に深く定着した。ハーマンの分析では、この潮流はオスヴァルト・シュペングラーの『西欧の没落』（村松正俊訳、五月書房）を経てナチス・ドイツに受け継がれたとする。ハーマンは、「ヨーロッパで文化的な悲観主義に育てられた最初の世代がヒトラーの世代だ」と言う。

ナチスの運動には、やっかいなグリーンの要素が組み込まれていた。私がはじめてその点に気づいたのは一九七七年、『コーエボリューション』誌上でワンダーフォーゲル〔一九世紀の末から盛んになった、青年たちの野外活動。「渡り鳥」という意味〕について書かれた記事のなかで、「ワンゲル」がヒトラー・ユーゲント（ナチスの青少年組織）に結びついたという記述を読んでからだ。私はハーマンの本で知ったのだが、「エコロジー（生態学）」という言葉をはじめて使ったのは生物学者のエルンスト・ハッケルで、一八六六年の著書だという。ハッケルは優生学や選択的安楽死の権威で、ヨーロッパで「ユダヤ人や黒人を蔑視する」危険な風潮を打破しようと努力した。イギリスの企業人ピーター・コートスは、二〇〇四年の著書『自然――古代からの西欧人の視点』（*Nature: Western Attitudes Since Ancient Times*）のなかでこう述べている。

「ナチス・ドイツは、自然保護区の創設や森林づくりなどをヨーロッパに導入し、いまでいう生物の多様性に貢献した」

ナチスが持っていたグリーンの側面についてはさまざまな議論があるが、ＧＢＮのニルズ・ギルマンは、私にこう書いてきた。

　重要だが、まだ論議されたことのないと思われるポイントがあると思う。①ナチスは人気取りと支持拡大を狙って、グリーン作戦を追求した。②当時はドイツ内外を問わず、ナチスの環境問題意識とその政治プログラムとの間にはなんの矛盾も見出していなかった。つまり、エコにやさしい姿勢とファシズムないし先住民保護政策のナチズムとは、なんら必然的なつながりはないのに、歴史的に二つの運動はさまざまな形で結び付けられ、今後もそのような動きがないともいえない。

時代は、大きく変わった。ドイツはヨーロッパで最もグリーンな国だと見なされるようになったが、強力な緑の党はイデオロギー的には左がかっているため、スイカにたとえられる――表面はグリーンだが、中身は赤い。このような変遷は、世界中で起こっている。かつて保護運動は保守派が主流だった。カモ猟やセオドア・ルーズベルト大統領のハンティング趣味などが、その典型だ。世の中の進歩（プログレス）は、進歩派（プログレシヴス）のものであるはずだ。だが進歩派はちょっと後ずさりして、進歩に伴う技術の脅威におびえ、進歩は自然を破壊すると考え、それを推進する資本家の肩を持ちたがらなくなった。保護地域を推進する保守主義にも反発し、彼らが唱える環境プログラムにも反対するようになった。これで、図式ができ上がった。

そして問題が発生した。世界のどこにおいてもグリーン運動は左傾していると見られ、左派はグリーンだと見なされるようになり、右派は反グリーンだという図式が定着した。これは、リベラル派にとっては都合のいいことかもしれない。科学や自然のシステムを、自らの陣営に取り込むことができるからだ。だが保守派を盲目にさせてしまう一方で、グリーン派の先行きの見通しも曇らせてしまう。グリーン派の政治的な視野を狭め、パンチ力を弱める。なぜかといえば、グリーン派の発言は、反リベラル派からことごとく色眼鏡で見られてしまうからだ。たとえば、きわめて多くの保守派が、気候変動を真剣には受け取らなかった。アル・ゴアの主張が、正しいとは認めたくなかったからだ。

このような了見の狭さを示す例を挙げてみよう。一九六六年より後だったと思うが、私は屋上の秘密LSDパーティでいささかラリって、「オレたち、どうしてまだまるごとの地球の写真を見たことがないんだ？」と書いたバッジを配った。当時の新左翼（ニューレフト）は、ケネディ大統領の宇宙開発計画に反対していた。これは冷戦で米ソが競争しているための産物で（その通り）、軍が威信を賭けてやっているだけで、なんのメリットもない（これは誤り）、と主張していた。環境運動家たちも、左派の反対派に同調していた。その合い言葉は、「地球を離れるより先に、地球をきれいにしようぜ」だった。

一九六〇年代に、アメリカの宇宙開発計画が膨大な経費がかかると知った海洋学者の仲間たちは、みな反対した。海底探検の草分けである、ジャック・クーストーだけが哲学的な意味で賛成した。だがやがて、これが実用的に役立つことがわかった。海洋の健康状態をチェックするためには、人工衛星が唯一の手段であることが判明したからだ。

環境運動家はおおむね宇宙開発を中止させたいと考え、あるいは無視する態度に出た。ところが実は、彼らはほかのだれよりも宇宙開発から恩恵を受けている。しかも、いち早く。一九六九年に宇宙空間から撮られた地球全体の写真に刺激を受け、翌一九七〇年には最初のアースデイがおこなわれ、アメリカでは二〇〇〇万人が集会に参加した。環境保護運動が〝離陸〟し、宇宙が新たなアイコンになり、以後ずっとシンボルになっている。ロバート・プールは著書『地球の出（アースライズ）』（*Earthrise*）のなかで、次のように書いている。「地球全体の姿が見えるようになるとすぐ……一九六九年から〝地球の友〟の絆（きずな）が結ばれた。一九六九年から七二年までの間に、少なくとも七つの環境関連の全米組織が結成された」

クーストーは宇宙空間からの眺望という特性を見抜いたが、彼はどうしてこのような先見性を持てたのだろうか。彼は、新しい技術に対してアレルギーを持っていなかった。彼はスキューバダイビングの装備を発明し、これによって海中探検が容易になった。彼の探求心にとっては、宇宙空間が次の海洋だった。彼の科学的な先行きの見通しが、人工衛星の可能性に注目させた。クーストーは政治とは無縁だったから、つまらないことに拘泥する必要はなかった。科学者仲間と意見を異にしても、仲間との親密度を壊すと非難されることもなく、科学者として当然の姿勢だと受け取られた。

「連帯（ソリダリティ）」という言葉は、左派の遺物だ。「ウィッチサイド・アーユーオン？（あんたはどっちの味方なの）」というのは労組で好んで歌われたピート・シーガーの曲だが、環境保護運動には適用できない。ただしイギリスの「フレンズ・オブ・ジ・アース」では、核エネルギーの問題をめぐって長年にわたって理事を務めてきたヒュー・モンテフィオーレは、この組織から追い出された。モンテフィオーレのクビを切ったのは、「フレンズ・オブ・ジ・アース」の理事長トニー・ジュピターだった。彼によると、組織内でいくら論争しても構わないが、公の場でやってもらっては困る、という理屈だった。だが私から見れば、自滅的だったと思える。組織や運動は、不動不変であることよりも正しい道を選ぶべきであり、何が正しいかはできるだけオープンな形で論争するべきだからだ。何が正しいかは、状況の変化に伴って変わる。

一〇〇万の組織がたちあがった

政治問題に対してロマンティックな姿勢をとることは、それなりに結構だ。人々に自らのアイデンティティを悟らせ、努力しようかと思わせるからだ。しかし、問題解決のうえではそれほどの期待は持てない。

ダニエル・ファーバーは著書『環境実用主義』（*Eco-pragmatism*）のなかで、「実用主義（プラグマティズム）のポイントの一つは、目前の問題に真剣に取り組まずに逃げることではない」と語っている。環境問題に取り組んでいるポール・ホーケンは、次のような名刺に絡むエピソードを紹介している。

私はこの一五年の間に、環境問題について一〇〇〇回ぐらい講演をしてきた。講演のあと必ず何人かが寄ってきて、話をし、質問をして、名刺を差し出す。このような人たちはおおむね、現代が抱える最も大きな課題である気候変動とか、貧困、森林伐採、和平、水質、飢餓、自然保護、人権運動などに深く関わっている。たいていはNPOかNGOに属している。彼らは河川や港湾の維持管理を手伝い、消費者に持続可能な農業のことを解説し、家屋にソーラーパネルを設置するよう働きかけ、政府に汚染問題などでロビー活動をすると同時に、企業偏重の政策を止めるよう呼びかけ、都市の緑化などのグリーン活動や、子どもたちへの環境教育を奨励している。端的にいえば、自然を守り、正義を保とうという姿勢だ。

ホーケンが受け取る名刺はどんどん増えたが、熱心な支持者たちは、次第にホーケンに具体的な行動を求めるようになった。彼が『祝福を受けた不安』を執筆していたころ、彼はこうした市民運動について調べた。世界でなんと一〇〇万あまりの組織があることがわかった。なぜ、これほど隆盛をきわめているのか。一つには、それぞれが特殊な分野を専門にしているからであり、一つには特定の相手と闘っているからでもある。したがってこれらの組織はそれほど目立たず、それだけに効果を上げることもできる。ホーケンが指摘しているように、「フィードバックの輪は小さくてすみ、学習のスピードが上がっている」からだ。これらの組織はイデオロギーにこだわる必要はないし、スローガンに縛られることもなく、有名さも求めないから、臨機応変に行動し、成果だけを追求できる。この傾向は退歩ではなく、むしろ前進だといえるだろう。

科学が世界を前進させる

サイエンスだけが、本当の意味でニュースになる。ニュース中心のウェブサイトや雑誌を見ても、人々の興味をかきたてる話題は、相も変わらず「彼がこう言った、彼女がああ言った」のミーハー・ストーリーばかり。政治と経済は、「おわび」のオンパレード。ファッションは新奇さの幻想を追い求めるだけの感傷だし、テクノロジーの進歩は、科学の知識を持っている者ならだれでも予見できる。人間の本性はそれほど変わらないが、科学は変化する。変化が重なり合うと、世界は元に戻らないほど変質する。

ロマンティックな文化面では悲観主義が優勢だが、対照的に、科学はその倍も楽観的だ。理由の一端は、科学のプロセス自体にも起因する。科学で解明できることが加速度的に早まっているからだ。科学自体が、科学の進歩をいっそう改善している。もう一つの理由は、科学の内容だ。新たに発見されることの多くは「いいニュース」であることが多いし、あるいは「いいことに」貢献できそうな気配が感じられる。知識はどんどん深まり、道具も技術も進歩する。科学における発見は、単なる一つの意見表明ではない。理論や仮説に基づいて組み立てられた過去の考え方を、根本的に覆してしまう。科学のメスが次々と新たな疑問点を掘り起こし、それぞれに明確な解決策を与える。疑問点は、さらに先に進む。

ロマンチシズムのほうには前進がなく、持論に固執する傾向が強いから、科学の前ではたじたじとなる。ロマンティックな見方が好きな人は、木は愛でるが、ゲノムは好きになれない。科学者は、両方とも好きになれる。版権エージェント会社を経営しているジョン・ブロックマンは、サイエンスがもたらすニュースについて、別の角度から次のように述べている。

科学のおかげで、私たちはテクノロジーを手に入れ、新しい道具を使って自らを作り直していく。だが歴史的にはごく最近に至るまで、民主主義国家の議会においては、技術選択について議決で採決する動きなどなかった。印刷技術はこれに決めようとか、電気を優先的に導入しようとか、ラジオ、電話、自動車、航空機、テレビを採用しようなどという議決はなかった。宇宙旅行にしても、核エネルギーに関しても、パソコン、インターネット、Eメール、ウェブ、グーグル、クローン技術、ヒトゲノム遺伝子配列の解明についても、なんの投票も実施されなかった。科学が提案すれば、状況はそのまま定着する。

科学が先導した先端技術を、環境運動家たちは気候変動の場合と同じように、すべての面で有効に活用する。科学が開発した技術をおっかなびっくり試していると、失敗しかねない。たとえば、遺伝子工学のケースだ。この際にも、ロマンティックな思い入れがブレーキになった。だが気候変動に関しては、衰退や惨害の恐怖がロマンティックな考えとも合致したため、スムーズに動いた。ところが遺伝子工学は、メアリー・シェリーの『フランケンシュタイン博士の罪』(*Frankenstein*)を思い起こさせた。

私が望むことは、環境運動家たち――ならびにすべての人たち――が、科学の成果を受け止め、恐れずに行動してくれることだ。ただし、どの科学者のどのような研究を珍重すべきかの判断が、カギを握る。私たちがまず慎重に油断なく取り組む必要があるのは、バイアスがかかっていないかどうかの確認作業だ。――現代の論理との整合性があるか、私たちの視点にそぐわないところはないかなどだ。それらを見抜くためには、自己研鑽を積まなければならない。

　私たちがちょっと怪しいなと思った疑問を、しっかり心に留めておくことだ。一九九八年ごろ、私は二〇〇〇年問題〔一九九九年から二〇〇〇年に移る際に、コンピュータが誤作動を起こすのではないかという懸念〕は深刻だと思っていた。私は講演でもこの点をしゃべったし、GBNの顧客たちにも話した。結果的には杞憂に終わったのだが、この発端は私自身のつぶやきだった。私のコンピュータは、ソフトウェアのバグにきわめて弱い。それが次々に問題を誘発し、画面が死んでブルーになってしまう。そこから類推すると、古いタイプの大きくていかつい画面や古いソフトウェアでは、二〇〇〇年問題はさらに深刻な事態を引き起こすのではないかと懸念された。世界中のパソコン画面が、みなブルーになってしまったら恐ろしい。すべてのコンピュータ・プラットフォームを設計した、MITのダニー・ヒリスの話を、もっとしっかり聞いておけばよかった。彼によると、最悪の場合イヌの鑑札更新もできなくなることがあり得るという。一九九八年にアマゾン社のベテラン・エンジニアたちと話をした夕食会で、もっと突き詰めておくべきだった。私が二〇〇〇年問題で過敏な質問をしたとき、あるエンジニアは、やんわりと切り返したものだ。

「あなたは、おとぎ話も信じますか？」

　そこで、教訓。――都合のいいおとぎ話は、疑ってかかることだ。つまり、事実を熟知し、長い時間をかけて勉強し、特定のテーマに偏見なく対応でき、業界内のエキスパートであるスペシャリストの知恵を借りることが肝要だ。気象学者のウィリアム・ラディマンは、著書『鋤とペストと石油』を書いたあと、プロパガンダの猛攻を受けたと次のように述べている。

私はそれまで十分には認識していなかったのだが、ニュースレターがたくさん寄せられて、科学の別の窓がこじ開けられた。これらのニュースレターは一見すると科学的な装いをしているものの、内実は政治的な意図がまる見えだ。

内容は、反対のために反対を唱えるようなウェブサイトの孫引きで、多くは企業から金銭的な援助をもらっている。著者たちは、原稿一本いくらで支払われている。

まったく驚くべき世界だ。たとえば――二酸化炭素は、なんら気候変動を起こす原因にはならない。二〇世紀中に気温の上昇は見られなかったし、なんらかの影響があったとしても、温室効果ガスが増えたせいではなく、太陽の活動が活発になったためだ、などと平気で言う。科学の主流の考え方や基本的な発見は、否定されるか無視されるかだ。

気候変動を否定するようなエセ科学のお門違いの攻撃は、遺伝子工学に対する誤った攻撃と同類だ。どちらの場合も、政治に都合のいいほうに科学を歪曲しようとしている。

「買収された」科学者を排除したところで、まともな科学者のなかにも、どのような問題に関しても強烈に反対する者が少なからずいるものだ。ジョン・ブロックマンは、科学における論争を戦闘と混同している状況を戒めて、「科学では共同作業を進めるうえで論争は必要だが、自分の主張を通すための手段でもある」と評している。遺伝学者のパメラ・ロナルドは、著書『明日の食卓』のなかで、科学を噂と区分するための便法や、科学的な論争を評価する簡便な方法を提案している。その要旨は、次のようなものだ。

情報の出どころを確かめること。……権威のある専門誌に掲載された論文なのかどうか、尋ねてみるといい。……その雑誌は、学術研究の分野で定評のあるメディアなのかどうか。……ほかの刊行物によっても、認められたものであるのかどうか。……既存の利害と対立するものでないかどうか、適切な判断をくだすべきだ。

私も一項、付け加えておきたい。――世間の趨勢にも、気を配る必要がある。時間の経過とともに、多くの証拠が出てくる可能性が期待できるのか、多くの科学者たちが賛同しそうかどうか、などだ。

科学者と環境運動家

環境保護運動にのめり込んでいる運動家たちが、レイチェル・カーソンの『沈黙の春』に記された殺虫剤の話に触発されたのは当然だ。だが、ＤＤＴを絶対悪と決めつけてしまうのも間違いだ（カーソン自身も、そう断じているわけではない）。彼女の科学面における評価は、おおむね正しい。だが誤りがないわけではなく、たとえばＤＤＴはがんを誘発するという見方は不正確だ。カーソンは熱心なあまり中庸の主張をとらず、そのためＤＤＴは世界中で全面的に禁止された。その結果、アフリカではマラリアがよみがえってしまった。アメリカ国立衛生研究所のロバート・グワッズは、二〇〇七年に雑誌『ナショナルジオグラフィック』の記事で、「DDTが禁止されたために、おそらく二〇〇〇万人の子どもの命が失われた」と書いている。最近では、WWF（世界自然保護基金）などの組織は、病原菌を媒介する昆虫を駆除する場合に限って、DDTを屋内の壁に沿って散布することなどを認めている。つまり、蚊帳（かや）や水たまりの幼虫駆除剤と同じ扱いで、世界中でマラリアを撲滅する闘いの一環だ。マラリアが根絶すれば、DDTも不要になり得る。

科学は、政治の道具として使われがちだ。タラ漁の場合は、一九八〇年代には漁獲高が激減し、科学者たちは将来の資源枯渇を危惧していたが、カナダの政治家や政府が抱える科学者たちは、資源なら心配ないと保証する姿勢を保っていた。一つには、ニューファウンドランドの漁民たちが失業しないよう守る責任を感じていたことも確かだ。だが一九八九年には、資源が枯渇した。一九九二年には全面的な禁漁になったが、資源は戻らなかった——おそらく永遠に。ニューファウンドランドやカナダ沿海州の何十万人もの漁民が、永遠に職を失った。

似たような漁業資源の枯渇が、次々に報じられた。ハドック（タラの仲間）、マグロ、サケ、メバルなども、同じ運命をたどっている。漁業資源を保護する目的で、海域を限定して禁漁区域にして個体数の回復を待つなどの対策が講じられている。「譲渡可能な漁獲割り当て」と呼ばれる漁獲高制限を設ける対策も実施されている。そのおかげで、アラスカのオヒョウを絶滅から救っているし、海洋養殖にも役立っている。ジャック・クーストーは、一九七六年に私にこう語っていた。

「漁業も、狩りと同じだ。……これは、全廃しなければならない。私たちが文明人であるなら、養殖に切り替えるべきだ。私たちが文明化したのは、農業を導入してからだ。ところが海に関して、私たちはまだ野蛮人だ」

一九八九年三月に、石油タンカー「エクソン・ヴァルディーズ」がプリンス・ウィリアム湾で座礁して大量の原油が流出した事故にについては、ジェフ・フォールライトの『悲劇の度合』(*Degrees of Disaster*)で詳しく語られている。この事故では、科学的な面における賛否両論の当事者がカネを出して論争するには至らなかった。原油の流出よりも、事後に浄化するほうが環境にはるかに大きなダメージを与える。ただしそのおかげで、現場プリンス・ウィリアム湾周辺の経済は潤った。このあたりの海域は生物資源が豊富で、バクテリアからニシン、サケに至る食物連鎖がうまく回っていたのだが、すべて石油まみれになって漁業はできなくなり、荷箱は空、漁船もすべて陸揚げされた。地元の漁業関係者は、サケに芳香性炭化水素が付着してしまうのではないかと恐れた。だが結果的には、従来の地元産の燻製サケに比べて付着度は一万分の一にすぎなかった。プリンス・ウィリアム湾の教訓は、自然には強い復元力があることが実証された。人間が努力しても効果はわずかだが、自然は素早く元に戻してくれることが判明した。

環境運動家たちは、科学が政治に利用されている状況を緩和するため、一般市民を手助けしてくれる。二〇〇八年、イギリスの労働党政権は、スーパーのビニール袋を禁止した。これが海に流れ込むと、海鳥や海洋哺乳類にからまって被害をもたらす、という理由だった。だが、グリーンピースの生物学者デヴィッド・サンティッロが反対の声を上げた。

「海洋生物がビニール袋で命を落とすなどということは、きわめて考えにくい。世界的に見ても、ビニール袋は問題にならない」

政府の対策は、釣り具や網が絡まって四年間に一〇万もの海洋生物が死んだ、というカナダの報告を誤って解釈したものだとわかった。ビニール袋は、なんの関係もなかった。

科学者たちはお互いに忌憚なく批判し合い、反ダーウィン派（自然淘汰による進化論に反対）をこき下ろす。だがなぜか環境運動家に対しては寛容で、丁重に対応する。尊敬している、と言ってもいいかもしれない。どの生物学者も、遺伝子工学に反対するグリーン派には手を焼いているが、それを口に出して反論しているのは植物学者のピーター・レイヴンだけだ。気象学者たちは核エネルギーが必要だと考えているが、環境運動家たちに公然と反対を唱えているのは、ジェームズ・ラブロックとNASAのジェームス・ハンセンの二人だけだ。だがもはや、環境運動家に媚びる時代ではない。彼らが立脚している理論は堅固なものだし、今後は科学的な側面も強化し、経験も積んでさらに影響力を増すに違いない。もし科学者が環境運動家を仲間として遇するようになれば（つまり辛辣な批判も辞さない）、本当に手を携えて歩んでいけるようになると思われる。

エンジニア思考

何年も前に、環境運動家たちは自動車を目の敵にして、禁止を叫んでいた。そこへエイモリー・ロビンスが出てきて、自動車はエネルギーを保護するうえで重要な役割を果たすと主張した。彼は抜本的に効率のいいクルマづくりを目指して、設計まで手がけた。すると、それまで自動車産業を敵視していた環境運動は、むしろ後押しするようになった。これは、エンジニア的なアプローチの仕方だ。エンジニアは「やめろ！」とどなるのではなく、問題点を洗い出して排除しようと試みる。彼らは間違っている点を論議するのではなく、正しい道筋を示すほうに精力を注ぐ。
グリーン派がエンジニアの考え方に共感して行動するもう一つの例は、ビルのデザインだ。ポール・ホーケンは、LEEDと呼ばれる「環境配慮型建造物の評価システム」がどのようにして導入されたのかを、次のように説明している。

アメリカでは、ビルが建材の四〇%とエネルギーの四八%を消費している。成功したデベロッパーだがやや幻滅を感じたデヴィッド・ゴットフリートと、カリア・コーポレーションの役員リック・フェドリッツィは、一九九三年に何人かの建築家や建材業者、建設業者、設計者たちと相談して、グリーン度の高いビルの厳格な基準を作成した。現在では、アメリカ・グリーン・ビルディング委員会（USGBC）には六二〇〇もの団体と八万五〇〇〇人が加入し、大組織に発展した。グリーン・ビル委員会は、日本、スペイン、カナダ、インド、メキシコでも設立されている。統計はとられていないが、歴史が浅い割にUSGBCは大きなインパクトを与えていて、材料の節減、毒性素材の排除、温室効果ガス発生の抑制、居住者の健康増進などの面で成果を上げている。デザイナー、建築家、ビジネスが連携しているため、既存の製品や材料の変更などの困難も伴う。だがグリーン・ビルの高度な基準を満たすうえで、LEED（リーダーシップ・イン・エナジー・アンド・エンヴァイロンメンタル・デザイン）は大きな役割を果たしている。

新しいデベロッパーや都市計画に携わる者たちは、LEEDの銀賞・金賞・プラチナ賞を取ろうと競っている。このような栄誉を勝ち取ることができれば、巨額の賞金が付いているため、経費を取り戻すことができるからだ。

多くの環境運動家がエンジニア的な思考になじむ入門書の役割を果たしているのが、一九九七年に出版された、ジャニン・ベニュスの著書『自然と生体に学ぶバイオミミクリー』（山本良一／吉野美耶子訳、オーム社）だ。エンジニアたちはデザインするに当たって、自然を観察してその造形からヒントを得る。その過程で、エンジニアたちは一般の人たちから尊敬を受けるようになる。ベニュスは、こう書いている。

「産業革命とは違って、バイオミミクリー革命は自然から何かを抽出するのではなく、自然から学ぶことが軸になっている」

その例として、彼女は次のような事例を上げている。

太陽電池は、葉っぱからヒントを得た。鋼鉄のような繊維は、クモの糸から学んだ。割れない陶器シャッタープルーフ・セラミックスは、真珠がモデルだ。がんの治療はチンパンジーに教えてもらったし、多年生穀物はススキがヒントだ。コンピュータは細胞のような信号を送るし、循環型経済は、セコイアの木やサンゴ礁、カシやクルミの森から学んだ。

そのうえで、ベニュスは次のような九つの基本原則を引き出している。

自然は、太陽光を受けて活動する。

自然は、必要なエネルギーしか使わない。

自然は、機能が有効に働くにふさわしい形態をとる。

自然は、すべてをリサイクルさせる。

自然は、協力してくれたものに返礼する。

自然は、多様性に依存する。

自然は、地域性を重んじる。

自然は、過剰になれば内部調整する。

自然は、自ずと限界を知る。


ベニュスは森林学で学位を取っていて、彼女はその分野で自らの〝悪魔の辞典〟を持っているに違いない。私の〝悪魔の辞典〟は、以下の通りだ。


自然は、効率のよさに報いてくれる。最も効率のいい生き方は、何かに寄生することだ。

自然は、無慈悲だ。自らの隠れ場所を確保する最善の方法は、競争者を皆殺しにすることだ。

自然は、それぞれの所有物を尊重する。芝生などは引っこ抜いて、体を張って守れ。

さもなければ、飢え死にするしかない。

自然は、野放図な侵略者が襲ってきても、邪魔だてしない。

だからクズの葉や根ははびこり、人間も押し入ってくる。

自然は、きわめてケチだ。余分な子どもなどいたら、食べてしまう。

『自然と生体に学ぶバイオミミクリー』がヒットしたので、ベニュスや彼女の協力者たちは講演や勉強会で忙しくなった。バイオミミクリーという言葉も定着し、よく使われるようになった。アメリカ科学アカデミーの二〇〇八年の報告には、次のように記されている。

この一〇年間、自然界に見られる普通でない現象や性質についての情報が増えてきた。超強力、超粘着性、超疎水性、超親水性、超効率、自己浄化、自己回復、自己複製など、そしてその優れたデザインと複雑な形状についての情報だ。生体構造物も機能が複雑になり、まるで人工的かと思われるようなものが出現している。

したがって、研究者たちは自然界を正確に真似ることがきわめてむずかしくなってきたと感じている。ほかの分野ではアイデアやメカニズムを盗用できるが、自然現象は予想外の動きを見せ、時間を超越した進化を見せるため、前例から敷衍(ふえん)して推察することも困難だ。二〇〇八年の『ナショナルジオグラフィック』誌の記事には、この点に関して次のように説明する記事があった。

生体模倣設計の研究がまだ不十分である理由をエンジニアの立場から分析すると、自然はあまりにも気まぐれに変化するので、それが魅力でもあるのだが、複雑すぎて予測しがたい。……アワビの貝殻があれほど固いのは、一五種類のたんぱく質が複雑に絡み合っているからだが、一流の科学者チームが研究してもまだ解明できていない。クモが繰り出す強靱な糸もたんぱく質の組み合わせだが、クモの体に備えられた六〇〇ものノズルから、七つの異なった絹状の糸が吐き出されて弾力性に富んだ立体的なクモの巣が張られるメカニズムは、いまだにミステリーだ。

鳥たちは、空気より重いものが空を飛べることを実証してくれる。骨格の構造を見ると、前方の一対の翼が飛翔を可能にし、尾が安定翼になっていることがわかる。だが鳥の羽の上下動はかなり激しいもので、私たちはとても真似できない。いまのところ人間に作ることができた推進力は回転翼(プロペラ)だけで、これは自然界には存在しない。おそらく発想の原点は、粉引き風車だろう。これはエネルギーを放出するのではなく、取り込むほうで、風を受けて羽を後方に押しやる。

私たちが使っているインフラの設計者や工事施工者などのエンジニアは、自然のインフラを巧みに模倣して人間にとって都合のいいように、うまく利用してきた。ひんぱんに洪水を起こす川があれば、ダムを建設してコントロールし、発電に利用する。これは温室効果ガスを排出しないから都合がいい。

グリーン派は、エンジニアたちが環境問題を解決することを歓迎するが、エンジニアの自信満々のやり方に恐ろしさも感じる。たとえば、これから何十年後かの中国は、いったいどうなっているのだろうか。あの国を動かしているのは法に詳しい者というより、エンジニアの集団ではないのか。『ニュー・サイエンティスト』誌は、二〇〇七年に次のような懸念を表明していた。

今年、中国共産党の第一七次全国人民代表大会が開かれるまで……中央政治局常務委員会の重鎮たちの大部分はエンジニア出身だった。胡錦濤国家主席は、「中国のＭＩＴ」と言われる清華大学の出身だし、温家宝首相は地質学者だ。

中国がグリーンに向かうとなれば、壮大なスケールになる。二〇〇七年の雑誌『シード』の記事によれば、「中国はソーラー温水器を三五〇〇万台も購入したが、これはその他の世界の分をすべて合わせたより多い」として、さらに次のように記している。

中国は風力発電の面で世界六位だが……二〇二〇年までに一二〇〇％増やして三万メガワットにする目標を立てている。……北京では大気汚染の元凶になっていた二万六〇〇〇台のミニバスを、二〇〇〇年のある一週のうちに廃止した。……政府は中国全土で太陽熱やバイオ燃料を軸にしたエコ都市を建設する予定で、これは世界中のグリーン・コミュニティを合わせた面積の三〇倍にも達する。

雑誌『ホール・アース・カタログ』の元編集長ケヴィン・ケリーが二〇〇六年に中国を旅したとき、どのような辺地の小学校に行っても、扉の上に中国語で次のような標語が掲げてあったという。

科学を尊重しよう

家族を大切にしよう
命を大事にし、
カルトめいた宗教に抵抗しよう

この文面から推察すると、環境保護運動がカルト宗教にたとえられているのかといぶかりたくもなるが、中国では明らかにそのような状況には至っていない。

一方、北米とヨーロッパでは、環境問題はビジネスチャンスだと捉えられていて、グリーンな経営者が先導している。大量のエンジニアが、そのような企業に雇用されている。エンジニアという種族は、問題の解決には熱心だが、環境問題の歴史的な経緯やそもそもの原因、ロマンティックな姿勢などにはそれほどの関心を示さないし、行動原理を変革しようという意欲には欠ける。問題の解決に向かう際に、彼らがまず思い浮かべるのはテクノロジーだ。シリコンバレーの代表的なベンチャーキャピタリストであるビノッド・コースラが『ニュー・サイエンティスト』誌で、エネルギー効率の改善や法の改正ぐらいでは大きな成果は期待できないとして、こう述べている。

「まったく新しいテクノロジーが開発されれば、二〇〇%とか四〇〇%の増加が期待できるし、一〇〇〇%増も夢ではない」

グリーン・ケミストリー

産業界のすべてを環境保護の視点から考え直してみよう、というユニークな気運の好例が、「グリーン・

ケミストリー（緑の化学）」で、これは一九九一年にイェール大学のポール・アナスタスが提唱して命名した。その当時、彼は環境保護庁の産業化学部門の責任者だった。いまではすっかり定着した「グリーン・ケミストリーの一二原則」は、環境運動家たちには意外と知られていない。もっと広く伝わってほしい。温室効果ガスに次ぐ悪者である有毒な化学物質を除去する方法論が書き記されているからだ。

グリーン・ケミストリーの一二原則

① 廃棄物を出すな。
② より安全な化学物質・製品を設計せよ。
③ 害のない合成方法を設計せよ。
④ 再生可能な原料を使え。
⑤ 触媒を使え。
⑥ 化学修飾を避けろ（過度の反応を抑えるための薬品を使うな）。
⑦ 原子の利用効率を最大限に応用せよ。
⑧ より安全な溶媒・反応条件を使え。
⑨ エネルギー効率を向上させろ。
⑩ 使用後に分解する化学物質・製品を設計せよ。
⑪ リアルタイムで分析せよ。
⑫ 事故の可能性を最小にせよ。

環境運動家が間違いを犯すのは、テクノロジーの選択を誤っているケースが多い。その結果グリーンの偏狭な迷路にはまり込んで、全体像を見失いがちだ。宇宙や原子力、遺伝子工学などのテクノロジー面で陥りやすい。もし新しいテクノロジーで居心地が悪いと感じたら、自らのために役立つ方向を考え直してみるといいかもしれない。理論物理学者のフリーマン・ダイソンは、次のように言っている。

「環境運動はこれまで、テクノロジーがもたらした悪い面に焦点を当ててきて、テクノロジーがこれまで達成できていない、いい面を見過ごしている」

環境運動に挺身する熱心な若い世代が、インフラのように壮大な規模のテクノロジーに関心を払ってくれるようになれば、きわめて心強い。新テクノロジーの例としては、たとえばチタンストラップや極細ナイロンを使った薄手の生地パーテックスを利用した超軽量のハイキング着などがある。いにしえのものを懐かしむより新奇なものを追い求める姿勢のほうが、グリーン派が求める目標に近づける。将来の道具類は、分子的なもの（遺伝子や原子）から、宇宙的（太陽風や暗黒エネルギー）なものまで、多岐にわたる。これらは、携帯電話をはじめとして、生活のあらゆる面に影響を与える。

キツネとヤマアラシ

カリフォルニア大学バークレー校の政治学者フィリップ・テトロックは、こう問いかける。

「考えの及ばないことに思いを馳せるには、どうしたらいいのか」

彼によると、この判断基準について最初に言及したのは、古代ギリシャの詩人アルキロコスで、こう断じていたそうだ。

「キツネもたくさんのことを知っているが、ヤマアラシはすごいことをわきまえている」

ヤマアラシは自分の領分を広げることに喜びを見出し、ケチっぽいところもあるが、自分の行動には断固とした自信を持っている。それに対してキツネはすべてに懐疑の眼差しを向け、自分の予測に自信が持てず、実際に起こっていることを見ながら修正を加えていく。ヤマアラシは、自分が誤っていても気づかないし、知っていても気にしない。キツネは学んでいくが、ヤマアラシは環境に順応する。キツネのほうが未来を正確に予見できるから、政策を決定するうえでは向いている。

テトロックはこの理論を発展させ、著書『優れた政治判断』(*Expert Political Judgement*)を著した。彼は専門である心理面の考察も加え、左右両陣営の政治顧問たちの思考経路を観察した。彼らは一九八〇年代にゴルバチョフが台頭することを予見できなかったし、やがてソ連が崩壊することも見抜けなかった。そこで、こじつけの言い訳をして正当化を試みた。調査の結果は、「意外な結果の後知恵承認」という形で、その後のフィードバック修正もなければ、訂正もなかった。

テトロックはカリフォルニア大学バークレー校で終身雇用されているため、腰を落ち着けて長期の研究に取り組み、国際問題における専門家の政治予測の調査を、もう二〇年も続けている。取り上げたのは二八四人の専門家がおこなった二万八〇〇〇の予測で、おおむね正確な予測の成功率をパターン分析した。多くは予測外れで、保守派・リベラル派に優劣の差はなく、楽観派と悲観派の間にも有意の差はなかった。つまり、どのグループを取り上げても、大同小異だった。

テトロックは、ヤマアラシとキツネに差があるというエピソードをエッセイストのイザイア・ベルリンから借りたのだが、ベルリンの分類によると、一途な「ヤマアラシ型人間」としてプラトン、ダンテ、ヘーゲル、プルーストらの名を上げ、もっと心の広い「キツネ型人間」の代表としてアリストテレスやシェイクスピア、ヴォルテール、ジョイスらを例示している。予測が当たる確率は、「キツネ型人間」のほうがかなり高かった。とくに、近未来予測が的確だった。「ヤマアラシ型人間」は「キツネ型人間」より予言がヘタだし、とくに長期的な見通しが不得手だ。それどころか、ものごとを注意深く見守っている一般人と比べても劣る。アマチュアのほうが、幅広くデータを集めて理論づけるのが巧みなのだろう。おそらく専門家だという自意識が強く、理論を過信しているためだろう。「キツネ型人間」は予測が正確であるばかりではなく、起こり得る可能性の範囲予測も的確だ。つまり、天気予報の適切な訓練を積んでいる予報士のように的中率が高い。

「ヤマアラシ型人間」が優れているのは、とてつもない先のことまで当てられる点だ。だがその陰には、多数の失敗も秘められている。カリスマ予言者が自信ありげに雄弁に語る壮大な話は、得てして間違っている。但し書きをたくさん交えてボソボソと語る退屈な話のほうが、予測としては正しいことが多い。テトロックもサンフランシスコにおける講演で、それを裏づけてこう語っている。

「みなを引き付ける話と、その予想が正確であるかどうかは、ほぼ反比例する。――ヤマアラシ型人間は政敵をあわてさせるだけだが、キツネ型人間は政界全体を揺れ動かす」

ヤマアラシ型人間

環境問題の専門家たちも、政治家に似たところがある。環境分野の評論家で、分析しておきたい人物が二人いる。一人は二〇〇一年に『環境危機をあおってはいけない』（山形浩生訳、文藝春秋）を発表したデンマークの政治学者ビョルン・ロンボルグ。もう一人は、エイモリー・ロビンスだ。私が聞いたなかでは、次のようなエピソードを記憶している。——ロンボルグのファンが、ジャレド・ダイアモンドにロンボルグの本の感想を尋ねた。ダイヤモンドは、次のように答えた。

「ロンボルグの議論の難点は、細部から説き始めることだ。イースター島でエコロジーに起因した文明崩壊が起こったのは、ある種のヤシの木がもろかったせいで、これは一般化できないという。このような理屈は、テキサス州の一部でダーウィンの進化論を否定する創造説論者がいるという状況を一般化するのと逆の風潮だ。もし時間をかけて調べたうえで解釈が間違っていたことを悟れば、それで落着だ。無意味なのだから、気にする必要はない。彼らは自分たちの論旨を裏づけるために、新たなロジックを探し出すに違いない」

ロンボルグは、環境保護運動を推進している人たちの善意をつねに評価していて、ひんぱんに好意的なメッセージを発信している。だが一方で、運動家たちは危険を誇張しすぎるきらいがある、と戒めている。ロンボルグはもともと統計が専門だから、すべてを数値化する癖があり、細部に走りがちだ。テトロックによれば、ヤマアラシ型人間は自信過剰になりがちだ、として次のように断じている。

彼らは具体的な事例を細部まで熟知していて、その知識を応用して原因→結果のシナリオを描くことができる。その際に極端な可能性も論じ、通常の可能性からはみ出てさまよい歩くこともある。スペシャリストが増えれば、私たちは予測の確実性もさることながら、速度も急速に改善するものと期待できる。

ロンボルグに敢然と反論したのは、水質保全の専門家ピーター・グレイックだ。グレイックは『環境危機をあおってはいけない』の長い書評を二〇〇一年に『ユニオン・オブ・コンサーンド・サイエンティスト』誌に寄せ、内容を詳しく分析したうえで、「データの選択が恣意的だし、都合のいいように引用され、解釈も誤っている、正確さも不十分だし、事実の誤認もある」と手厳しく批判した。

次に、エイモリー・ロビンスについて。彼は細部について論じるタイプではなく、トラック一台分もの数字や引用文をぶちまける。そしてこれらを自分のものとしてマスターしていない限り、自分と論じ合うことはできない、と突っぱねる。エネルギー効率や保全に関する彼の論議は正しいが、核エネルギーの将来に関しては間違っている。彼は原発に関してはヤマアラシ型の姿勢を堅持し、好意に転じることはなさそうだ。

テトロックによると、ヤマアラシ型人間は事態がうまく運ばなくなったときの言い訳をいくつも用意しているという。「ほとんどは正しかったのだが」「タイミングだけを間違えた」「この間違いは想定内だった」、「運が向いていなかっただけだ」――これらの言い逃れは、理論的には間違っていないのだから、もう一度やれば正しさが証明できる、という立場に立っている。

キツネ型人間

科学者は、キツネ型人間になるように訓練を受ける。気候変動に関するスタンフォード大学の気象学者スティーヴン・シュナイダーの姿勢が、その典型だ。一九七一年に、「地球寒冷化」を予測する有名な論文を書いた。三〇年にわたって気温低下の現象が見られたためで、人間が活動して排出するゴミや微粒子（エアロゾル）が増加し、氷河時代への引き金になるのではないか、という論理だった。彼は一九七四年になってこの論を引き下げたが、「塵の効果を過大評価し、二酸化炭素を過小評価していた」と訂正した。もっと適切なデータが手に入り、さらにいいモデルが構築できれば、地球温暖化に対する異常な警告ぶりに対してもう一度、見解を修正する余地があると述べ、彼は今日に至るまでその姿勢を崩していない。

気候変動などを信じない者は、当然ながら彼があっさり立場を変えたことを嘲笑する。だが過去のエピソードとして、次のような事例もある。大恐慌のあと、ジョン・メイナード・ケインズは考え方を変えた。それを揶揄（やゆ）したあるイギリス貴族に対して、ケインズはこう言い返した。

「事実が変われば、私の考え方も変わります。あなたなら、どうされますか？」

フィル・テトロックと対話した一人は、こう言ったそうだ。

「私が確信を持っている場合は、その結論は正しいのです。……でも心のなかで、ちょっと見直したほうがいいんじゃないかと小声でささやきが聞こえた場合には、『キツネ型思考』が頭をもたげてくるんです」

もう一つの例は、フランスのキツネ型人間ヴォルテールの次の格言的な語録だ。

「疑問を持つことは愉快ではない。だが確信を持つことは正常ではない」

公人にインタビューする際には、「これまでに、間違ったことがありますか？　それによって、ものの見方が変わりましたか？」という質問を必ず付け加えたらおもしろいだろう。その答えを見れば、回答者が知性面で正直であるか、愚かしい妄想を持ったストーリー・テラーであるかどうかが判断できる。

私が誤って公言した例を、いくつか上げてみよう。一九六〇年代、私はコミューンが将来の地域社会のあり方として有望なのではないか、と考えた。アメリカのエンジニアだったバックミンスター・フラーのコミュニティ構想は、無害だし理想に近いものに思えた。一九七〇年代になると、七三年にオイルショックが起き、アメリカの都市では治安が悪化し、核エネルギーは悪だという風潮が広がり、「小さいことはいいことだ」ともてはやされ、村は理想郷だとまで言われるようになった。私は、コンピュータの二〇〇〇年問題では完全に間違っていた。二〇〇四年の大統領選挙では民主党の勝利を確信していたので、その前年にはそう公言して賭けをした。だが、予測はちょっとのところで外れた。

いつも、後知恵で学んでいる。これらの過ちから、私は極端な楽観論や悲観論を戒めるようになった。私はときどき思うのだが、世間は思ったより早く進むものだ。したがって、巨大で複雑なシステムも、見かけほど頑丈なものではない。気候変動に関しても、私は間違っているのかもしれない。誤った見解は、無知から生じたものかもしれない。原発が、一つの好例だった。

「赤」になってはならない

混乱の元になる情報源、つまりヤマアラシ型の視点は、強烈に発信されるため強固に定着する。それに反してキツネ型の見方はあまり声高にしゃべられないため、それほど強く根づかない。したがって、共感を呼びにくい。どちらが強くアピールするかは、明らかだ。だが私たちが必要としているのは決然としたキツネ型で、自らの見解をやたらに叫んで広めたいとは考えない（この本は、そのような方向性を目指している）。情報の受け手が、見解を変えてくれることを期待している。教会の司祭が「私がつねづね申し上げているように……」と説話を始めれば、聴衆は、「そう言われればそうだな」と、納得する。

誤りを認めないでいると、マヒを起こしてしまう。イラク戦争のとき、ジョージ・W・ブッシュ（ジュニア）大統領から相談を受けた私の友人がいて、こう述懐していた。

「ネオコン（新保守主義）の間では、イラクに対する正義うんぬんを話し合う気運はすでになかった。自分たちがやっていることは間違っていない、ということを証明しようとすることだけに、努力を結集していた。つまり、政策を変更することは、まったく眼中にない。『プランAはうまくいかなかった。プランBはどうかな？』という発言で、会議は始まるんだから」

ヤマアラシ型を権力者に任じたり、選んだりするのは、決して賢明ではない。

私が個人的に知っている強烈なキツネ型の典型としては、カリフォルニア州元知事のジェリー・ブラウンが思い浮かぶ。彼は抗議に集まる群衆に対処するに当たって、なみなみならぬ手腕を発揮した。その根底にあるのは、好奇心だった。デモ群衆の行列を目にすると、近づいて話しかける。「何が問題なんですか？」。相手が大声で抗議を続けている間、ブラウンはじっと耳を傾ける。しばらく経つと、彼は割って入り、「さて、私があなたの言い分を正しく理解しているかどうか……つまり、こういうことですか……？」。そして彼は相手の意見を要約する。しかも、もっと理路整然と明確に。それから、彼らが置かれている状況を説明するのだが、その場合も彼らの説明よりわかりやすく、はっきりした口調でまとめる。相手は、腰砕けになる。彼らの主張は聞き届けられ、しかも知事は理解を示してくれた。抗議していた問題に関して、知事の姿勢が変わることはあるまい、とデモ参加者は考える。ところが、ブラウン知事は方針を変えることでも知られていて、状況が変化するにつれて意見も政策もよく変わった。

私はサンフランシスコで開く「ロング・ナウ・ファウンデーション」の「長期思考ゼミ」で、ブラウンの勇敢な手法をときどき拝借する。私たちは核エネルギーをグリーン化する問題、および構成的生物学について討議していた。どちらの場合も、最初の一五分、第一のディベイターが基本的な説明をおこなう。次に一〇分間、二番目のディベイターが質問したうえで要約して評価を述べる。第一のディベイターは、要約がうまくできていれば、「十分に理解している」と満足できる。第二ラウンドは攻守を代えて、逆の順番でおこなう。

聴衆は、見ていて喜ぶ。公人がその場で直ちに反論を考えて、あまり皮肉を交えずに明確に論駁するところにスリルがある。さらにこのゲームが優れている点は、問題点が深く理解できることだ。通常の公開ディベートでは勝負が前面に出てしまい、聴衆はあまり参加した気分になれない。ところがこのゲームでは、先鋭な意見の持ち主でも舌鋒が軟化する。

環境問題に関しては、率直なディベートをするに適した場所がない。マスコミではヤマアラシ型同士が声高に激論するのを好むので、深みのある静かな論議は歓迎しない。環境保護団体はそれほど潤沢な予算があるわけではないから、大きな会議は主宰できない。グリーンに理解のある慈善団体などに、おんぶするしかない。便法としては、科学関連の会議に付帯して開くやり方がある。科学会議のほうが資金は持っているから、環境運動家もたくさん招くことができ、ディベートもやりやすくなる。

もしグリーン派が科学やテクノロジーと緊密に手を組まなければ、そしてその先頭を走るようにならなければ、グリーン派は「赤」と呼ばれたかつての共産主義者や、絶滅危惧種のように忘れ去られてしまう。新しい道具をいち早く手に入れ、新たな状況のなかで探検や冒険もいとわない人材が必要だ。いつも「ダメ」とか「ストップ」と言うように否定的な姿勢では進歩は望めず、戦術を前向きで新しい方向に目を向けなければならない。疑問点を忘れてしまうのではなく、テクノロジーを利用し、穏やかに解決する方向に持って行くことが望ましい。

ロマンティックな異端の主張をもてはやすのではなく、政府を敬遠する一方でもダメで、グリーン派の活動家も政府のなかに飛び込んだほうがいい——ニュージーランドやオランダのように。政府のなかで、フランクリン・ルーズベルトのようなキツネ型の人物からインスピレーションを得られるかもしれない。ルーズベルトと同時代のアイザイア・バーリンは、次のように言っている。

> ルーズベルトは、人生のあくなき探求心でも際だっていたし、将来に対してなんの不安も持っていないかのような姿勢でもほかの人たちとは異なっていた。将来がどのようなものであっても大いなる期待感を持ってあるがままに受け止める。どのような状況であっても、自分なりに砕いてこなしていく。自分の手に負えないほどのことはあるまいし、うちひしがれることもないだろう。予測不能の生活を強いられることもなく、ルーズベルトと彼の忠実な部下たちはエネルギーの限り、喜んで挺身するに違いない。

彼はポーズだけでなく、実際にその方向で動かしてみせた。

your
the first
ne to.

-Thomas Banyacya, Hopi

Ecosystem engineering is an ancient art, practiced and malpraticed by every human society since the mastery of fire.

Agriculture occurred in as much as two-thirds of what is now the continuental United States, with large swathes of the Southwest terraed and irrigated. Among the maize fields in the Midwest and Southeast, mounds by the thousand stippled the land. The forests of the eastern seaboard had been peeled back from the coasts, which were now lined with farms. Salmon nets stretched across almost every ocean-bound stream in the Norethwest. And almost everywhere there was Indian fire.

Biochar may represent single most important initiative for humanity's environmental future.

There is something to be learned from the native American people about wher we are, It can't be learned from anybody else.

In 1963, after I left the army, I did some photography on assignment at the Warm Springs Reservation in Oregon. The Contemporary Indian reality I saw there was a revelation to me. So in the years following, I spent all my summers with various native communities-

Wasco,
Paiute,
Navajo,
Hopi,
Zuni,
Taos,
Jicarilla,
Apache,
Papago
(now Tohono O'odham),
Ute,
Blackfoot,
Sioux,
Cherokee,
Ponica.

第8章 すべてはガーデンの手入れしだい

In Asia,....the domestication of two utilitarian species-the dog and the bottle gourd-by 12,000 years before the present, did not so much involve deliberate human intervention as it did allow dogs and bottle gourds to colonize the human niche.

Take care of nature, and it will take care of you.

The question is not whether we must manage nature, but rather how shall we manage it-by accident, haphazardly, or with the calculated goal of its survival forever?...Restoration is key to sustainable gardening. Restoration is facing, planing, fertilizing, tilling , and weeding the wildland garden: succession, bioremediation, reforestation, afforestation, fire control, prescribed buring, crowd control, reintroduction, mitigation, and much more.

Agriculture occurred in as much as two-thirds of what is now the continuental United States, with large swathes of the Southwest terraed and irrigated. Among the maize fields in the Midwest and Southeast, mounds by the thousand stippled the land. The forests of the eastern seaboard had been peeled back from the coasts, which were now lined with farms. Salmon nets stretched across almost every ocean-bound stream in the Northwest. And almost everywhere there was Indian fire.

At Hola Tso's m,eeting, the authority in her voice floored me. The fragrance of fresh fruit and fresh-cooked meat penetrated our heightened senses, but she wasn't going to let us have any until we had heard what she had to say.

Never pick herbs from bush you co

Humanity has so far played the role of planetary killer, concerned only with its own short-term survival. We have cut much of the heart out of biodiversity.

エコシステム工学は、むかしからある芸術的なテクニックだ。人類が火を制御できるようになって以来、あらゆる人間社会でおこなわれてきた。ただし、上手下手の差はあった。過去の過ちを繰り返すのは愚かなことだし、すばらしい業績を見過ごしてしまうのも、もったいない。まず過去をおさらいして、原住民に関する有名なエピソードのいくつかを捨てなければならない。

ロマンチシズムに満ちた話では、ネイティブ・アメリカンに対する同情心に欠ける者が多かった。多くの者が原住民のイメージを定着させるうえで、次のような書物の影響が大きかった。『呪術師と私』(真崎義博訳、二見書房)、『リトル・トリー』(和田穹男訳、めるくまーる)、『トラッカー』(斉藤宗美訳、徳間書店)、『メディスン・ウーマン』(*Medicine Woman*)、『バッファロー・ウーマンが歌いながらやってくる』(*Buffalo Woman Comes Singing*)、『スピリット・ソング』(越宮照代訳、ヴォイス)、『よみがえる魂の物語』(阿部珠理訳、地湧社)などだ。

同じような主旨だが、オーストラリアの原住民アボリジニに関する書籍としては、『ミュータント・メッセージ』(小沢瑞穂訳、角川書店)がある。これらの本は何百万部も売れ、うち二冊は、オプラ・ウィンフリーが自分のテレビ番組で推奨した。だが、いずれもマユツバものだ。どこにでもあるような話を、原住民の精神的な指導者の協力を得て白人が選んだもので、いにしえの知恵などが散りばめられている。ヤキ、チェロキー、アパッチ、クリー、クロー、チペワ、シャイアン、オーストラリアのアボリジニなど、原住民種族の秘密の知識が込められていると思って、読者は引き込まれてしまう。いずれも、当該の部族からは侮辱的なフィクションだと非難されている。

読者たちがあこがれているのは、どのような話なのだろうか。どうしてウソの話に、これほど簡単にたぶらかされてしまうのだろうか。私たちは、これらの本から、間違ったことを連想しているのではないだろうか。たとえ正しいことであっても、特定の地域社会の文化のなかでは意味があっても、それ以外の場所ではほとんど価値が認められないものもある。外部からそれを窺おうとしても、領域侵犯するだけだ。核心は本に著すことはできず、地域住民の心のなかに潜んでいるだけだ。それぞれの地域で、人々は暮らし方の極意を知っている。これは、学ぶ価値のある知恵だ。ネイティブ・アメリカンの「知恵」としてポピュラーな本や映画に描かれているのは**まやかし**で、ホンモノの伝統的な知識は、現代社会ではほぼ消えてしまったと言われている。ところが、実はそうではないことがわかった。

ネイティブ・アメリカンに学ぶ

私は一九六三年に軍を除隊したあと、オレゴン州ウォームスプリングスの原住民保護区でカメラマンをやっていたことがある。私はそこで、現在のネイティブ・アメリカンが置かれている状況を見て、目を開かれた。以後は夏になると、あちこちのネイティブ・コミュニティで過ごすようになった。ワスコ、パイユート、ナバホ、ホピ、ズニ、タオス、ジャカリラ、アパッチ、パパゴ（現在の呼び名は、トホノ・オ＝オダム）、ユト、ブラックビーガン（ブラックフット）、スー、チェロキー、ポンカなどだ。私は、ネイティブ・アメリカン教会の会員にもなった。彼らは、パヨーテ（ウバタマ）と呼ぶ丸いサボテンを聖なるシンボルとしてあがめている。私は、オタワ・インディアンの数学者で黒髪のロワ・ジェニングスと結婚した。また、冬になると「アメリカにインディアンは欠かせない」というマルティメディア・ショーをあちこちの博物館やナイトクラブで上演した。

このような行動に、どれほどの意味があるのだろうか。生きたインディアンと暮らしている場合には、インディアンの芝居をやることはそれほど有意義だとは思えない。私は、アメリカ人としてのアイデンティティを確立したかったためではなかろうか、と思う。別に、「忠誠の誓い」のような形で愛国心を確かめたかったわけではない。一二月のある冷え込む晩、私はニューメキシコ州ズニ・プエブロの居留地で、高さ三メートルもある踊りの神さまシャラコの像が、新設された踊りの殿堂に安置される場面を見た。あたりには、ドングリまなこをくり抜いたひょうきんな土製ピエロ人形がたくさん置かれていた。儀式は神聖なものだが、滑稽な色彩もあり、それが神々をよけい神々しく見せる。寒さも手伝ったかもしれないが、私は感動で震えた。

北米の部族は、たいてい母系社会だ。それを思い知らされたのは、あるペヨーテ（ウバタマサボテン）の会合だった。インディアンの部落ではどこでもそうなのだが、私が行くと歓待して会合にも招待してくれた。

ペヨーテの会合は、実にうまく構成されている。北米の部族はすべて開放的で、秘密で内輪だけというムードはない。会合を取り仕切る役員たちは、トラック運転手だったり、木こり、楽士、消防士などさまざまで、いずれも権力者ではない。だがしっかり組織を握っていて、それぞれが芸術の大家だ。組織の上部に一人だけ偉い役人がいるが、会合の最後までしゃしゃり出ることはない。長い夜で、深夜に小休止があり、午前三時ごろ情緒的な危機が訪れ、夜明け近くにやっと昇華が実現する。太陽が昇るころ、東側のドアが開いてペヨーテ祭典の巫女が、食べものを運んでくる。

祭典では、ホラ・ツソ（ネイティブ・アメリカン協会の副会長）の威厳に満ちた声で、みながひれ伏す。新鮮な果物と焼きたての肉の匂いが漂い、私たちの研ぎ澄まされた精神状態の肉体に染み込む。だが、彼女の言葉が終わらない限り、食べるわけにはいかない。彼女は厳かに、食べものを恵んでくれたのはだれか（彼女だ）、生命をもたらしてくれたのはだれかを説く（彼女だ）。彼女は、これらの言葉が参会者の胸に沈み込むのをしばし待ってから、食べものを回す。若かった私の心は、ペヨーテ巫女によって解放された。

ほんのわずかを垣間見ただけだ。だがいまでも、このような儀式は続いている。シャーマンのアレキシーが全インディアンのパウアウ（集会）について書いているところによると、これは総会のような要素があるものの、半分はショーだという。愛国心に訴える軍事パレードの要素があるし、神聖な場所と式典の意義もある。罪人も出るがエキサイティングな賭けが許される場所でもあり、インディアン局が権威を発揮する機会でもあり、工芸品や美術品の販売マーケットであり、部族言語がよみがえる場所でもあり、ネイティブ・アメリカンの根強さを知らない私たち非インディアンに底力を知らしめる機会でもある。

インディアンが特定の地域に深く根づいている状況は、ピーター・ナボコフの『稲妻が落ちるところ』（*Where the Lightning Strikes*）で詳しく語られている。この本には政治闘争の年譜が記されていて、タオス・プエブロの近くにあるブルーレイク、ラコタ、シャイアン、キオワ族の聖地になっているブラック・ヒルなどがある。ナボコフはこれら聖地にすべて足を運び、なぜこれらの場所を守らなければならないのか、そのような聖地がいかにたくさんあるのかを、次のようにまとめている。

一九八〇年にカリフォルニア州インディアン遺産委員会が調べたところ、古い村、岩石絵画、墓地、食物・穀物倉庫、精霊の安置所、祈祷所など五万七〇〇〇カ所が、州の七割に当たる場所に散在していることがわかった。

詩人のゲアリー・スナイダーは、次のように書いている。

「現在の私たちが置かれている立場を考えるに当たって、ほかのだれよりも、ネイティブ・アメリカンから学ぶべき点がある」

南北両アメリカのほぼすべての国が、旧来からの純血人口を持っている。ヨーロッパも同じで、スウェーデンにはサミ族（旧名ラップ族）がいるし、ニュージーランドにはマオリ族がいる。アフリカの一部は、人類を長期にわたって支えてきた遺産を持っている。アジアでも、きわめて長期にわたって住み続けてきた、日本のアイヌのような例もある。それぞれの土地になじんできた原住民の伝統や体験は、どこにおいても保持する価値があり、復活しつつある。

インディオたちの想像力

アメリカ・インディアンと、大多数を占める非インディアン人口――それに、両者が国土を共有する現在の風景――は、一六世紀と一七世紀に起こった「地殻衝突」――ヨーロッパから船に乗って大量にやって来た移民と原住民――のトラウマから、いまだに脱出できていない。コロンブスがやってくる以前の一四九一年におけるアメリカ大陸の推計人口は、五〇〇〇万人から一億人。それが一六五〇年には六五〇万人まで減った。人類史おける大激変で、当時の全人類の五分の一が死んだ。しかも戦争が原因ではなく、まったく生物学的な疫病によるものだった。

ヨーロッパの病気に免疫を持っていない原住民たちは、天然痘、インフルエンザ、肝炎、百日咳（ぜき）、赤痢、ジフテリア、はしか、おたふくかぜ、コレラ、チフス、黄熱病、猩紅熱（しょうこうねつ）、腺ペストなどに入れ替わり立ち替わり襲われて、次々に斃（たお）れた。人口稠密なミシシッピ渓谷、アマゾン流域、ユカタン半島などはほとんど原住民がいないような状態になったため、その後に入って来たヨーロッパ人は、このあたりは無人の荒野だと思ったようだ。ピルグリム・ファーザー［一七世紀のはじめにヨーロッパから新大陸に渡った清教徒らの「巡礼始祖」たち］は一六二〇年、原住民たちが無人の村に残した食料のおかげで、ニューイングランドの厳しい冬をなんとか乗り越えることができた。翌年秋の感謝祭の折、地元の首長マサソイトは寛容になっていた。彼が率いる部族は、病のために二万人から一〇〇〇人に激減したため食料にも余裕ができたからだ。

この時期の状況を描いた作品としては、チャールズ・マンが二〇〇五年に出した『1491』（布施由紀子訳、日本放送出版協会）で詳述しており、エコシステムの原点も描かれている。大量死が起こる前のアメリカ大陸は、自然が手なづけられていた。だがそれ以後は放置された庭のような状況で、ヨーロッパ人はそれを自然のままの荒れ地だと見誤った。しばらくの間、林には下草もそれほど繁らず、公園の様相を呈していた。以前は野焼きをして下草の生育を押さえていたが、人間がいなくなると、森は雑草のために足を踏み入れることもできなくなった。食べものを奪い合う人間がいなくなったため、リョコウバトは空を覆い尽くすほど繁殖し、インディアンが食用としていた何百万頭ものバイソンは、わがもの顔で原野を歩き回るようになった。チャールズ・マンによると、「ヨーロッパ人は原野に斧を入れて破壊するのでなく、大切に保護した」という。

したがって、アメリカ大陸で大気中の二酸化炭素が減少していたことはうなずける、と気象学者のウィリアム・ラディマンは言う。コロンブスがやって来る前のアメリカの状況について、チャールズ・マンは次のように述べている。

いまアメリカ合衆国になっている土地では、三分の二が農業に従事していた。南西部では、大規模な棚田や灌漑施設があった。中西部から南西部にかけての広大なトウモロコシ畑には何千もの土まんじゅうのマウンドが作られて、異様な光景だった。東海岸の森林は海岸線から次第に内陸に向かって開墾されていき、農地になった。北西部で海に注ぐ河川には、たいていサケ獲り網が張られていた。ほとんどすべての場所に、インディアンのかがり火が焚かれた。

遺伝学者のニーナ・フェデロフは、「遺伝子工学が最初に施された作物はおそらくトウモロコシで、しかも最も成功した農作物だ」と言っている。彼女はチャールズ・マンに、次のように語ったという。

「テオシンテと呼ばれる南米の草と自然交配して突然変異したコーンがなければ、現在のような食糧事情にはとてもならなかった。まったく、考えられない組み合わせだから。いまだれかがこのような快挙を成し遂げたら、ノーベル賞ものだ。ただし、研究施設がグリーンピースの面々によって閉鎖されなかったとすれば」

現在のメキシコの地に建国前に住んでいたインディオたちは、野草を利用して、きわめて生産性の高いポピュラーな野菜に変えたばかりではなく、多様な作物を同時に栽培するマルパ農法を取り入れて大規模な農業に仕立てた。マンによると、「コーンやアボカド、多くのカボチャや豆の種類、メロン、トマト、トウガラシ、サツマイモ、ヒカマ（ジャガイモに似た塊茎類）、アマランサス（ハゲイトウ）、ムクーナ（熱帯の豆、トビカズラ）などが含まれる」という。つる性の豆は太陽を求めてコーンの茎をよじ登り、土壌に窒素を固定し、コーンに不足ぎみなナイアシン（ビタミンB3）をもたらす。さらにカボチャにビタミンを、アボカドには脂肪分を加える効果を発揮する。

コーンとミルパ農法のおかげで、中米の文化はかなり高められた。マンは、さらに続ける。「マヤの創世神話にポプル・ブーという物語があるが、人類はコーンから作られた」

食物学者のマイケル・ポーランも、アメリカの農業について、著書『雑食動物のジレンマ』のなかで似たような指摘をしている。ただし、それほど断定的に述べているわけではない。

メキシコのミルパ農場は持続可能な状態でしっかり組み立てられているため、なかには四〇〇〇年間も耕作し続けている場所もある。現在の多様農作物の同時栽培農業も、世界中の古代社会で実践されていた高度なミルパ農法の伝統を継いでいる。

アマゾン流域における最近の農業研究でも、初期の農業で注目すべき技術が見つかっている。窪地の熱帯雨林土壌はあまりにも不毛なので大規模な農業はできず、せいぜいごく少数の狩猟採集部族しか支えることができない、と信じられてきた。ところが一六世紀にスペインの探検家たちは、アマゾン流域で「大規模な定住地がたくさんある」ことを発見した。しかもある町は、「二五キロ近くにわたって家がびっしり建ち並んでいた」という。一九九〇年代になって、考古学者たちは熱帯雨林のなかに、土塁で囲んだ大集落の跡を発見した。このあたりは、ポルトガル語で「テラプレータ・ド・インディオ（インディオの黒土）」と呼ばれる肥沃な土壌だった。持続可能なこの豊かな土は、いまふうに言えば、「森林を燃やすラッシュ・アンド・チャーの農耕法」のたまものだった。人工的に石炭を作って、熱帯雨林の不毛な土地を改善しようという方法だ。マンは、こう書いている。

「インディオたちはエコロジーの問題にぶつかって、改善方法を見つけ出した。自然に合わせるのではなく、改造する方法に取り組んだ。コロンブスらがやって来て壊してしまうまで、インディオたちは土壌改良に成功していた」

最近では、黒土を作るためのバイオエネルギーの実験や農業科学者のテストとして、「バイオ炭」の奇跡的な効用が見直されている。石炭はいったん地中に取り込まれると微生物の住み家になり、栄養素や炭素を取り込んで封じ込め、何千年も保持するらしい。最も長期間のものとしては、四五〇〇年にも及ぶ例がある。亜酸化窒素の放出を防ぎ、雨に含まれる硫黄分や窒素の放出も抑制する。黒土の厚みは場所によっては一八〇センチにも及び、アマゾン流域の平均的な炭素含有量と比べて一〇倍に達する場所もある。バイオ炭の会議やこの事業関連のビジネス、あるいはＤＩＹのウェブサイトでは、農業の「黒い黄金革命」とか「炭素ぬきのバイオエネルギー産業」などと呼ばれ、『ディスカバー』誌では、次のように褒めそやしている。

> 農作物の後始末として枯れた茎などの農業廃棄物を注意しながら燃やすのを「熱分解」と呼ぶが、これによってゴミから有益なガス、熱、電気、バイオオイルなどが得られる。これは、すべてが得

をするウィンウィンの関係だ。ピーナツの殻やイネの茎などのバイオマスを燃やせばかなり大量のバイオ炭が得られ、これを土に混ぜれば、大気中に放出される炭素を減らすことができるし、燃料の炭としても使える。

バイオ炭に関する会議が開かれた際、生物学者ティム・フラナリーは、次のように述べた。「人類の将来にとって、バイオ炭はきわめて重要な存在になるかもしれない。食糧の安全性や燃料を確保するうえでも、気候変動に対処する面でもユニークな力強い解決策になり得るし、そのほかの点でも実用的に役立つ」

また、バイオ炭の効用を最初に発見したのがインディアンだったという事実も、すばらしい。

自然と人間

チャールズ・マンの『１４９１』は、アメリカ原住民のエコシステムについて書かれた絶好の入門書だ。地域エコロジーを研究しているカット・アンダスンが教科書ふうにまとめた著書『野生の手入れ』（*Tending the Wild*）も参考になる。カリフォルニアには一八世紀にスペイン人がやって来て、一九世紀にはヤンキーが到来した。アンダスンによると、彼らが「無人の地に出くわしたことはほとんどなく」、ひんぱんに目にしたのは、「何千年にもわたってていねいに手入れされてきた〝ガーデン〟のような畑で、厳選された作物が収穫され、耕され、焼いてバイオ炭を作り、剪定（せんてい）をし、タネを撒き、雑草を抜き、定植を繰り返してきた」

牧草地や牧場もあり、背の高い木々がそびえ、公園のような森もあり、すばらしい野生の花々が咲き乱れていた。大型の野生動物もふんだんにいて、五〇〇もの部族国家が共存しながら生活物資の材料としても利用してきた。だが二世紀も経つと、「白人がすべてを荒廃させて荒れ地に戻してしまった」と、シエラ山脈南部に住むミウォク族（ヨセミテ族）の長老ジェームズ・ラストはアンダスンに語ったという。

カリフォルニアのインディアンは、とくに火の使い方がうまかったそうだ。

焼き畑によって生産量や単位面積当たりの収量も増え、イモや葉もの、果物、タネ、キノコなども、たくさん穫れるようになった。野生動物の餌も増えたし、野生の食糧や篭細工や縄の材料をダメにする昆虫や病気の害も焼き畑のおかげで防げるようになった。自分たちで作るさまざまな生活用具——穀物容器、魚獲りの簗（やな）、衣類、野獣狩りや狩猟・漁労の道具や罠、兵器類を作る材料も増えた。死骸も処理できたし、栄養素をリサイクルすることで植物の競合を減らし、沿岸の草原や山岳の牧草地にも地形に適した作物を栽培できた。

カリフォルニアに住むインディアンの女性は、世界一すばらしく美しい篭（かご）を編む。材料の植物は、七八種にも及ぶ。土地の主食の一つに、ドングリの粥（かゆ）がある。それを作る際には、水漏れしないほど密に編んだ篭に、熱く焼いた石をいくつも放り込む。優れた材料を得るためには、かなりの園芸技術が必要だ。アンダスンによると、「ほとんどすべてのスゲ（カヤツリグサ科）や野生の花、シダ、灌木、樹木、草がバスケットの素材になるため、編み手たちはこれらの植物を大事に育てる。カリフォルニアの原住民女性はだれもが植物学者なみで、植物を選んでは栽培する。原住民男性はだれもが動物学者で、動物の習性にくわしく、したがって陸の動物、空の鳥たちの狩猟も漁労もうまい」。

アンダスンは、原住民には厳格なルールがあることを突き止めた。収穫したものをムダにしてはならない。すべてを、収穫し尽くしてはならない。動物用にもとっておかなければいけないし、翌年ふたたび発芽させるためにも残しておく必要がある。今年は木の片側だけを収穫し、反対側は翌年のためにとっておく。所有権に関しては、二つのレベルがある。——個人ないし家族のプライベートなものと、みなが共用する部分だ。ある民族学者がポモ族について調べた事例では、たとえば、「盆地に立っているカシの木はすべて個人の所有だが、丘の上のカシは村の共有物だ」と定められていた。

カット・アンダスンは、ピット川の周辺に住む古老ウィラード・ローズから聞いた次の言葉を引用している。

「自然の面倒を見てやれば、自然もあなたの面倒を見てくれる」

エコシステム・エンジニアリング

「エコシステム・エンジニア（地球環境操作の実践者）」という響きのいい言葉は、エコロジストのクライヴ・ジョーンズが一九九四年に使い始めた新語だ。その後、オックスフォード大学の生物人類学者ジョン・オドリング・スミー（および共著者たち）が二〇〇三年に出した本で、「ニッチ（窪み）構築」とか「生態的継承」という言葉や概念も知られるようになった。ビーバーが川に住み家のダムを作るのは、ニッチ構築だ。ミミズが住みやすくするために土を掘り返すのも、同じくニッチ構築。このおかげで、ほかの生物にとっても住みやすい環境が生まれる。つまり、エコシステム・エンジニアリングの仕事をおこなう。このような環境の構築が絶えずおこなわれれば、生態的に継承されていき、進化への道が開けて、遺伝子も継承されていく。ビーバーやミミズは、彼らが作ったニッチによって進歩に貢献している。

古代生物学者のブルース・スミスは、二〇〇七年に『サイエンス』誌に掲載した「究極のエコシステム・エンジニア」と題する論文で、「進化は、自ら助くる者を助く」と書いている。表題は私たち人類を指していて、人類の起源からの道のりも含んでいる。火を意のままに操れるようになったのはアフリカにおいて五万五〇〇〇年前のことで、これもエコシステム・エンジニアとしての手腕だ。

スミスは、動植物を日常生活に取り込んでいく過程に関してユニークな見方をしていて、次のように書いている。

「アジアでは……実用的な役に立つ二つのものを、暮らしのなかに取り入れた。一つはイヌで、これは狩猟用として有用だし、もう一つは液体を入れる容器として便利なヒョウタンだ。一万二〇〇〇年前、イヌやヒョウタンほど、人間がニッチ構築に組み込んでいったものはほかになかった」

このような視点から見ると、人間がイヌを作り上げていったわけではなく、人間は自然を自分たちに都合のいいように改造していく過程で、イヌが進化する状況を観察していたことになる。

美しいニュアンスを持ったエコシステム・エンジニアリングの好例が、インドネシアのバリ島に見られる、一〇〇〇年もの歴史を持つ棚田の稲作だ。文化人類学者のスティーヴン・ランシングは、バリ島の水寺（ウォーター・テンプル）についてまとめた本のなかで、「完璧な秩序」と評している。そびえるような火山が多いバリ島では、棚田に水を上げるための「スバック」と呼ばれる方式の精巧なトンネル状の灌漑システムが、九世紀に作られた。水を共用する「隣組」の男性たちが、結集して協力する。バリにはカースト的な階級制度があるが、この運用に関する寄り合いは民主的におこなわれる。全体を管理するのが水寺で、これにはランクがある。ランシングは、次のように説明している。

「バリの信仰は『アガマ・ティルタ（聖なる水の宗教）』と呼ばれ、各村にある寺が、棚田に水をくみ上げるシステムを取り仕切っている。行政単位が大きくなっても、形式は同じだ」

灌漑に伴う問題は世界共通で、上流に住む住民が絶対的な権利を持っていて、下流の人たちにも分けてあげようという慈悲の心を持つ必然性は感じない。上流住民は自分たちに必要なだけ十分に使い、不要な分だけを下流の競争相手に放流する。バリでは、例外的に気前がいいのだろうか。ランシングが発見したところによると、下流住民も同じく強い権利意識を持っているという。なぜかといえば、稲作は流域全体で同時にやったほうが病害を防ぎやすいことを知っているからだ――ちょっとの間ガマンすれば、凶作にならずにすむ。

もし上流が下流に十分な水を流さなければ、下流では田植えの時期を意図的に遅らせ、上流に病害が集中して起こりやすくすることができる。このような状況があるため、流域の力のバランスが保たれ、スバックの灌漑システムはうまく機能している。このシステムは、公式に法制化されている。ランシングは、「水寺が執りおこなう儀式は、感情的になりがちな面をなだめ、秩序を保つためだ」と述べている。彼はさらに、「バリでは水田が宝石であり、心のよりどころ」だと断じている。

緑の革命は、アジア開発銀行が資金を出して一九七一年にはバリにも波及したが、これはバリにはむしろ厄災をもたらした。肥料・殺虫剤・殺菌を施したタネなどが「テクノロジー・パック」として配布され、従来のように水寺が介入していっせいに田植えするのでなく、多毛作が奨励された。その結果、病害がはびこり、毎年、何百万トンものコメの収穫が失われた。殺虫剤はしだいに効果が薄れるため、使用量が増加する。だがランシングの研究のおかげで、アジア開発銀行の官僚たちも事態に気づいて、水寺方式に戻した。一九八〇年代にバリ島の行政当局は、緑の革命の殺虫剤と多毛作方式を断念する方針の変更に踏み切り、自然のバランスは以前の状態に戻った。

システムがふたたび機能するようになると、スバックのおかげで収量の多いイネは威力を発揮できるようになった。だが残念ながら、バリの農民たちは以前と同じく、水田に肥料を施し続けた。バリの水質は滋養に富んでいるので、本来はその必要もなかった。余分な肥料は川を流れて海に注ぎ、サンゴ礁は富栄養化のために死滅した。それによってより多くの被害を受けたのは、バリ島の漁民たちよりブーゲンヴィル島の漁民たちだった。だが彼らの不満は、上流までは伝わらなかった。米作はこれから一〇〇〇年を経ても健在かもしれないが、サンゴ礁における漁業はダメージを受けた。

バリ島の水寺の例は、自然のインフラ・システムを住民のために維持・管理することがどれほど優れた機能を果たしているかを示している。だがサンゴ礁のほうには、どのようなメリットがあるのだろうか。希望が持てる一つの例として、ダイビング・スポットを売り込んでエコツーリズムを開拓している企業の動向がある。これはバリの会社が経営しているので、このような企業が政府に働きかけ、農民が余分な肥料を施さないように仕向けられれば効果があるかもしれない。さらに一歩を進めるなら、潜水観光の会社が、水寺のスバック灌漑の事業に参加することだ。

地球殺し

エコシステム・エンジニアリングは、人類にとってプラスになる方向で効果的に利用できるはずだし、病理学のうえでも役立つ。生物の多様性を維持できるか減らしてしまうかのカギも握っている。つまり、安定要因になるか、混乱に導くかの岐路に位置している。これまでの人類の歩みを見ると、人間は大型動物に対して病理学的にダメージを与え続けてきた。人間が見知らぬ土地に進出して来ると、大型で動きの鈍い動物を次々に仕留めて食用に供したりした。たとえばオーストラリアでは、オオトカゲ、有袋類のウォンバット、大カンガルー、飛べない鳥たちを絶滅に追い込んだ。マダガスカルではオオカバ、マングース、ワオキツネザル、ウミガメなどが犠牲にされた。北米では一万三〇〇〇年前には、マストドン、マンモス、ナマケモノ、トラ、ヤク（毛足の長いウシ）などが群れていた。北米に住んでいた大型動物の四分の三が、「更新世（洪積世）の絶滅期」に姿を消した。生物学者のダニエル・ジャンゼンは、カリフォルニア州における講演で次のように述べた。

「アフリカゾウの倍くらいも体重のある大型動物の群れが、このあたりを歩き回っていた。いまでも、地下のラ・ブレアのタール層に眠っていて、私たちの仲間が発掘作業をやっている。まるで、東アフリカに行ってマシンガンでゾウを撃ち倒している気分になる」

大方の歴史書によると、南北アメリカ大陸に住んでいた最初の人々は、ウマ、ラクダ、ウシ、ブタなどをいったんは家畜化したものと思われるが、やがて全滅させてしまったらしい。一四九二年以後にヨーロッパ人がやって来たときには騎兵隊で原住民を蹴散らかすことができたが、同時に致命的な病気も持ち込んだ。それまでは長い期間、ウシやブタ、ニワトリなどを家畜としてともに暮らしてきたのだが、ユーラシア大陸から持ち込まれた動物に対しては免疫がなかった。アメリカ大陸は焼き畑や女性の農作業で繁栄していたのだが、それが鉄砲や細菌や鉄鋼などに守られた新しいエコシステムに蹂躙(じゅうりん)されてしまった。

有史以前の人類は、二つの過酷な現実に直面したようだ。「生物の多様性(バイオダイバーシティ)」という言葉を作り出したエドワード・ウィルソンは、そのうちの一つについてこう述べている。

「人類はこれまで、〝地球殺し〟の役割を演じてきた。自分たちが生き延びるために、近視眼的な自己都合しか眼中になかった。私たちは、生物多様性の芽を摘むことだけに熱心だった」

もう一つについては、スティーヴン・ルブランが著書『絶え間ない戦闘』のなかで、次のように記している。

どのグループでもエコロジーのバランスは保たれていて、たとえ環境の変化があっても人口は一定のところで安定する。それが破綻した社会は、多大な不利益を被る。長期的にうまく生き延びてきた社会は世界中にたくさんあるが、いずれも可能な時期には成長を遂げ、資源が枯渇したときには戦ってきた。一つの社会だけがエコロジー上で持続可能な「エデンの園」のなかで繁栄しても、周囲がうまくいかなければ意味がない。

これが、一般的なパターンだ。人類は新たな場所に侵略していき、破壊したうえでやがて住みつく。お互いに侵略して殺し合い、やがて落ち着く。現在では、侵略すべき無人の地などなくなってしまったから、もうお互いに侵略は止めようよ、と言い始めた。もし気候変動が侵略ゲームを再開させる要素にならないのであれば、なぜ最終決着に至ることができないのだろうか。有史以前の人類の歩みが教えてくれる教訓があるとしたら、安定して定住できるようになった場合には、「野生を馴化する」ことに意欲的に取り組むようになり、農業の発展も期待できるはずだ。

「手を加えない、自然の状態を保護することが、至上命令だと言える」

と、エコロジストのダニエル・ジャンゼンは、アメリカの雑誌『ナショナル・パークス』で断言して、次のように続けている。

「自然は水工場であり、娯楽施設であり、八百屋でもある。世界で最もすばらしい研究対象であり、エンタテイメントであり、美しい生きた図書館でもある。炭素の貯蔵庫であり、微生物によるコンポスト工場であり、リサイクル推進装置であり、緩衝機能や事態改善作用を果たす。児童遊園地の砂場であり、ブランコでもある。だが万引きや破壊マニア、酔っぱらいやスピード狂、アホどもも棲息している」

ジャンゼンの発言には、説得力がある。彼は夫人で生物学者のウィニー・ホールワッチェズとともに、コスタリカを世界で最もグリーンな国に仕立てる努力をしている。国土全体を国立公園にしてしまおうという壮大な計画で、すでに国民がそのような意識を持っている。世界遺産に指定されているグアナカステ保護地域を中心にする構想で、このプロジェクトに関して、ウイリアム・アレンは二〇〇一年の『グリーン・フェニックス』誌で、次のように評している。

「ジャンゼンとホールワッチェズは、エコロジーに政治・文化・財政をからめ、熱帯の森林保護に革命を起こそうとしている」

ジャンゼンは世界各地の熱帯における体験を踏まえて、次のような原則を見つけた。――原生の自然を法的に「保護」したつもりでいても、それを美的な観点から愛でたり、政治に任せていただけでは保護したことにならない。密猟者や伐採人が潜り込んでくるかもしれないし、政権交代すれば公園は戦場に早変わりするかもしれない。そうなれば、殺戮の場に転じる。自然をあるがままの姿にとどめておくためには、単にガーデンのように仕立てればいいわけではなく、商売として成り立つコマーシャル・ガーデンでなければならない、と彼は主張する。経済的に自立できない自然公園でなければ、潰れるのがオチだ。

ジャンゼンは、『サイエンス』誌でこう述べている。

「グアナカステのような野生公園では、庭園の手入れに必要とされてきた手立てをすべて整える必要がある。十分な手入れを怠らず、計画を練り、投資をし、区画を整理し、保険を掛け、環境になじめるような調整を施し、研究を続け、収穫まで計算しておかなければならない」

彼はグアナカステで、二三万五〇〇〇の生物種を確認しており、これを「作物」だと考えている。エコツーリズムでやって来る観光客たちは、さしずめ「優良な家畜」だ。観光客がもたらす収益は、この国のコーヒー、バナナ、家畜の収入合計を上回る、とジャンゼンは指摘する。しかもコスタリカのバナナ生産量は、世界第二位だ。ジャンゼンは、グアナカステの学問的な研究によっても収益が上げられるだろうと考えているし、薬品開発のためのゲノム配列解析なども収入源に結び付けられると考えている。さらに、保護された森林から流れ出す天然水などのエコシステム・サービスも、ビジネス化できる。公園が拡大すれば、牧場経営や森林伐採の仕事は減るが、地元では公園がらみの仕事でもっと高収入の道があるものと、ジャンゼンは考えている。世界的な分類学者や生態学者も、やって来るに違いない。

自然をビジネスに

自然を売りものにする商売は、詳しく見ればあちこちにある。たとえば、『ネイチャー』誌には次のような記事があった。

「ホエール・ウォッチング観光は、すでに捕鯨に従事する人数を上回る雇用を生んでいるし、捕鯨を上回る利益を上げている」

私は毎週、カリフォルニア州マリン郡の山をハイキングしているが、このあたりは国立公園や州立公園、郡の公共地所、マリン郡都市上水道地帯などが入り組んでいる。どこが管理している場所が最も手入れが行き届いているか――たとえば、遊歩道の整備状況、野生生物の生息地保護のためのボランティアの組織化、外来種侵入の阻止、長期にわたる資金源の確保――などがチェックポイントになる。だが何しろ、ウォーター・ディストリクトと呼ばれる二万一〇〇〇エーカーもの広大な土地だ。私を含めて一九万人が暮らし、分水嶺を管理するため年に五五〇〇万ドルを拠出している。私たちが払う水道料金が、ハイキング遊歩道の維持費にも当てられている。木陰を作り、土砂の流出を防いでくれる森林、それにシカの個体数を一定の限度内にとどめておいてくれるピューマの存在などは、副次的な恩恵だ。

国際的な自然保護団体「ザ・ネイチャー・コンサーバンシー（TNC）」の主任研究員ピーター・カレイヴァは、環境保護団体の意識がしだいに現実的になっている状況を踏まえて、次のように要約している。「保護地域は、『人間から守る』という考え方は止めて、特定の地域は資産を『人間のために守る』という意識に変えていかなければならない」

二〇〇七年に『サイエンティフィック・アメリカン』誌にカレイヴァがミシェル・マーヴィエと連名で書いた記事で、そのようなアプローチの実例が上げられている。フロリダ州のメキシコ湾岸は、しばしばハリケーンに見舞われ、沼地の多様な生物が失われ、カキの棲息地域も被害に遭う。TNCの研究者たちは、カキの棲息場所と人口が稠密な地域の地図を重ね合わせ、さらにハリケーン被害のマップも重ねてみた。その結果、棲息保護地域と再生候補地は、人間およびほかの野生生物を保護すべき場所とほぼ合致する重点地域であることがわかった。カレイヴァは、そこから次のような警告を発している。

「生物保護に携わる人たちが注意を払わなければならない点は、エコサービスがおろそかになっている地域では、人々の福祉面もかなり危険な状態になっていることだ。たとえば、アジアではマングローブ群生地、アメリカ南東部の沼沢地、アフリカ・サハラ砂漠以南の乾燥地帯、世界中のサンゴ礁などがそのような状況に該当する」

ダニエル・ジャンゼンは、自然のままの処女地をただ手つかずのまま放置しておけばいいというものではないとして、『サイエンス』誌で以下のように述べている。

問題は、私たちが自然をコントロールしなければならないのかどうかではなく、どのようにコントロールすべきか、という点にある。偶然そうなったとか、たまたまの結果だという状況でもいいのか、それとも永遠に世代交代して生き続けさせるというはっきりした目標を設定して推進していくのか、という選択だ。……持続可能な荒れ地のガーデニングをやろうと思えば、復元できるかどうかがカギになる。復元していくためには、囲いを作り、植え付けをやり、肥料を施し、耕し、雑草取りに励まなければならない。継続が大事だし、汚染土壌の再生（バイオレメディエーション）、森林再生、造林、山火事防止、計画的な火入れ、間引き、天敵などの生物的防除、再導入、緩和などの措置だ。

復元の作業は、多くの人たちを巻き込む。エリック・ヒグスは著書『デザインから見た自然』(*Nature by Design*)のなかで、こう指摘している。

「雑草を抜き、作物の苗を植え、伝統に従った土手などの灌漑施設をこしらえ、旧来の火入れで土壌を豊かにすることによって、土地の復元に大いに貢献できる」

ボランティア活動に参加した人たちは、土地に愛着を感じ、参加者はお互い親密になる。時間や歴史にも深い関わり合いを持つことになる。ヒグスは、次のように表現している。

「私たちは、過去に思いを馳せながら復元を図る。だが、関心事は将来の状況だ」

私が付け加えるとすれば、復元に携わるボランティアたちは、人間性についても学ぶ。なぜかと言えば、マイケル・ポーランの言葉を借りれば、「ガーデンでは、ほかの種と滑稽ともいえる会話を交わすようになる」からだ。熱心に雑草取りや作物の生育に取り組むが、想像していたのとは異なった形に育っていく姿を見ることになる。

今世紀のうちに、地球温暖化に伴って自然保護に関する考え方も根本的に改める必要が出てくる。なぜかといえば、旧来のエコシステムにそぐわないような変化を阻止しようという目標をエコロジストがいくら追求したくても、それはもはや不可能になったからだ。彼らの新たな役割は、エコシステムのほうを現実に適合するよう調整していくことだ。気候変動による気温の上昇に耐え抜くため、生物は標高や緯度の高い地域に移動する。その移動経路を、確保しなければならない。山脈や水域などの障害があれば、人間が移動の手助けをしてやる必要が生じる。生物種は、異種の侵入者を歓迎するのではないか、と思われた時期があった。自然な交配種ができるのはいいことではないか、と考えられたからだ。たとえば、グリズリー（ハイイロブマ）とポーラーベア（ホッキョクグマ）の交雑種「グリズラー」だ。だが一般論としては、阻止すべきだという論が有力だった。現在では、順応という観点から支持する者が多い。

ある特定の地域、たとえば山頂付近では、大きな個体数の集団は維持できない。集まったとしても、見殺しにしなければならない。保護論者たちは、次善の場所を狙っている。ネイチャー・コンサーバンシーのピーター・カレイヴァは、こう書いている。

「海面が上昇すれば、それまでは内陸で注目もされなかった生息地が、にわかに貴重な沼や湿地帯に生まれ変わるかもしれない」

放置すると自然はどうなるか

この章ではこれまで、野生の原野を手入れする話とか、自然の改造に深く関わり合う人たちに焦点を当ててきたが、今度はそれとは逆に、自然をあるがままに放置しておく話に移ろう。ヨーロッパでただ一個所、原生林のままという場所がある。ポーランドとベラルーシにまたがるビャウォヴィエジャ原生林という九八四平方キロの土地で、両国の国立公園、世界遺産および生物圏保護区に指定されている。アラン・ワイズマンは著書『人類が消えた世界』（鬼澤忍訳、早川書房）のなかで、次のように描写している。

「五〇メートル近いトネリコやシナノがそびえている。その巨大な林冠に日光を遮られた湿気の多い低木層には、シデ、シダ、ハンノキ、皿のように大きなキノコがもつれあうように茂っている。五〇〇年間のコケに覆われたオークは大木に育ち、深さ七センチあまりの樹皮のくぼみにアカゲラがトウヒの松ぼっくりをため込んでいる」
ワイズマンを案内したポーランドのエコロジストであるアンジェイ・ボビエックは、ヨーロッパでも特異なこの森から得られる教訓を、次のようにまとめている。

ワイズマンはポーランドのクラクフで森林学の勉強をしたから、森林は多くの子孫を残さなければいけないというのが至上命令だと思っている。したがって余分な有機性残存物は、樹皮に巣くう虫の温床になりかねないので排除したほうがいいと考える。ところがここにやってきた彼は、それまで見て来たどこの森林と比べても一〇倍も生物の多様性に富んでいることがわかってびっくりした。ヨーロッパには九種類のキツツキがいるが、そのすべてが棲息しているのはここだけだ。それというのも、枯れた木の洞穴だけに住む種類がいるからで、それを知って彼も納得した。「手入れの行き届いた森林では、生きていけないのですね」と彼は森林学の教授たちとも話していた。ビャウォヴィエジャ原生林は、数千年にわたって自己管理してきたことになる。

私は、似たような話をジェームズ・ラブロックから聞いたことがある。三〇年も前に、彼がイギリス南西部のデボンに農場を買ったときのことだ。
「土地を手に入れたとき、グリーンですばらしい場所に仕立てたいと考えた。そこで、二万本を植樹した。結果は大失敗だった。思ったようには、進展しなかった。だが一部の場所は、手つかずのまま残しておいた。ほったらかしにしておいたその一画は、いまではエコシステムがうまく働いていて、木々もその他の生物もうまく調和して生育している。従っていまの私の哲学は『放っておけ、手を加えるな』だ。そのほうが手間いらずだし楽だ」

北東アジアには世界で最も豊かな野生動物の楽園があるが、どこだと思うだろうか。あるオンライン情報に、以下のようなヒントがあった。

この地域には五本の川が流れ、エコシステム・タイプとしては、森林・山岳・湿地帯・平原・沼地・河口などさまざまな地形が含まれている。植物は一一〇〇種、哺乳動物としてはツキノワグマ、ヒョウ、オオヤマネコ、ヒツジ、おそらくトラもいて、合わせて五〇種ほどが棲息している。鳥は何百種もいて、そのなかには、絶滅を危ぶまれている生物の「レッドリスト」を作成している国際自然保護連合（ＩＵＣＮ）から絶滅危惧種に認定されている鳥類――クロツラヘラサギ、タンチョウヅル、マナヅル、クロコンドルなども、少なくない。魚も八〇種あまりいるが、うち一八種がこのあたりだけに棲息する希少種だ。……何百種もの渡り鳥が、季節的に飛来する。

この特異な地域は、朝鮮半島の南北を分離している非武装地帯（ＤＭＺ）で、長さ二五〇キロ、南北の幅三・八キロに及ぶ。多くの地雷が埋められているが、一九五三年九月六日に朝鮮戦争が停戦になってから、人間はだれも入っていない。山岳では、森林が復活した。長いこと農地だった場所は、いにしえの草原と灌木の荒れ地に逆戻りした。だれかが、野生動物を放したわけではない。チェルノブイリの被曝跡地と同じく、動物たちは自分たちの感覚によって安全な避難所を見つけたのだった。「ＤＭＺフォーラム」

というNGOは、二つの朝鮮が統合した暁には、非武装地帯を平和公園にするようロビー活動を続けている。ここが野生の王国になれば、国家が誇る記念碑的な施設になり、エコツーリズムの目玉になって客寄せができ、しかるべき収入ももたらしてくれるに違いない。DMZフォーラムの創設者の一人エドワード・ウィルソンは、「朝鮮のゲティスバーグのような歴史的なモニュメントであると同時に、ヨセミテのような観光地を兼ね備えた存在になるだろう」

同じような野生の聖域は、有刺鉄線や原発の建設地などには存在するに違いない。保護運動のロビー活動に従事しているコリー・ウエストブルックは、こう評している。

「野生生物と聞けば、国立研究所や軍の基地を連想する人は少ないでしょうが、立ち入りが禁止され、警戒が厳重な場所であれば、生物の保護には適しているわけです」

スティーヴン・ルブランが「絶え間ない戦闘」と呼ぶ現代においては、対立する民族を分け隔てるための無人緩衝地帯がいくつもできて、野生生物が生き延びるための避難所になっている。典型的な緩衝地帯は幅が八〇〇メートルから三〇キロほど、戦闘を減らすことが本来の狙いだが、それが図らずも大型動物の聖域になり、農耕で疲弊した農地は休耕地となって土地の養分を回復できる。

天然の状態に手入れを施すことと、野生のままに放置しておくことは、決して矛盾する行動ではない。どちらも、うまくいく。そして、二つはよく調和する。場所によっては、ミックスした方策が多くのプロジェクトで成功する。この二つは、科学的に互助関係にある。競わせてみるのが、賢明かもしれない。

グリーン関連の活動のなかで最もやりがいがあると満足感を感じるのは、旧来の自然の状況を復元する作業だ。小は窓辺の花箱から大は広域の生物圏までさまざまだが、心理的な達成感は同じだ。巨視的な話に進む前に、そのような実例を、都市・農地・森林・草原の各分野からまず拾ってみよう。

テキサス州オースチンにあるコングレス・アベニュー橋は、設計構造上のおかげもあって、周辺に一五〇万羽ものメキシコオヒキコウモリが乱舞する。夏の夕方になると、一〇〇〇人もの観光客や地元の人たちが見物する薄暮のなかで、コウモリたちは蚊の大群や、トウモロコシに被害をもたらすオオタバコガの幼虫などを、毎晩一二トンも捕らえて食べる。このショーを見るために人々が集まってくるおかげで、オースチンは年間八〇〇万ドルもの観光収入を得ている。また、この町に拠点を置く「国際コウモリ保存協会」は、「コウモリにやさしい橋の作り方」というパンフレットを作っている。

アメリカの郊外では野生の鳥類がこのところ激減しており、生態系の研究はこの窮状に警鐘を鳴らし、その原因を三つ上げている。前にも触れたが、一つはネコでアメリカだけで年間で一億羽が犠牲になっている。保護運動に携わっている生物学者のマイケル・スーレによると、コヨーテの数が増えている場所では、鳥の数も増加している。コヨーテは、ネコを食べたり脅かしたりしているからだ。ペンシルバニア州の研究者たちによると、一平方マイルに住むシカの頭数は二〇頭ほどで変化はないのだが、鳥の数は三分の一も減ったと言う。その原因は、鳥が棲んでいた低木層をシカが食べてしまったからだ（鳥と同じく、リスなどの小動物たちも犠牲になった）。「大型の捕食動物」がいないことも、問題だ。バードウォッチャーたちや、シカ肉が好きな園芸家が戻ってきてほしい。都市の周辺に出没するシカを弓と矢で仕留めるハンターにライセンスを与えよう、という都市もいくつか出てきている。鳥が減少している第三の要因は、ガーデンや庭に有害ではない外来植物がはびこったことだ。昆虫たちはこれが食用になることを学習していないために餓死して数が減り、昆虫を食糧にしていた鳥も減るという相関関係だ。この解決法は、簡単だ。在来の土着植物を増やせばいい。

このような対策は、成果に直結する。コヨーテの遠吠えを我慢し、二メートルあまりの囲いを飛び越えて畑の作物をむさぼり食う野生のシカを仕留めて食べ、庭に散在するプラスティックのような飾りを除去すれば、鳥たちは戻って来るに違いない。

肥沃な土地

環境運動家たちは従来から、家畜の放牧は土地をダメにすると主張してきたし、それは事実である場合が多い。だが家畜の牧草地は、しっかり管理していれば、かつて巨大動物たちがのどかに暮らしていたような緑の楽園に戻り得る。ポイントは動物たちを絶えず移動させることで、昔は大型の捕食動物に追われて動いていたのだが、その役をカウボーイが果たさなければならない。家畜の放牧に関するエキスパートである生物学者のアラン・セイヴォリーは、彼の故郷であるジンバブエにおける家畜放牧のフィールドワーク研究に基づいて、次のように述べている。

「かなりの数の大型で体重の重い動物の集団が、かつて捕食動物に追われて移動していたときのように、ここでは食べる場所を変えているため、土地を荒らすことなく、土壌は劣化していない」

セイヴォリーは古典的名著『総合的管理』(*Holistic Management*)のなかで、家畜に土地の復活を手伝わせる手段を列挙している。家畜が草を食(は)むことによって、土地をむしろ豊かにするという。地面が裸になって浸食が進む状況になったら、草を大量に運んできてそこに家畜もたくさん連れて来る。やがて家畜は、あちこちに糞をする。そこに草が生える。土地の浸食が進んで急斜面の谷間になってしまったら堤のようになった高い部分を、家畜に踏み潰させる。やがて草が生えて仕上げをしてくれる。茂みのなかに防火帯がほしければ、刈り取りたい部分にサトウキビの糖液か塩水を撒けばいい。家畜たちがブルドーザーのように踏み潰して、防火帯ができ上がる。

セイヴォリーの実践方法に共鳴している牧場主たちのなかに、一〇〇組の家族会員を擁するマルパイ・ボーダーランズ・グループがある。彼らはニューメキシコ州南部からアリゾナ州にかけての大陸分水嶺（ロッキー山脈）に、一二五〇平方マイルの荒野を保有している。一九九〇年代になると樹木が増えて草原を圧迫するようになったので、牧場主たちは寄り集まり、火入れをすべきどうかを協議した。科学者たちも動員されて、みなが賛同できる方策が練られた。彼らマルパイ・グループの動向は本にまとめられているが、その骨子は次のようなものだ。

荒野の状況が、理想的に進んでいる場合。——それは人間の手が加えられているかどうかに関わりなく、その原初状況がそこに住む人間社会を維持していく状況であれば、それでよい。自然に対する取り組み方は、大筋では五世代前と変わらない。牧場での仕事、家畜の育て方などは同じだ。だが科学的な研究成果が取り入れられ、通信手段が前進し、改善策が取り入れられ、不動産や法が整備され、野生生物の研究が進み、計画の立案やマネジメントも巧みになってきた。言うまでもなく、政治面でも前進が見られた。

マルパイ・グループは、アフリカ生まれの動物学者で、ケニアのアンボセリ国立公園で保護運動に携わって有名になったデヴィッド・ウェスタンを、コンサルタントとして迎えた。アンボセリ周辺における、マサイ族の家畜管理方法に関する情報も得やすくなった。ウェスタンはそのころ、ケニア野生生物庁長官だったから、アメリカの牧場主とマサイ族との相互訪問計画を立てた。さらに興味ある事実だが、マルパ地区でメキシコ・ジャガーの姿が見られるようになった。アメリカ南西部の牧場に棲息していたこのすばらしい動物をふたたびこのあたりの一部地域で増やしたいと、マルパでは計画を練っている。

牧場主たちはこれまで政府から圧力を受け、環境運動家から嘲笑されてきたが、いまでは両者とも牧場から学ぶ姿勢になっている。牧場主たちはさらに、周辺の住民たちと話し合って、野焼きを実施したり、共同でジャガーを確認したり、科学者やマサイの兵士たちとも手を組んで、牧草地や水路を改善し、草を食べて育てた牛肉を売るなどの計画を練っている。

エコロジカル・コミュニティ

多くの人間が、森に住んでいた時代もあった。ローランド・ベックマンの一九九〇年の著書『樹木と人間』(*Trees and Man*)によると、中世ヨーロッパの森には、「バスケット編み職人、炭焼き、蔦の輪づくり、陶芸家、木こりなどが住んでいたし、羊飼いや牧夫、養豚家も暮らしていた」。マダガスカルの熱帯乾林は、エコロジー研究の面で貴重な場所で、ストックホルム大学のトマス・エルムクイストは衛星で観測した結果、消滅した森林は多いものの、健在な部分もあるし、面積が広がった個所も発見した。彼は『ニュー・サイエンスト』誌に、こう語っている。

「森林を伐採した個所が最も人口が希薄であり、マーケットからも最も離れていることがわかって、びっくりした。森の中心部は地元の村々が牛耳っているので、地元部族と血縁関係を結ばない限り、入り込むことはできない」

気候変動が問題になっているだけに、大気中の炭素の量を一定に保ち、大地に封じ込めておくために、森が果たす役割は重視されている。IPCCの試算によれば、二〇億エーカーの農地を森林農業［アグロフォレストリー。樹木や灌木の間で畜産や耕作をおこなう］に転じれば、大気中の二酸化炭素を五〇ギガトンも減らすことができるという。世界アグロフォレストリー・センターでも、「貧しい農民が排出量取引で売ることができるのであれば、毎年一〇〇億ドルもの収入を得られる計算になる」と述べている。

森林は気候を変えることができるし、気候も森林を変える力を持っている。トマス・ボニクセンは二〇〇〇年に出した著書『アメリカの古代の森林』(*America's Ancient Forests*)のなかで、次のような希望の光を述べている。

現在の森林は、現代に特有なものだ。この状況は氷河時代の様相とは違うし、未来の姿とも異なっている。森に共生している樹木の種類やバランスはいまだけのもので、やがて構成は変わってくる。新たに加わる種もあれば、消えていく種もある。動物と比べれば植物の動きはきわめて緩やかだがつねに更新段階にあって、生育環境が好ましい状況でなくなれば逃げていくし、有利な状況がやってきたと思えば、それにふさわしい種がやってくる。動くことができなければ、適応する。適応できなければ、淘汰される。

これは、従来からなじみのある「エコロジカル・コミュニティ」の原則だ。さまざまな種が共生し、ある時期には繁茂する種があっても、やがてバランスは崩れる。

ダニエル・ジャンゼンはコスタリカで、昼なお暗い鬱蒼（うっそう）とした森や熱帯乾林を復活させた体験を踏まえて、どこでも適応できる森林再生の一般原則を、次のようにまとめた。

適切な場所を見つけて確保できたら、この地になじみのある者のなかから住み込みが可能な管理人を捜す。域内の生物の拠点を調べて、残存している種のなかから、復活が見込めそうなものを選ぶ。これらの有望株には、あえて生物・物理的な保護は施さない。動植物を巧みに手なずける農民のコツを会得して、多様な生物の保護を実現することが、最も挑戦のしがいがあるところだ。これからどのように運営していくのかというはっきりした明確な方針を打ち出し、地元の人々に納得してもらうことが必須だ。ささやかな動物園にするつもりなのか、植物園なのか、遺伝子バンクなのか、分水嶺の役割を果たすものなのか、教育のための研究所なのか、それとも以上の多目的なのか、など。

インドネシアのボルネオ島は、乱伐と山火事のためにかなり裸になってしまい、二つの復興植林計画が進行しているが、この二つがまったく異なった目標を掲げている。一つは、絶滅に瀕しているオランウータンの生息地を確保するのが目的だ。ダヤク族の六〇〇家族と緊密に協力して、森林の専門家ウィリー・スミスがヤシ油を採るためのプランテーションを熱帯雨林に戻すプロジェクトに取り組んでいる。コンポストを巧みに利用して加速を図り、成果を上げつつある。第一区画の八平方マイルの森は、火事に強く現金収入をもたらしてくれるサトウヤシに囲まれている。もう一つの大計画は植林計画で、ボルネオの基幹産業である材木のための持続可能な資源の供給を狙っている。一九〇〇平方マイルの半分は成長の早いアカシアの植林プランテーションで、三分の一は原初の森へ回廊でつながっている。残りの部分には、地元民が住んでいる。この二つのプロジェクトが、何十年か後にそれぞれどのような成果をもたらすか、比較してみるとおもしろいだろう。

スコットランドの高地は、いまではすっかり不毛の地になってしまったが、かつてはスコットランドマツやカバノキ、ジャニパー（ヒノキの仲間のネズ）、セイヨウナナカマド、ローワン、ハンノキなどが生い茂る豊かな森が広がっていた。だが一八世紀の半ば、スコットランドで最後のオオカミが殺されたあと、アカシカの頭数が爆発的に増え、若木をことごとく食べてしまった。古いカレドニア森林と呼ばれるスコットランドの森は、ごく一部を残して消滅した。現在では「ツリーズ・フォー・ライフ」という団体が、六〇〇平方マイルに及ぶ森を再生させようと努力している。このグループは二〇〇八年に一万エーカーの土地を購入し、ボランティアたちが近隣の残された森を含めて復元を図っている。次の手順は、何世紀も不在のままだったイノシシやビーバーを連れ戻すことで、これらの動物はかつてのようにスコットランドのエコシステムを改善するエンジニアとして活躍してくれるはずだ。その結果、動植物の多様性も復活が期待される。

クリ2・0

オレゴン州ポートランドに拠点を置く「エコトラスト」という保護団体は、エコノミー・エコロジー・イクイティの3Eを旗印に掲げている。私が知っている限り、この団体は森林経済改革に関して最も野心的なプロジェクトを試みている。西海岸のサンフランシスコからアラスカまで三二〇〇キロに及ぶ太平洋に沿った温帯雨林がすべて対象だ。エコトラストのスペンサー・ビーブ会長は、活動の概要を次のように総括している。

これら沿岸地域の面積を合わせると五〇〇万エーカーになるが、民間企業所有の土地はたった七％と、例外的に少ない。私たちは森林を購入して、生産物（自然保護のためにおこなう間伐材から作るパルプ材や丸太）を販売するほか、水利とか炭素処理、セルロース系エタノールのバイオ燃料、ミティゲーション・バンキング（希少生物種の保護）、保護の地役権など、エコシステムのサービスをおこなって六％から八％の利益を上げることができる。

エコトラストでは、この地域を「サーモン・ネーション」と呼んでいる。サケは地元民たちにとって貴重な食糧であるとともに重要な交易品だったし、健全なエコシステムの核でもあった。

アメリカではアラバマ州からメイン州まで、ミシシッピ川から大西洋岸までの広範囲にわたって、かつては雄大なクリの木が生い茂っていた。クリは高さ四〇メートル近くまで生長し、幹の直径は三メートルにも及ぶ。毎年、大量の甘い実を落として、人間やリス、シカ、エルク、七面鳥、クマ、カケス、ネズミなどに冬の食糧を提供してくれる。だが一九〇四年に、菌がはびこってクリが枯れ始めた。一九二〇年になると、クリはほぼ絶滅した。風景も一変して淋しくなった。中国産のクリはこの疫病に罹っていなかったのでそれと掛け合わせたりして賢明に努力したが、まったく成果は上がらなかった。

この経緯について、スーザン・フラインケルが『アメリカのクリ』(*American Chestnut*)という本に巧みにまとめている。遺伝子工学の技術を駆使して病害に強い種を復活させようと努めた、二人の研究者がいた。彼らはひょっとするとカエルの遺伝子を借りればうまくいくのではないかと考えたが、人間が実を食べる植物に動物の遺伝子を組み込むことに、だれもが反対した。アーバージェンというバイオテクの会社が、アメリカ・クリ財団に、遺伝子組み換えの研究を援助したいと申し出た。その案は見送られたが、研究は続けられた。次世代の「アメリカ・クリ2・0」とでも言える種は、二〇二〇年代にはかなり勢いを増していると確信している。二〇年代の末には、グリーン派も賛成するものと思う。

デニーズ・カルーソは二〇〇六年の著書『介入』(*Intervention*)で、次のような不安を述べている。「遺伝子交換をした樹木は、それだけで侵略性(インヴェイシブ)が強まってしまいがちだ」

その特性こそが、プラス要因になる。エコロジーの分野では「インヴェイシブ」は中立的な概念で、何かが増大することを意味する。もしクリの木が人間の力を借りて飛躍するとしても、これがはじめてではあるまい。二〇〇〇年も前に、クリは落葉樹林のなかで七%を占めるくらいだったのだが、一気に四〇%にも激増した。ネイティブ・アメリカンが庭木として植林したためではないか、と推察できる。

マンモス再生

種を復活する試みとして最も大胆な構想は、更新紀に絶滅した大型動物をアメリカのエコシステムのなかで復活させようというプロジェクトだろう。これは、大型動物に対するノスタルジアのためばかりではない。絶滅の前後に何が起こったのかを推理する過程で、科学ジャーナリストのイヴォンヌ・バスキンは、南アフリカのエコロジストであるノーマン・オウエン＝スミスの仕事をおさらいした。オウエン＝スミスは、「中核（キーストーン）の草食獣」仮説［地上に分布していた大型草食獣がエコシステムを動かす原動力だったとする説］を提唱している。

バスキンは著書『生物多様性の意味』（藤倉良訳、ダイヤモンド社）のなかで、種が絶滅する前の状況について、こう述べている。

「アパラチア山脈からロッキー山脈に至る広大な地域は、開けた公園のようにまばらに樹木が立ち並び、針葉樹と広葉樹が草木や草花と混じり合いながら茂っていたことが、花粉の化石から明らかになっている」

そのようなのどかな風景のなかに、マンモスやサーベルタイガーなどがうごめいていたに違いない。だがやがて、このような動物は姿を消してしまった。バスキンは、次のように記している。

> 森と森との間の空き地に低木や苗木が生長し、草木類が駆逐される。森がなくて開けている場所では、食べられることがなくなった草が高く生長し、大火事が頻発し、そこに生えようとする苗木は焼き払われるようになる。その結果、オウエン＝スミスが言うように、複雑なサバンナ地帯は、今日見られる深い森林と単調な平原（プレイリー）とにはっきりわかれてしまう。多様な生息地のパッチワークを作り維持する大草食獣がいなくなると、中型、小型動物の個体群が生息できる場所は細分化され、孤立し、小さくなっていく。小型哺乳類は、逃走経路をプレイリーや深い森で徐々に遮られ、気候変動、災害、猟師のなすがままになる。そして、これらの動物も、絶滅へと導かれていった。

ポール・マーティンは一九九九年に、更新世に大量死が起こったという説を発表したが、ケニアに住むデヴィッド・ウェスタンと話し合っていたときに、牙の大きなマンモスをアメリカで復活させたいと考えるようになった。つまり、アメリカ大陸における「復活生態学」の一環だ。マーティンは、二〇〇五年の著書『マンモスのたそがれ』(*Twilight of the Mammoths*)のなかでくわしく論じている。彼はウェスタンがアンボセリ公園で観察した、次のようなゾウなどの描写に感動した。

「ゾウたちは樹木や灌木の間を歩き回り、草を食(は)んでいるマサイ族の家畜たちとも交流を繰り返す。草を食べ尽くすと、灌木や樹木がのさばってくる。しばらくすると、家畜用の草がまた生えてくる。そうなるとまたゾウが戻ってきて、樹木を押し倒す。すると、ふたたび家畜向きの草地になる。草原と灌木と樹木がモザイクのようなパッチワークになり、これがサバンナの多様性を生む。ゾウと家畜は棲む場所を共有するのだからマイナス面もあるに違いないが、お互いにプラス面もある。彼らは確固としたルールを持っているわけではないが、前進したり後退したり、幽霊のダンスのようにゆらゆらのんびりと、何十年も何世紀にもわたって、エコロジーのメヌエットを踊っている」

新世界アメリカがゾウを輸入すれば、バイソンとゾウがメヌエットを踊り、アメリカの牧場にいい結果をもたらすのではないか、とポール・マーティンは夢想する。

草食動物を復活させるうえで、エコロジー面のジグソーパズルのピースはすでに埋め込まれている。アメリカ西部に棲む野生のウマとロバは、法的に保護されている。ポール・マーティンは、次のように書いている。「ウマはここで進化し、何百万年にもわたって繁栄してきた。ところがおよそ一万三〇〇〇年前に絶滅してしまった。西暦一五〇〇年代にスペイン人たちがウマを連れてきたが、これは新種の侵略でなく、復活なのだった」

バッファロー（水牛）の仲間であるアメリカン・バイソンは、一八九〇年の時点では五〇〇頭にまで減少した。だが現在では、五〇万頭まで盛り返した。それが、プラス効果ももたらしている。バイソンの肉は脂身が少なくて味がよく、ほかの家畜の肉より安いので人気がある。環境学者のアリス・アウトウォーターは、こう書いている。

「バイソンは草原で進化してきたので、家畜と比べるとはるかに壮健で、抗生物質やホルモン剤、生長促進剤などを必要としない。……家畜が凍えてしまいそうな低温でも平気だ」

ＣＮＮのテッド・ターナーは、個人の牧場で五万頭のバイソンを飼っている（プレイリードッグの復活にも熱心だ）。一九州にまたがって暮らしている五七のネイティブ・アメリカンの部族が、「部族間バイソン共同体」を結成していて、自分たちの土地でバイソンを飼育して増やし、「文化を向上し、精神面の活性化を図り、エコロジーを復元し、経済発展に役立てたい」と努力している。モンタナ州立大学には、バイソン研究センターがある。人間が高原から撤退する傾向があるのでバイソンが個体数を増やしつつある。

ポール・マーティンの野生復帰計画と一九九一年に手を組むことになったのは、「アース・ファースト（地球第一）」を創設し、似たような組織を持っていたデイブ・フォアマンだ。フォアマンの野生復帰計画に刺激を与えたのが、エコロジストのミシェル・スーレで、そのコンセプトは草食動物ではなく、肉食動物だった。フォアマンは二〇〇四年に出した『北米の野生復帰計画』（*Rewilding North America*）のなかで、彼は次のように書いている。

「オオカミやクーガー、オオヤマネコ、クズリ（イタチの仲間）、グリズリー（ハイイロブマ）、アメリカグマ、ジャガー、ラッコなどよく知られた肉食動物も、エコロジー面で効果的な個体数に達するまで、北米全域でよみがえらせなければならない」

さまざまな復活努力のなかでも、彼が強い印象を受けたのは、一九九五年にイエローストーン国立公園でおこなわれたオオカミ増強計画だ。エルク（ヘラジカ）の頭数が多くなりすぎて、ポプラやヤナギを食べ荒らし、ビーバーがダムを作る材料が足りなくなり、湿地がなくなるほどだった。だがオオカミがふたたび導入されたおかげで、フォアマンによると「エルクはかつてのエルクらしさを取り戻し、自我に目覚めてよく動き回り、肩越しに遠くまで振り返り、開けた渓流では群れを作ってぶらついたりしなくなった」。それに伴って、ビーバーも戻ってきた。

動物の保護に当たっている学者ジョシュ・ドンランは、マーティンとフォアマンの考え方を混ぜ合わせ、「更新世の大量絶滅」の針を逆戻して、「更新世のころの野生時代に戻る」努力を続けている。ドンランは『アメリカン・ナチュラリスト』誌に、フォアマン、スーレ、ポール・マーティンらと連名で論文を寄せ、北米で失われた大型動物の代わりに「代理」を導入しようと試みている。たとえば、アフリカのチータやライオンを導入する案だ。アメリカ・チータはずっと昔に死に絶えてしまったが、そのおかげでプロングホーン・カモシカはいまでも快速疾走ができる。フタコブラクダは原産地のモンゴルでは絶滅危惧種だが、アメリカではかつて棲んでいた古い仲間の代役として復活させられるかもしれない。現在の北米の野生のウマとロバは、原始的に見えるヨーロッパ原産のプルゼワルスキー種とアジア原産のロバが混交したものだと思える（ともに、原産地では絶滅に瀕している）。アフリカゾウとインドゾウは、マストドンが姿を消したあとの代役を果たせるかもしれない。動物たちの生態を長期間かけて研究するため、動物たちはフェンスで囲んだ広大な公園で飼育されることになるから、エコツーリズムの面でも役立つに違いない。

マストドンの代役には、ゾウを起用できるかもしれない。両者とも、樹木や灌木の間を歩き回る。だが、草食のマンモスの代用ができる動物はいない。本格的なマンモス研究を進めるためには、生きたマンモスを観察するしかない。そのためには、マンモスの再生が必要だ。それが実現可能な状況が、急速に近づいている。二〇〇八年に『ニューヨーク・タイムズ』紙に掲載された記事によると、「一〇〇〇万ドルもあれば、生きたマンモスをよみがえらせることが可能」だという。ペンシルバニア州立大学の研究者たちによると、マンモスの毛のサンプルからマンモスのゲノム配列が解明されつつあるという、ハーバード大学のジョージ・チャーチや京都大学の中山伸弥が開発した遺伝子工学の新技術を応用すれば、ゾウの皮膚を胚芽状態に戻すプログラムを作り、複数のマンモス遺伝子を注入し、マンモスの胚芽状態の個体を作り出す。それを母親になるゾウに戻して成長させる。この技術を使えば、生きたネアンデルタール人も再生できるわけだが、これはヨーロッパ人がやるべき仕事だ。北米で野生の命を復元するとすれば、サイベルタイガーとか巨大グマ（ショートフェイスドベア）、巨大な地上性のナマケモノ、ジャイアント・ビーバー、アルマジロに似たグリプトドンなどが候補になる。

飛躍しすぎだ、とお感じだろうか。エコロジストのセルゲイ・ジーモフは一九八九年に、シベリア北東部に更新世パークを開いた。六〇平方マイルの敷地を囲い、トナカイやムース、ヤクートウマ、ジャコウウシ、アメリカン・バイソンを飼っている。やがて、サイガ（ウシの仲間）、ヤク、クズリ（イタチの仲間）、ツキノワグマ、アムールトラなども加わる予定だ。日本とロシアの科学者たちは、毛むくじゃらのマンモスを再現しようと共同作業に取り組んでいて、引き続き毛深いサイも手がけたいと目論んでいる。ジーモフは二〇〇五年の『サイエンス』誌に論文を書いているが、それによるとこの地域の苔と森林のツンドラが、エコシステムに不具合を生じさせ、大型動物を滅亡させたのだろうと類推している。状況がうまく修復されれば、豊かな草に覆われた「マンモス向きのツンドラステップ」が戻って来るのではないか、と期待している。だが彼は、次のような危惧も抱いている。

緯度の高い北の地域でどのようにしたら更新世のころのように緑豊かな状況を再現して広げていくことができるのか、それを研究していく過程で、私たちは地球温暖化の進行や影響を抑えることもできるのではないだろうか。更新世のマンモス時代に土壌に貯め込まれた炭素が、温暖化によって大気中に温室効果ガスとして放出されるとなると、地球上の熱帯雨林が保有している総炭素量を超えてしまう恐れもある。

北米では、デイブ・フォアマンがやはり大陸レベルのスケールの大きさで考えをめぐらせていた。彼の自然復元理念で基本になっているのは、「自然の抱擁力は巨大なもので、しかも相互に深い関連を持っている」という考え方だ。したがって、現存の公園、原初の野生状態、道路のない地域などを、保護された回廊で結ぶ必要がある、とする。彼の構想によれば、①太平洋岸に近い山脈群、②大西洋に寄った山脈群、③大陸分水嶺、④北部の北極圏という、四つの「巨大ネットワーク」を構築する。そして、南北に三つの回廊を走らせる。この壮大なアイデアは強いインパクトを持っていて実現を目指す価値があり、地球温暖化対策としても効果がありそうだ。マルパイのジャガーたちは、カナダに到達する道も開ける。

あなどりがたい敵

私は、背の高い植物パンパスを重点的に研究したことがある。これはアルゼンチンやボリビアから北米にもたらされた外来種で、先端に金色の穂が付く。はるか昔に種苗畑から飛び出して庭から原野にまで広がり、とくにゴールデンゲートブリッジ（サンフランシスコ）の西にある国立公園ではびこった。正確に言えば、パンパスよりもその仲間であるジュバタ草（アンデスのパンパス）のほうがやっかいだ。見たところはそっくりだが、こちらは交配しなくてもどんどん増える。一本で百万ものタネが、風で何キロもの遠方まで飛ぶ。私は、分水嶺のロッキー山脈のあたりからジャバタを一掃したいと思っている。無謀にも、ナイフとツルハシを使って根こそぎにするたった一人の闘いを展開している。だがこの植物は、ビューイック車ほど大きくて頑丈だ。

半日の仕事である程度の成果が上がり、これが一つの作業の単位になっている。敵が根づいている遠隔の地を見つけ出し、この外来種を根こそぎ引き抜く、という私なりのやり方で根絶に努める。景観が少しずつよくなっている状況を確認しながら、さらに前進する。私はジムに通ってやたらに無目的に手足を動かしたり、無意味にトラックを走り回ったりする代わりに、このような鍛錬をやっている。この作業を通じて上半身が鍛えられるから、同時に筋トレもできる。私はこのしたたかな外来植物を撲滅するために、ずる賢い魚のマスや高貴なオスジカを追いかけるよりも熱心に、ひたすら取り組んでいる。外来植物はただならぬ執拗さを備えているから、ジュバタ刈りのコツを会得するまでに何年もかかった。

私は生物に関しては偏屈・頑迷で、土着の植物だけに固執するナチス的な排他精神を持っている。いわば、個人軍団だ。アメリカのどの州にも、土着植物協会の組織がある。ポール・ホーケンの「ワイザーアース」データベースで捜すと、一〇〇〇もの団体がリストアップされている。愛好者が多いだけに、専門の種苗店も無数にある。道路の両脇や中央分離帯の緑地帯面積は全米で一二〇〇万エーカーにもなるのだが、私たちは各州のハイウェイ当局に働きかけ、耕し直して各州に特有な地元の植物を植えるように説得している。この運動を推進している人の言葉を借りると、もしそうなれば、「デラウェア州内をドライブしていれば、いま走っている場所は熱帯ではなく、デラウェアであることが確認できる」。

7つの秘密

土着の植物を愛好する気運が高まっていることは、健全な傾向だと思う。バードウォッチングと似たところがあって、ローカル色を体感することによって環境保護の意識を高め、科学にも貢献する。エコシステムを健全化するうえでも、プラスに働く。昔の状況を復元しようと努力する人や、土着植物の専門家が増えてきて、日常的になんらかの活動に携わる人の数が驚くほど目立つようになった。ここにはいくつもの秘密が隠されているのだが、そのタネを明かそう。

秘密1——昔を復元しようと熱心に活動している人たちは、除草剤を使っている。外来植物の勢いが強く、多大な被害を与えている場合には、それ以外の手段がない。黄色いアザミのケンタウレアやマリファナはアメリカ西部を覆ってしまったが、これはカズー(葛(クズ))が南部を席巻した例と似ている。ケンタウレアは、カリフォルニア州だけでも一五〇〇万エーカーを覆っている。食べることはできないし、ほかの野生生物や家畜も打ち勝てない。ほかの植物まで駆逐する勢いだ。国際環境保護団体TNCは、商品名マイルストーン、トードン、トランスラインなどの除草剤を、アイダホ州ヘルズ渓谷でケンタウレアに対して使う場合に限定して認めている。ヨーロッパから侵入してきたチートグラスとかメドゥーサヘッドなどの雑草もアメリカ西部にはびこり、枯れると火災を起こす危険があり、温暖化にもマイナスになるので、アメリカ土地管理局では「プラトー」という除草剤を一〇〇万エーカーに撒布する計画を立てている。『ハイカントリー』という雑誌は、次のように報じている。

「多くの環境運動家たちが、この計画が引き起こしかねないダメーシに警戒感を抱いている。だが生物学者や土地を管理している人々は、殺虫剤によって被害が生じるとしても、雑草のはびこる脅威のほうが大きいという見方でほぼ一致している」

私が懸命にジュバタ草を引き抜いている国立公園では、場所によってはひどく群生していて、私も仲間のボランティアも分け入ることさえできない状況だ。国立公園局では、除草剤を使って始末している。かつてのような草原を復活させるためには、除草剤を使ってすべての植物を根絶させ、土着のタネを改めて蒔き直すのが常道だ。私が復元に努力している川べりの場所では、一〇種類あまりの外来植物に対して、ときどきグリホサート系の薬品を使う。

秘密2——パッチワークのようにまだら模様に、びっしり侵略してくる外来植物に対して、ひとり挑戦するのは、無意味というよりむしろ害をなす。荒らされた土壌は、また同じ植物を育む。あるいは、新たな外来植物まで招き入れかねない。最も賢明なリニューアル方法は、オーストラリアのアイリーンとジョーンのブラッドリー姉妹が開発した、ブラッドリー方式なのかもしれない。二人はこの方法論を、一九六〇年代にシドニーで編み出した。専門家たちは当初バカにしていたが、テストが繰り返され、オーストラリアのナショナル・トラストが一九七五年に採用したことで認知され始めた。二人の基本的な姿勢は、土着植物が外来植物に対してどのような反応を示すのかをしばらく観察する。外来種がそれほどはびこっていない場所で、数種の外来種があれば根こそぎ引き抜く。一種類だけ排除しても、ほかの外来種が取って代わる可能性があるから、根絶しなければ意味がない。次の一年間は放置したままで、土着種が力強く伸びて外来種を圧倒できる状態になったかどうかを観察する。その翌年は土着種にさらに勢いをつけるため、ちょぼちょぼと外来種を抜く。それから二、三年はいくらか手助けする程度にするだけで、問題は永遠に解決する。ブラッドリー姉妹の遺作『灌木林を復活させる』(*Bringing Back the Bush*) は、一読して実践するに値する書だ。

秘密3——外来種が入ってくれれば、多様性が増すことになる。ニュージーランドは、外来種が多いことで知られる。土着植物が二〇六五種に対して、定着した外来種はそれを上回る二〇六九種に達する。ブラウン大学のエコロジストであるドヴ・サックスは、土着種と外来種がほぼ同数であるために多様性としては倍増しているものの、その裏には三つの絶滅物語が記録されているという。サックスは、『ニューヨーク・タイムズ』紙に、「外来種を敵視するのは非科学的だから、私は目の敵にするわけではない」と語っている。彼によると、外来種のなかには「捕食動物」のような種類があって、それが土着種を絶滅に追い込む。だが単に競合するだけなら、そこまでひどくはならない。『パーマカルチャー・アクティビスト』誌のある記事には、こうあった。

「維管束植物は約六〇〇〇種あるが、カリフォルニアでは約一〇〇〇種の外来種があり、絶滅した種は三〇以下にとどまっている」

秘密4——外来の侵入種のなかにも善玉はあるし、あるいは善玉に変化しつつある種も見られる。植物や食物に詳しいマイケル・ポーランは、一九九一年の著作『第二の天性』(*Second Nature*) のなかで次のように記している。

「アメリカの風景といえば、セント・ジョンズ・ワート（セイヨウオトギリソウ）とか、デイジー（ヒナギク）、タンポポ、クラブグラス（ヒメシバ）、ティモシー（オオアワガエリ）、クローバー、ピッグウィード（アカザ）、ラムズクオーターズ（シロザ）、バターカップ（キンポウゲ）、ムレン（バーバスカム）、アン女王のレース（ノラニンジン）、プランテイン（オオバコ）、ヤロー（セイヨウノコギロソウ）などが思い浮かぶ。だが、清教徒（ピューリタン）たちがアメリカに到着する以前の草花は想像できない」

カリフォルニア州の夏、黄金色に輝く美しい丘陵の風景は、ヨーロッパを思い起こさせる。スペイン人たちがもたらした数々の一年草は、アメリカ大陸に定着していた芝のような多年性の雑草――根が深く、おおむねつねにグリーンだった――をほぼ駆逐してしまった。新しい外来種はたちどころに広まり、スペイン人の征服者がカリフォルニアの南部から北部に到達するころには、植物のほうが先回りして北上しているありさまで、ネイティブ・アメリカンもこれを食べ始めていた。『ベイ・ネイチャー』誌のある記事には、次のように書かれていた。

「地中海の一年草が……いまではカリフォルニアの土着の多年草に代わって、風景の欠かせない一部になっている。時間とともに、帰化の儀式が進んでいる」

嫌われものの、カワホトトギスガイの例を引いてみよう。この貝は、バラスト水に交じって黒海からアメリカの五大湖に一九八五年に入ってきた。九六年になると、五大湖に充満し、ミシシッピ川を含む中西部の河川にもはびこった。この貝は水面にもびっしり群生してブイを沈め、水の流入を妨げ、船腹を覆い、ほかの貝を窒息させてしまう。これは、記録的な災難になった。ここでもエコロジストのドヴ・サックスが登場し、師であるジェームズ・ブラウンとともに、次のように警告している。

このエピソードには、二面性がある。五大湖の富栄養化は、もう何十年にもわたって進行していた。だが植物プランクトンなどがそれを押さえる働きをしていたため、バランスを保って水柱（ウォーターコラム）を維持してきた。ところが外来のカワホトトギスガイが繁殖したため、エリー湖など五大湖やハドソン川の水質環境の浄化が促進された。この貝は従来のフィルターに比べて格段に効率がよかった。多くの鳥たちがこの貝を食べてここで暮らし、貝の排泄物は食物連鎖の一画で重みを増し、生物は多様化した。生物学者によると、この貝のおかげで土着の植物や魚が復活したという。この貝は土着の種ではないが、ひたすら忌み嫌うだけのものではなく、一面では救世主の役目も果たしている。

秘密5——熱帯では、外来種が押し寄せてもあまり大きな問題にはならない。ダニエル・ジャンゼンは私にこう語った。

「なじみのない異様な植物も、ガーデンをさまたげる要因にはならない。すでに、ジャングルになっているのだから」

大陸であれば、その通りだ。だが無防備は熱帯の島々では、状況が異なる。小さな島では、外来種の侵入があると、きわめて大きな打撃を受ける。オーストラリアは規模は大きいが、やはり島だ。

秘密6——地球温暖化は、雑草にとっては好条件だ。特定の地域にだけ育つ土着の植物は、その場所の特定の気候や環境に適応している。条件が変化すれば真っ先に災難に遭い、生命力の強い雑草に圧倒される。気候変動が起これば、平地の絶滅危惧種を救おうとしても、たいていは失敗する。また温暖化に伴って火災も発生しやすくなり、焼けた後に育ってくる種は、以前の植物相とは違う場合が多い。

秘密7――生態的防除は、成功することが多い。だがたとえば一八三三年、ハワイでネズミを駆除するために導入されたマングースは、ネズミ以外のものまでなんでも食い荒らし、生態系処理のむずかしさを教えてくれた。また一九三五年に、オーストラリアがサトウキビの害虫を駆除しようと輸入したオオヒキガエルも災害をもたらした。このカエルは国中で繁殖し、考えられないものまで食い荒らし、子のカエルを食べようとしたワニやヘビ、ディンゴ（オオカミの仲間）、クォール（有袋類の野生ネコ）、ペットのイヌなどが逆襲された。クリケットのバットで殴り、毒のスプレーを撒いても、それほどの効果はなかった。この二つのケースでは、生態的防除に当たって現在なら必要とされる評価テストを経ていなかった。もっとも現在でも、適応されるのは、昆虫ないしそれより小さいものに限られ、対象生物もごく限定されている。ネイチャー・コンサーバンシーが、ヘルズ・キャニオン（アイダホ州）で雑草ヤマグルマギクを除去するに際し、動員して成果を上げた昆虫は、三種類のゾウムシと、二種類のハエだけだった。これまでの一〇〇年間で、雑草に対して三五〇の生態的防除の措置が講じられ、一三三例で効果が認められた。対象外の植物に被害が及んだのはわずか八例だけで、しかもひどいダメージを与えたわけではない。カリフォルニア州の外来植物委員会のニューズレターは、次のように報告している。

「さまざまな外来種に対する生態的防除は、毎年成果を上げている。頑迷な外来種に対しても、つねに挑戦が続けられている。……かつて除去に奮闘したことが忘れられるようになっても、研究は続けられる」

予測復元を目指している人たちは、防除に当たって遺伝子組み換えを歓迎するに違いない。たとえば次に上げるような動植物は、周囲に被害を与え続け、現在の技術では押さえ込むことができない。モズクガニ、クシクラゲ、アカヒアリ、ライギョ、ナイルパーチ、ミナミオオガシラ（ヘビ）、ハリエニシダ、ヤグルマギク、ホテイアオイ、カズーなど。

遺伝子組み換えによる極端な生物の生態的防除は、解決法としては合点がいく。事実、試みられてもいる。オーストラリア連邦科学産業研究機構では、二〇〇二年から取り組んでいて、ウイルス学者ジャッキー・ポーリスターがラナウイルスのゲノムを利用して、オオヒキガエルの過ちを繰り返さないよう研究を続けている。クリケットのバットで殴るよりは、効果があるに違いない。

全生命体一覧表

生物多様性という言葉を考案したエドワード・ウィルソンは、次のように私に語った。

「エコロジーは、予測できる科学でなければならない」

いまのところ、エコロジーはまだ観察する科学にとどまっている。観察が、まだ終わりきっていないからだ。生物の種類は一六〇万から一九〇万――だれにも正確にはわからない――にも達する。カール・リンネが一七三五年に分類を始めて以来、種の数は三〇〇万から一億まで（微生物を除く）さまざまな推計がある。言い換えれば人類はきわめて無知なのだが、私たちはその無知さ加減さえ認識していない。

庭師であれば、庭で育つ通常の植物についてはすべて知っている。それらを単純なパターンに置き換えているので、覚えやすい。だが野生の原野（そして世界全体）すべてを対象にしたら、そのような単純化はできない。すべての一覧表を分類し、食品系だとかエネルギー系に分け、地球化学的循環を調べ、季節の変化や気候変動、人口の移り変わりに伴う状況などを追求しなければならない。カリフォルニア科学アカデミーの、軟体動物の専門家テリー・ゴスライナーは、「全生命体のうち、まだ三分の一しか解明されていないことを頭に入れておかなければいけない」と言っている。

私がこのような知識を得たのは、二〇〇〇年に「全生命体の一覧表」を作る仕事に携わったからだ。これは、『ホール・アース・カタログ』の編集長を務めたこともある、ケヴィン・ケリーの発案だ。最初の趣旨説明で、彼はこう書いている。

「もし私たちがほかの天体で生命体を発見したとすれば、まずそれらの生命体を秩序立てて記録し、一覧表を作ろうとするだろう。ところが私たちは、自らが住むこの地球でまだその作業をやっていない。〝全種一覧表〟の目的は、単純なものだ。私たちの世代のうちに、地球上の生命体を一つ残らず記録し、遺伝子の見本を付けておくことだ」

私の妻は、会社を手放したばかりで、売却した資金がいくばくかあったのでそれも加えて、世界で有数の分類学者と統計学者たちにサンフランシスコに参集してもらい、全生物のリストをまとめることが有意義であり、可能であるかどうかを検討してもらう案が浮上した。それから数週間ほど経ってから、エドワード・ウィルソンが司会を務める会合がハーバード大学で開かれた。参加した科学者たちはみな主旨に賛成で、実行に向けて進めようということになった。

計画の概要が固まり、私はグレイトスモーキー山脈国立公園内にあるコスタリカという場所で、モリネズミの一覧リストづくりを引き受けることにした。なぜ、モリネズミなのか。ヒトゲノムを解明したときと同じく、程度の差はあるにしても、生命体が互いに依存し合っていることを私たちは知っている。カール・ジンマーは二〇〇〇年に刊行した著書『パラサイト・レックス』（長野敬訳、光文社）で、次のように書いている。

「メキシコに棲むあるオウムは、羽のなかだけに三〇種類ものダニを抱えている。さらに、寄生動物に寄生する生物もある。その生物に寄生するものさえある。……ある推計によると、寄生生物の種類は、独立生物の四倍にも達するのではないかという。言い換えれば、生命体を調べるということは、そのかなりの部分を寄生生物学が占めることを意味する」

全生命体一覧表のために一〇〇万ドルを寄付してくれた科学者がいたが、それ以外の資金援助はほとんどなかった。そのため、このプロジェクトと組織は、二〇〇四年には消滅してしまった。だがこれに関連したいくつかの追求活動はその後も継続して成果を上げている。

生物のバーコード化

アメリカの生物学者エドワード・ウィルソンが二〇〇三年に『トレンズ・イン・エコロジー・アンド・エボリューション』誌に書いた論文「生命の百科辞典」は、かなり広く読まれた。彼によると、最終的な目標は「これまで得られている種に関する情報を、すべて膨大な一つのデータベースにまとめ、電子百科事典を作ること」だという。新たなデータはいくらでも追加できるし、だれでもどこからでもタダでアクセスできるシステムだ。二〇〇七年、マッカーサー財団とスローン財団などが支援してくれることになり、超大物であるスミソニアン博物館やフィールド博物館、ハーバード大学、ウッズホール海洋生物学研究所、ミズーリ植物園、生物多様性遺産図書館なども手を組めることになった。この図書館は、生物種に関する論文五億ページ分をデジタル化して、百科事典に提供する作業に精を出している。希望的観測としては、二〇一七年までには、一七〇万種前後と思われるすべての生物がデータベースに収納できるのではないかと見込まれている。ダニエル・ジャンゼンは、こう称賛している。

「これは世界中の生物多様性の実態を、世界のために、世界の手で成し遂げられる偉業だ」

この最後の「世界の手で」というのは、画期的なことだ。分類学は、ほかのあらゆる化学や学問と同じく、旧来の状況をまるきり転換させることになる。これまでは隔離されたデータだったのだが、それがだれでもアクセスできるオープンなものになる。これまでは、一人の分類学者が生命の大樹のなかの特定の小枝——たとえば甲虫のある属——だけを生涯にわたって守り続けてデータを占有してきた。だれかがその属の新種ではないかという個体を見つけた場合、その専門家に標本を送って、何カ月も判決を待たなければならなかった。だが通称ジェンバンク（GenBank）と呼ばれるアメリカ生物工学情報センター（NCBI）が始めたプロジェクトが、事態を根本的に変えた。今回の方式は、だれもがオンラインで無料アクセスできる、ヒトゲノムを含む遺伝子データの一覧サイトだ。科学者たちはデータがまだ完璧ではなくても、ジェンバンクに登録しておけば、多くの人がコメントを加えたり、改善したり、リンクを張ったりしながら、万人が応用できるデータに仕上げていく。科学は細分化されたため、急速に進化した。だが全体像をつかめない隠遁者ふうな細部の研究者たちは、浮き上がったままで終わってしまうのが、これまでのしきたりだった。

その次の段階に入ると、生物学者のダン・ジャンゼンはまた居心地が悪くなってくる。すべての生命体に、バーコードが付くようになるからだ。ジャンゼンは長年にわたって、せいぜい手で扱える道具だけですべての研究は可能だ、と主張してきた。

「昆虫を見つけ、脚をもいで容器に入れ、インターネットで検索すれば昆虫は特定できる。もし同定できなければ、新種を発見したのかもしれない。専門家に尋ねると、環境の詳細を問われるだろう——この昆虫はどのような葉の上に乗っていたのか、それも送ってほしい、というように」

二〇〇三年、カナダ・オンタリオ州にあるゲルフ大学のポール・ヒーバートは、ジャンゼンが悩んでいた問題を解決する早道を見つけた。大方の動物が持っているミトコンドリア遺伝子の診断学的な価値を発見したからだ。これはエネルギーにとって重要なもので、急速に進化するために変化が激しい。遺伝子のフラグメント（断片）には、六四八基が対になって並んでいるだけだ。生物標本の配列を変えることは一回一〇ドルほどでできるが、それによって世界はまるで変わってしまう。

二〇〇八年の時点で、DNAバーコードによって三七万五〇〇〇種類のふるい分けが完了した。その最初の部分を担当したのは、ダン・ジャンゼンとコスタリカで研究に携わってきたウィニー・ホールワックスで、これは大きなニュースになった。それによって、一種類だけだと思われていたセセリチョウのある仲間が、実は一〇種類にわかれることも判明した。ジャンゼンはグアナカステで分析に当たったが、「二〇種ほどに分類できると思われていた一万匹ほどのチョウをバーコードで振り分けたところ、六〇種にも分類できることがわかった。従来の、外見だけを基準にひとまとめにしようという方式が役に立たないことが、明らかになった」という。

カリフォルニア科学アカデミーのブライアン・フィッシャーは、マダガスカルでアリのバーコード分類に取り組んだ。世界中の鳥類のバーコード分類も進行しているし、次には魚類に進もうという気運も高まっている。植物の遺伝子診断はかなり進み、バーコード分類作業も進展した。バーコード情報は、順次ジェンバンクに蓄積されている。これには、どのような意味があるのだろうか。

この取り組みによって、すでに従来の考え方を覆すほどの画期的な成果が現れている。携帯電話のカメラで撮影できるほどの簡便さは実現したが、ジャンゼンが希求しているような、手持ちの道具だけでDNA判定できる状況にまでは到達していない。だがいまでも小さな組織標本に数ドルを添えてゲルフに送れば、思いがけないことまで学ぶことができる。たとえば、魚屋で嘘を教えられたこともバレる。グリーン派の親核派ジェシー・オーシュベルは、二人の学生が、マンハッタンの一〇軒の生鮮食品店と四軒のレストランでバーコード・チェックをした結果を明らかにしていて、それが『ニューヨーク・タイムズ』紙で次のように報じられている。

学生たちが魚料理のDNAを調べたところ、四分の一は表示された種類と違っていた。高級すしネタのビンナガマグロと表示されていた素材は、実はもっと安いモザンビーク産の養殖ティラピアだった。トビウオの卵（トビッコ）と称されているものは、キュウリウオの卵だった。タイに似た白身魚レッドスナッパーとされている九例のうち七つは羊頭狗肉（ようとうくにく）で、大西洋タラとか、絶滅危惧種のアカブチムラソイだったりした。……つまり、レストランでは四つのうち二つが、鮮魚店一〇店のうち六つが、魚の名称に偽りがあった。……

軽便な電卓のおかげで計算が楽になったように、DNAにバーコードをつけたおかげで生物オンチから脱却できるようになってきた。ジャンゼンは、次のように要約している。

「おかげで七〇億の全人類が、生物の多様性についてなんらかの知識や関心を持つようになった。そうなれば保護活動が盛んになるし、面倒見もよくなる」

アマチュアのバードウォッチャーが増えたために、鳥類学は進歩した。それと同じく、生物がバーコード化されると（あるいはその後の進展も踏まえて）、すべての分野においてアマチュアの分類学者が地上の生命に関する知識を大きく変える可能性も考えられる。すべての生命種が洗い出せるかもしれない。エコロジーの分野でも、すべて予言が可能になるかもしれない。

文化多様性

民族植物学者のゲアリー・ナブハンは、二つの地図を見比べていたときに、ある考えがひらめいた。一つの地図は、アメリカで絶滅動物が多い地域を郡単位で示したもので、もう一つは人間の居住歴の長さを同じ地域別で現していた。そこには、一定の相関パターンがくっきりと表れていた。

「人間が長い期間ずっと住み続けていた場所では、植物も動物も絶滅危惧種が少ない傾向がある。一方、人間が急激に大量流入・流出している地域では、多くの絶滅危惧種が出ている」

ナブハンは一九九七年の著書『居住地の文化』（*Cultures of Habitat*）のなかで、別の相関関係についても明らかにしている。多様な自然がある場所では、文化にも多様性が見られるという。文化が豊かなところでは、野生生物も豊かで、個体数も安定している。

これを目標にすべきなのだろうか、それとも戦略として使いこなすべきなのだろうか。ネイティブ・アメリカンの真似をするといっても、羽飾りを付けるのではなく、彼らの注意の払い方に着目すべきだ。生まれ落ちた場所で将来が決まってしまうわけではなく、長い期間にわたって周囲の自然と付き合い、深く関わり合うほうが重要だ。そうすれば、そこが故郷になる。詩人のゲアリー・スナイダーは、一九七〇年以来カリフォルニア州シエラネバダ山脈の西面に立てた、手作りの家に住んでいる。彼のメールの最後に書かれている「住所」は、次のようになっている。

キットキットディッゼ［ネイティブ・アメリカンのミウォク族の言葉で、彼らの家の周辺に生えているようなマツの下草］
サウスユバ川の北側、
ブラインド・シェイディ川の水源近く
草原の高いほうの端、立ち木のあるところ

生息地を復元させるための用語として、再生息（リインハビテーション）あるいは生命流域主義（バイオリージョナリズム）という言葉がある。雑誌『コーエボリューション』などで取り組んできた再生息の方法論は、次のようなものだった。地元の人たちは自然のシステムに得てして疎（うと）いから、大いに関心を持つよう、クイズ的な手法を使って引っぱり込む。いまオンラインで流しているのは、「地元に眠るデッカイお宝」で、すべてのバージョンは次のような惹句（じゃっく）で始まる。「北を目指せ（できますか、いますぐ）」。そして次に、「今日の月齢は？」「地元で、春にいつも最初に咲く野の花は？」「地元で食べられる植物を、五つ上げてください。それらの旬（しゅん）の季節はいつ？」「地元の野鳥を五つ上げてみて。そのうち、渡り鳥はどれ？」「このあたりに住んでいた原住民は何族？」「あなたが住んでいる土地は、粘土質？　砂地？　岩場？　沈泥？」と続く（最後の質問には私も答えられない）。

水に関する質問に対する反応で、人々の自然に対する姿勢がうかがえる。自然水と、インフラの水道の区別さえ付けられない人もいるからだ。「別の分水嶺のところまでは、どれぐらいの距離があるのか？自分が住んでいる場所の分水嶺の境界線はどのあたり？」「地下の水源を掘り当てるには、どれぐらい深く掘らなければならないか？」「降雨地点から家庭の蛇口に至る飲み水の経路を描けるか？」「トイレで流した排水は、どのように処理されるのか？」「排水処理の浄化手順はどうなっているのか？」などなど。

そのように基本的な疑問から始まって、インフラの問題も先に進む。「携帯電話の最寄りの中継地点はどこか？」「使用している電気の発電源としては何を使っているか。石炭か、原子力か、天然ガスか、水力か、バイオ燃料か、太陽光か、風力か？」「天然ガスを使っているとしたら、どこで産出したものか」「電力料金が時間帯によって異なるのであれば、安い時間帯に利用するよう心がけているか」「ピーク時間帯の追加料金はどれくらいか」「地域内で使用中の建物でいちばん古いビルは？」「地域内で補修していない老朽インフラは何か」（これについては私も知らないし前記のなかで四つの質問には答えられない）。

だが最も重要なのは、次のような点だ。地球温暖化は、あなたが住んでいる地域に影響を与える気配があるか。それに対して、住民はなんらかの対応策を講じようとしているか。最大のポイントは、居住地域の生活を向上させるために、どのような分担責任を果たすべきなのかという点だ。それこそが、この章の眼目だ。ゲアリー・スナイダーは、保護の誓いを仏教の祈りふうにまとめている。私もずっと共感を持って接してきたので、以下にエッセンスを紹介しておこう。

禅僧たちが唱える四つの誓い、「四弘誓願文」がある。「数限りない一切の衆生を救済しよう」という誓いで、最初はいささか気後れするが、毎日これを声高に唱える。この一文は次第に私にも浸透してきて、何年かすると明確に意図が捉えられるようになった。感覚を持つ生きものたちが私を救ってくれるのではないか、同じような意味において、道義的な教えに基づいて動物を殺生したり傷つけることをはばかるようになり、やさしく接することができるようになる。

スナイダーはさらに進んで、生物ばかりでなく全地球規模の原理にまで話を発展させる。

「好むと好まざるとにかかわらず、私たちはちっぽけなブルーの地球のうえで〝命を育んで〟いる。気温は好適で、空気も水質もよく、何百万種類もの（場合によっては千兆もの）生命体が生息している」だからこそ、この地球に対しておこなってきた厄災を取り除き、元通りに復元しなければならない。まるごとの地球はきわめて野心的なものだ。それだけに、全体的な復興プロジェクトが急務になっている。

A "NATURAL INFRASTRUCTURE" APPROACH TO ECOSYSTEM SERVICES CAN BE HELPFUL IF IT DOESN'T TRY TOO HARD TO BE ECONOMICALLY RIGOROUS. PRICE COMPARISONS DO HELP TO INFORM SOME DECISIONS.

Or right, Brand. Let's jus experiment with the whole planet!!

Even more attractive, in terms of the ability to turn it off easily, is the idea of a fleet of oceangoing cloud machines. In 1990 atmospheric physicist John Latham came up with the idea of significantly brightening Earth's albedo by simply ading more water droplets to the stratocumulus clouds that cover a third of the oceans.

The Republican-dominated Congress ridiculed Gore's idea and sent it to the National Academy of Sciences for review and presumed disposal. Instead, the scientists urged that the project go ahead with a package of sophostocated scientific instruments on board for observing Earh.

The new experiments will explore what happens to those blooms fall so rapidly, how much of them are devoured by microbes and other sea life on the way down, and which locations and plankton species do the best job of sequestering carbon.

第9章 手づくりの地球

After Sputnik, there is no nature, only art.

—Marshall McLuhan

Systems analyst Donella Meadows laid down the commandament: Thou shalt not distort, delay, or sequester information. You can drive a system crazy by muddying its information streams. You cam make a system work better with surprising ease if you can give it more timely, accurate, and complete information.

We must find replacements for wood products, build erosion control works, enlarge reservoirs, upgrade air pollution control technology, install flood control works, improve water purification plants, increase air conditioning, and provide new recreational facilities.

There is only one Earth, with only one history, and we get only one chance to record it....A record not made is gone for good.

I first heard the idea of putting sunglasses directly of Sun from Jim Lovelock in 1986; it scandalized and thrilled me at the time. These days it7s a serious proposal. The magical spot is the one Al Gore chose for the [illegible]-imaging and -sending satellite [illegible]SCOVR- the Langage [illegible] of neutral gravity between [illegible]

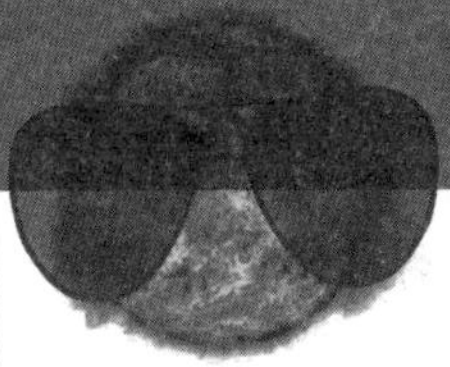

There is only one Earth, with only one history, and we get only one chance to record it....A record not made is gone for good.

If sizeable reductions in greenhouse gas emissions will not happen and temperatures rise rapidly, then climatic engineering, such as presented here, is the only option available to rapidly reduce temperature rises and counteract other climatic effects. Such a modification could also be stopped one short notice, if UIndersirable and unforessn side effects become apparent, which would allow the atmosphere to return to its orior state within a few years...

Whether it's called managing the commons, natural-infrastructure maintenance, tending the wild, niche construction, ecosystem engineering, mega-gardening, or international Gaia, humanity is now stuck with a planet stewardship role.

呼び方は、さまざまある。普遍的な環境の管理、自然インフラの維持管理、天然状態の手入れ、生態聖域の構築、エコシステム工学、巨大なガーデニング、生命体としてのガイアの意図的な取り扱い。――地球が進むべき道案内の役割を担う人々に、私たちは運命をゆだねている。大気の化学分析を続けているポール・クルッツェンは、オゾン層が破壊された後遺症のオゾンホールを研究して、一九九五年にノーベル化学賞を受賞した。彼の適切な造語が共感を得て広まりつつある。彼はこう書いた。

「人類が世界を制覇してから現在に至るまでの地質年代を、『アンスロポシーン（人新世あるいは人類世）』と呼ぶのが適切ではないかと思う」

私たちは地球を大いにいじくり回したから、地質にとどめた痕跡も歴然と残る。大気や生態系にもたらした変化は、これから何万年にもわたって地球を揺さぶる。

もし人間の活躍範囲がさらに広がって、地球が一つの生態的な聖地のような地位を確立するのであれば、私たちがこのところ引き起こしている生態系の変化などは、ちっぽけなものだといえる。環境が変化している状況は、宇宙空間から撮った最近の地球の映像を見ればわかる。ジェームズ・ラブロックが『消えゆくガイアの顔』で述べているところによると、「白い氷が溶けるとともに地球の姿はわずかな変化を見せ始め、緑の森林や草原が消えて砂漠化していき、海は青緑色を失い、その一部も砂漠化した」。

ガイアは文明を必要とするが、それ以上に文明がガイアを必要としている。砂漠の面積が広がるにつれて、ガイアは人類を煙たがるようになった。そのような状況に終止符を打つため、壮大な規模で友好的な仲直りの姿勢を見せなければならない。

私たちは、手づくりの地球クラフト技法を学ぶ必要がある。そこには、手ぎわのいいスキルが求められるとともに、巧妙なテクニックも動員しなければならない。地球システムの営みは、天文学的に巨大だし、想像もできないほど複雑だ。地球に対する私たちのこれまでの取り組み方は細部にとどまっていて、今後は安定化を志向する集中型の働きかけに変化しなければならない。適切な時期に適切な動きをするためには、アプローチの仕方を改める必要がある。

自然のインフラ

最も火急を要する原則の確立は、有害な要素に努力を結集する試みだ。人口の都市集中傾向は、プラスに評価できる。放射性廃棄物などの使用済み燃料を容器に収納して保管することは、石炭や石油を燃焼してエネルギーを作り出したあと、大気中に温室効果ガスをバラ撒くより、はるかにマシで前進だといえる。私たちの食品や繊維を生産性の高い農業や植林、海中養殖に依存する比率が増えれば、原始の姿の陸地や海洋が広がり、ガイアにとってやさしく処遇できるようになる。

エコシステム・サービスを提供してくれるものを「自然のインフラ」だと認識できるようになれば、いくら経済面で目先のメリットがあるとしても、開発に猛進しなくなるだろう。コストの比較をしてみれば、方針を考え直すよう追い込まれるだろう。国連の分析には、次のような事例が挙げられている。タイのエビ漁をしている漁村で、邪魔なマングローブの林を伐採したところ、木材や炭として売れたし、漁業面積も沖に広がり、一ヘクタール当たり一〇〇〇ドルから三万六〇〇〇ドルの増収になった。だがエビ漁師は、サイクロンによる損害を防ぐために一ヘクタール二〇〇ドルが必要になった。

場合によっては、量より質が問題になる。森林生態学者のハーバート・ボーマンは、森林を伐採したあとの状況について、こう語っている。

「私たちは、木に代わるべきものを見つけなければならない。土壌の浸食を防ぐものを構築し、貯水池を広げる必要があるし、大気汚染を防ぐ新たなテクノロジーを考案すべきだし、洪水防止策も講じなければならないし、水質浄化プラントも改善する必要がある。冷暖房の装置も増やさなければならないし、新たなレクリエーション施設を作る必要にも迫られる」

このような連鎖反応があるため、ダニエル・ジャンゼンはコスタリカのグアナカステ地区でエコシステムを構築するようコスタリカ政府を説得したのだが、それが崩れた際の金銭的なダメージについては触れなかった。その点も、あらかじめ明らかにしておくべきだった。

人工的なインフラにおいても、経済的にはかなりあやふやな計算に基づいて運営されている場合が少なくない。橋やダム、トンネル、鉄道、港湾、発電所、風力発電、送電線など大規模な工事では、予算超過や工事遅延がひんぱんに起こる。しかも、予期したほどの成果が上げられないこともよく起こる。平均して一〇億ドルの経費をかけた世界中で六〇の大型建設プロジェクトについて調べたところ、四割ほどが予定を大幅に下回り、全面的に放棄されたものもあれば、財源が逼迫(ひっぱく)して設計し直されたものもあった。それとは別に、三六の大型プロジェクトについての追跡調査では、四分の三が予算内で収まらなかった。よくあるパターンは、次のようなものだ。——壮大な計画を立てた。人選をして、おおむね張り切って着手する。だが何十年もかけて進行するうちに、予算を超過する。

極端に細かい経済分析をすれば、計算がしやすい「溶かしたときの値段」を使うことになる。たとえば、廃屋から盗んで来た銅線みたいなもの、あるいはギリシャの神殿で大理石を接着していた鉛を失敬してくるようなものだ。手近なもので済まそうとする製材会社は、森林を裸にしてしまう。計算の基礎にすべきなのは、「そのものの価値」、つまり利用された際の価値基準だ。正確な価値は判断しにくいので、おおざっぱなドンブリ勘定でもいいとしよう。

だがインフラによっては、そのようにアバウトな形では許されない。気象条件が安定していると、どのようなメリットがあるのだろうか。現状のまま安定させておくために、どれくらいの費用を負担できるのだろうか。

「ごめん、それだと経費がかかりすぎる。だから成り行きに任せよう」――これでは、財政に基づいた計算だとはいえない。

デジタル・ガイア

地球規模におけるきめ細かなエコシステム工学において私たちが必要としているのは、地球のメカニズムをはっきり知っておくことだ。私たちはモデルを作ることは得意だが、手持ちのデータは貧弱だ。いま何が起こりつつあるのかを細かくチェックして、正確な情報を記録しなければならない。時間の経過とともに重要な傾向がどう変化していくのかを知るために、データ収集は長期にわたって継続する必要がある。私たちは「ジェンバンク」という塩基配列データベースを自由に利用できるが、それと同じように情報は速やかに得られ、しかも透明度の高いものであることが重要だ。システム・アナリストのドネラ・メドウズは、その要点を、「十戒」になぞらえて次のようにまとめている。

「汝は、情報をねじ曲げたり、遅らせたり、隔離してはならぬ。情報の流れを乱して滞らせれば、混乱を引き起こす。汝が時を移さず、正確で完全な情報をもたらせば、システムをうまく、しかもたやすく動かすことができる」

とくに強調したいのは、海洋に関する無知を払拭する必要性だ。ラブロックは、こう書いている。

「私たちは、〝理論の霧〟の上を歩いているだけだ。海洋は、〝未知の水域〟だ。……海について私たちはほとんど何も知らないが、理論を組み立てていくのが正しいアプローチの仕方だ。だがまだ、海洋について政策を立てるのは早すぎる。まずやるべきことは、長期にわたって観察し、計測を続けることだ。それが最優先課題だ」

私たちが呼吸している空気は、海洋から来ている。雨も同様だし、地球の光や熱の反射率を左右する雲も、海の産物だ。それが、ひいては気象全体に影響を及ぼす。しかも海洋学者のシルヴィア・アールが指摘しているように、海洋は「地球上の生命の九七%を育んでいるし、おそらく宇宙全体でも同じことだろう」。生命の大部分は微生物で、これらがガイアを取り囲むガスの組成を決定づけている。

二〇〇九年に、グーグルのサービスは「グーグルアース」が「グーグルオーシャン」にまで拡充された。海底の最新データ、海流や水温などの情報、さらに海中生命体のエンサイクロペディアまで網羅して、順次ふくらんでいる。グーグルアースでは極地の氷の状況から、発信装置を付けた動物の動きまで追うことができる。危うくなった生息地域の状況もモニターできるし、非合法な伐採や採掘まで監視できる。アメリカのグーグルアースでは、エコマップ（MapEcos）によって産業による大気の汚染状況やその他の汚染源までわかるし、バルカン（Vulcan）というサービスでは化石燃料の燃焼による二酸化炭素の排出量まで明らかにされる。

そのほかにも、国際土壌照合情報センターの資料に基づいた「グローバル・ソイルマップ」があって、農業に関する新情報ばかりでなく、気候変動の影響や環境汚染、森林伐採についても知ることができる。第一段階で整備されたのは、アフリカの土壌に関する詳細なマップだ。これらはデジタルデータ化されてオンラインで見ることができる。しかも印刷物ではないから、時間が経つにつれて古くさくなることはないし、つねに改善され充実していく。カリフォルニア州でジェリー・ブラウン知事の下で働いていたとき、州内の水質地図を作ったところ、地図や図表はほんの二、三年のうちに古くて使いものにならなくなったことを思い出す。

詳細なデータを処理できるツールは、多くの分野で大幅に増加している。オーストラリアの木材輸入業者は、インドネシアから運ばれてくる木材のDNA鑑定をおこなって、合法的に伐採されたものかどうかを判定している（八割が違法なものだとも言われる）。世界で作られている八万種の工業薬品の毒性テストは、動物実験ではなくDNAチップ（マイクロアレイ）でのテストに置き換えられた。さまざまな地域における二酸化炭素の測定は、アメリカでは「カーボントラッカー」と呼ばれ、世界的にはフラックスネット（FLUXNET）と称され、インドではインドフラックスになる。二酸化炭素とメタンなど温室効果ガスの数値は、日本が二〇〇九年に打ち上げた観測技術衛星「いぶき」によって測定されている。

私たちが計測したデータは、どのように有効利用できるのだろうか。ブロガーのコリー・ドクトローは、データの洪水はどんどん蓄積され、「その数はキロからメガへ、さらにテラ、ペタ、エクサ、ゼッタ、ヨッタ（10の二四乗）へと膨らんでいく」。数字が科学的に有効に使われるためには、相関性を持たせ、換算し、標準化し、最新の数字に更新していかなければならない。ニュースサイトの「ワイアードビジョン」によれば、「極軌道を回る人工衛星のハイテク機器によって、地球は精査されているが、得られたデータはバラバラで、バベルの塔を建設したときの会話のように混乱している」。全地球観測システム（GEOSS）を通じて、「共通言語」を作らなければならないし、データ集約的なスケーラブル・コンピュータを使えば、研究成果の有効利用を向上させられる。

多くのデータベースが、アマチュアの書き込みを歓迎している。たとえばアメリカの「バッド・ウォッチ（蕾観測）」は、季節的な芽吹きや開花などの現象の変化状況（生物季節学）を、園芸の専門家や学生が報告してくれるのを歓迎するし、カナダでは「ネイチャーウォッチ」、イギリスでは「ネイチャー・カレンダー」、オランダでも「デ・ナトゥールカレンダー」がある。「あなたの地元では、いつライラックの花が咲きましたか？」とか、「最初にツバメを見かけたのは、いつでしたか？」などの項目だ。私たちは、少しずつ「デジタル・ガイア」に近づきつつある。

失われたデータ

地球を観察するプロジェクトとして、二一世紀になってから最初の一〇年間で最も注目された計画は、長いこと実らなかった。一九九八年に、当時アメリカ副大統領だったアル・ゴアが提唱した案で、宇宙空間につねに稼働中のカメラを設置し、解像度の高い映像で太陽が当たっている面の地球の状況を絶えず観察して録画しておく、という構想だった。これは創造力を刺激するし、科学面でも役立つ。カメラを設置する場所は、地球と太陽の中間で重力場が拮抗しているラグランジェ1（L1）という地点で、地球からおよそ一〇〇万マイル（一六〇万キロ）のところにある。この位置から見ると、地球にはつねに太陽光が当たっている。L1地点は以前から注目されていて、すでに一九九七年にアメリカが打ち上げた人工衛星「先進成分探査機（ACE）」によって成果が実証されている。ACEは太陽を観察していて、磁気嵐が始まる一時間前に警告が出せる。この機関のウェブサイトによれば、磁気嵐は、太陽光発電の供給過剰を生んだり、地上における通信を妨げたり、宇宙飛行士にも支障をもたらしかねない。

与党の共和党は、ゴア案は「彼のスクリーンセーバーだ」などと嘲笑し、科学アカデミーにゲタを預け、潰しにかかった。だが科学者たちは賛成で、最先端の観測機器を搭載することを目指し、「深宇宙気象観測衛星（DSCOVR）」と名づけた。これによって地球のオゾンレベルやエアロゾル（大気中の微粒子）の状況、水蒸気の具合、雲の厚さ、放射能の反射や放出の状況――そこからの総合判断で、地球規模のエネルギーの出し入れまで把握できる。このプロジェクトを推進したスクリップス海洋研究所の主任調査官フランシスコ・バレーロは、こう述べている。

「DRCOVRのプロジェクトは、地上の些細な面を調べるのではなく、この惑星の全体像を捉えるところに意義がある」

これが実現すれば、いま低い軌道を回っている衛星から得られるデータより、はるかに役立つ情報が得られるに違いない。共和党が多数を占める議会は、それでも計画を承認して一億ドルの予算を承認し、衛星は建設され、二〇〇一年に打ち上げが計画された。

ところが、その間に大統領選挙がおこなわれた。ブッシュ政権はゴアが嫌いだったし、科学に対しても好意的でなかった。とくに、異常気象に対して懐疑的だった。新政権はDSCOVRの打ち上げを延期し、やがて葬り去った。フランスとウクライナが無償で打ち上げると申し出たが、受け入れてもらえなかった。二〇〇八年にドイツの四四人の第一線の気象学者が声明を発表し、気象科学にとっては、L1地点に地球観測衛星を打ち上げることは「ぜひとも必要だ」と訴えた。

二〇〇九年の時点で、私はオバマ大統領に期待を託した。彼は、ゴア案を実現すると約束していたからだ。解体されずに秘かに保管されていたDSCOVRはついに打ち上げられ、データや壮大な画像が地上にライブで送られてくるはずだ。ハッピーエンドではあるが、政治のバカげたあおりを受けて、九年間の貴重なデータは得ることができなかった。政治が科学を踏み潰した、悪例だ。『ネイチャー』誌は、論調でこう書いた。

「地球はただ一つの、かけがえのないものだ。歴史もただ一つしかなく、それを再生するチャンスも、一度しかない。……記録されなかったデータは、失われたまま、有効利用できなかった」

5つの認識

地球の気象状況を直接的に調節するなど、ナンセンスだと思う人が多いかもしれない。地球工学の計画はすべて、風を生んで旋風を巻き起こすことに狙いがあるように思える。確かに、危険は避けがたいかもしれない。なんらかの利益がもたらされるとしても、それは混沌としたメカニズムと、まだ実証されない理論に基づいた危ういものだ。そのようにイージーな方法に運命を託すことは無責任きわまりない、とささやき合う面々もいる。だがトーンは変わりつつあって、最近は急速に地球工学に対する姿勢が真剣みを増してきた。急を要する、という意識が強まっているからだ。

認識1――エネルギーを生む際に、炭素の排出量が少ないインフラを構築するためには、天文学的に膨大な費用がかかる。ソール・グリフィスの「リニューアルランド」の構想など、「書生論」に見えてしまう。太陽光発電に頼るとすれば、巨額な費用と二五年間の歳月をかけて三万平方マイル分もの集光パネルを作り、一万五〇〇〇平方マイルの蓄電装置を建設しなければならない。バイオ燃料を主体にするなら、海藻を増殖させる貯水槽が一五〇万平方マイルも必要になる。風力発電には二六〇万台の風力タービンが必要で、その面積は約一〇万平方マイルに及び、地熱ガスタービンも二万七四〇〇台が要る。原発なら一ギガワットの発電能力の機械が三九〇〇基でまかなえ、費用が節約できるばかりでなく、石炭・石油・ガスによる環境汚染やインフラも減らしてグリーン技術が取って代わる。さらに、国土の広大な自然景観を損なわずにすむ。

認識2――環境改善に努力してもその成果が微々たるものであることは、次第に明らかになっていくに違いない。旋風は、いずれにしてもやってくる。温室効果ガスの削減は、どのような努力を払ったところで、大気中の二酸化炭素の濃度を、目指す四五〇ｐｐｍ以下に抑えることは不可能に近い。五五〇ｐｐｍか、六五〇ｐｐｍでさえむずかしそうに思える。六五〇ｐｐｍが致死的な数字であることが明らかになるとともに、何か別の手段をなんとしてでも講じなければならないことが切実になって、懸命な模索が始まっている。

認識3――事態の推移に伴って意識が変化するまでには、いくつかの要素が次々と変わっていくという

経路をたどる。アフリカ・スーダンにおけるダルフール民族紛争は、干ばつが引き起こした食糧危機が発端ではない。二〇〇三年にヨーロッパを見舞った熱波によって三万五〇〇〇人が死んだのは、将来の縮図であって、一過性の異常気象のためだけではない。このような惨事は、今後も増えていく。二〇〇八年五月にミャンマーを襲ったサイクロン・ナルギスでは一五万人あまりの死者が出て、史上七番目のサイクロン被害をもたらした。異常気象が原因と見られるサイクロンは、ミャンマーのやや西バングラデシュも襲い、地滑りを起こして多くの犠牲者を出した。チベット高原が乾燥状態になって水流が枯渇し、下流に当たる国々では水争いの戦争が勃発した。メコン川の乏しい水をめぐって、ベトナム、カンボジア、タイ、ラオス、ミャンマーなどが結束して中国に対抗したし、お互い同士でも小競り合いになった。核兵器を保有しているインドは、インダス川の流れをせき止めようとして、同じく核保有国のパキスタンとにらみ合い、不気味な対立を生んだ。異常気象が人々を絶望させて殺し合いに発展しかねないし、他国の政策によって死に至る場合も出て来かねない。そのような事態になれば、気候をなんとかしなければならないという緊張感が高まり、緊急対策が検討されるようになって来るに違いない。

認識4――フィールドワークに携わっている気象学者からは、今後も悪い報告が増えるのではないかと危惧される。たとえば、永久凍土が溶けてメタンガスが湧出するなど、ポジティブ・フィードバックが報じられると、一般的には緊急事態だと受け取られる。北極の気温は、一九五〇年以来すでに四度あまりも上昇している。自己加速現象は突如として起こり、瞬時に発現する恐れもある。

認識5――地球工学はある面ではカネ食い虫だが、リニューアルランドの設備を整える費用と比べれば、一〇〇分の一、一〇〇〇分の一ですむ――さらに気候に対して即効性が期待できるものもあって、何十年も成果を待つ必要がない。気候変動が待ったなしのところまで迫ってくると、それまでは「成功する可能性は秘めているが、危険をはらむもの」と白眼視されていた地球工学が、にわかに「いくらか危険性はあっても、背に腹は代えられない」と見られるようになってきた。地球工学の費用はそれほどおそろしいものではないから、一国家でも対応できるし、一個人でも富豪なら負担できる程度の額で、全地球に影響を及ぼせるほどの効果が期待できる。

地球を救う道具箱

一つが成功するだけでも、それなりの効果が上げられる。多数のプロジェクトが相乗効果を発揮すれば、驚くほど大きな成果が得られる。地球工学に対する需要は、遠からず高まってくる。だが、具体的にはどのような分野なのだろうか。ここに、二〇〇九年のカタログがある。手がけられると思われる優先順位と、魅力的なものを上位に並べて、いくつか上げてみよう。

①成層圏に硫酸塩などのエアロゾルないし小破片を撒布し、太陽光を反射させて地球を暗くして温度を下げる。②海洋のしぶきを核にして雲を作り、地球に届く太陽光を減らす。③海洋の植物プランクトンに鉄分を与え、炭素を固定させて蓄積を促す。④海洋に多くのパイプを縦に浮かせ、攪拌(かくはん)して炭素を取り込む。⑤農業廃棄物を燃やし、バイオ炭に転化させる。⑥大気中の炭素を、大量に回収する。⑦宇宙空間に大量の鏡を浮かせて、太陽光を反射させる。

間違いなく、まだいくらでもアイデアは出てくるし、出てこなくてはならない。これはまだ、潜在的な必要性を考えた、仮のリストにすぎまい。だがこれらの案をそれぞれ検証して、創意の独自性、規模の膨大さ、今後の地球工学作戦に潜在的な危険性を包含していないかどうか、などを精査しなければならない。

大方の気象専門家にとって、成層圏にエアロゾル［大気中に浮遊する微粒子］を撒く案が最も取っ付きやすい。なぜかと言えば、すでに効果が実証されているからだ。一九九一年にフィリピンのピナトゥボ火山が大噴火し、二〇〇〇万トンもの二酸化硫黄が、地上三〇キロの成層圏にまで吹き上げられた。酸化した細かい硫黄の粒子が大量に散乱し、太陽光を吸収したり、反射したりした。翌年、地上全体の温度が〇・五度、下がった。北極海の氷は堅固になり、翌九二年には大きくて健康なホッキョクグマがたくさん生まれて、「ピナトゥボ・ベイビー」と呼ばれた。

一九九八年に、コロラド州アスペンで気候会議が開かれた。会議の席上、宇宙兵器のエキスパートで、DNA分析のマイクロリアクターのデザイナーであるローウェル・ウッドは、成層圏エアロゾル計画で大胆な提案をした。気候モデルを作成しているケン・カルデイラはびっくりし、これは実行不可能であることを証明したいと考えた。ところがいろいろ検討してモデルづくりをやってみると、なかなかいい案に思えてきた。しかも、悪影響はあまりなさそうだ。カルデイラは地球工学のアプローチに切り替えて、ウッドと連名で論文をまとめた。二〇〇六年、大気化学分析の権威であるポール・クルッツェンが『気候変動』誌に論文を書き、これを契機に科学界の風向きが変わった。クルッツェンの主旨は——二酸化炭素の排出量を削減しようという国際的な努力は、「大きな失望の繰り返し」で頓挫しているため、「成層圏で硫黄系の断片を使って反射率を上げる方式」も真剣に検討すべきではないか、というものだ。

温室効果ガスの排出を減らす効果的な手段が見当たらないまま、急激な気温の上昇が続いていくとなれば、ここに提案されているような気象工学の案に沿って、気温の急上昇にブレーキをかけ、さらに効果的な気象対策を打ち出さなければならない。このような試みは、もし望ましい結果が得られず、あるいは予見できなかった悪影響が明らかになった場合、もし二年がすぎても大気の状態が数年前の状態に戻らないのであれば、ただちに中止することができる。……もし地球の気温が一気に二度も上昇するとか、一〇年間に〇・二度ずつコンスタントに上がり続けるようなことが起これば、そして成層圏にエアロゾルを撒く実験が可能で、それが気温の上昇に歯止めをかけられることができるのであれば、反射率の改善は短時間で実現できる。

どのようにして、成層圏に硫黄系の破片をバラ撒くのか。飛行機、大砲、気球で持ち上げたホース、などの案がある。年に一〇〇万トンから二〇〇万トンの硫黄片を撒けば、たとえ二酸化炭素の排出量が倍増しても、地表温度は同じレベルに保つことができる。ケン・カルデイラは、次のように述べている。

「毎秒、五ガロンの硫黄片を成層圏に送り込めば、これから五〇年の間、地球温暖化は防げる。その倍を撒けば、一世紀は大丈夫だ」

現在、人類はピナトゥボ火山が噴火したときの五倍に当たる年間一億トンもの二酸化硫黄を下層大気部に放出している。それがゼロの場合と比べれば、地表温度は二、三度も低く保たれている。これを成層圏まで押し上げる費用は、年間一〇億ドルほどと見積もられているから、それがもたらす効果を考えればペイする。

カルデイラたちは、北極でテストすることを提案している。使用する硫黄片も、少量からスタートする。

下部成層圏に打ち込む予定だから、一年ほどしかとどまっていない。だが住民はほとんどいないし、どこよりも温度を下げる必要がある地域だ。実験が氷に及ぼす影響（ホッキョクグマの赤ちゃんを含め）を観測し、もし氷の面積が増えるようであれば、太陽光の反射率はさらに高まる。『ネイチャー』誌の編集長オリヴァー・ノートンは、こう言っている。

「地球工学の道具箱のなかにある選択肢のなかでは、悪い副作用が最も少なくてすみそうな案だ」

研究の妨げ

温暖化に終止符を打つ、さらに簡便で魅力的な案は、海上に「クラウドマシン」を走らせる方法だ。一九九〇年、大気物理学者ジョン・レイサムは、輝く水の反射率からの連想で、層積雲にもっと水滴を含ませてはどうか、と思いついた。海表面の三分の一は、雲に覆われている。水滴は、海水を噴霧状にすればできる。エンジニアのスティーヴン・ソールターは、そのような仕掛けを搭載した船舶を設計した。無人の小型船で、長さ四五メートルほど。人工衛星からの指令をフレットナー帆がキャッチし、風を受けて行ったり来たり、前後左右に航行する（船の外観は、きわめてスマートだ）。水面下のタービンが回転して、一分間に五〇〇ガロンの海水を一ミクロンの水滴に代えてはじき飛ばす。レイサムとソールターの試算によると、このような船一五〇〇隻を建設する費用が約三〇億ドル。海上の雲のおかげで、大気中の炭素が倍増するのを防げる。ラブロックは、こう評する。

「この手法は、成層圏にエアロゾルを撒布する手法より、悪い副作用は考えられないので、やや大きな規模で実験してみる価値がありそうだ」

これまでのところ、最も論争のタネになっている地球工学の提案は、海藻（植物プランクトン、珪藻、円石藻などとも呼ばれる）に鉄分を与えて炭素を吸収させようという案だ。海面には、植物プランクトンが存在しないところが多い。その理由は長いこと不明だったが、一九九〇年になって生化学者のジョン・マーティンは、陸地から吹き飛ばされたゴミのなかに鉄分が含まれているかいないかの違いではないか、という仮説を持ち出した。一〇回あまりのテストがおこなわれ、彼の推測が正しいことが証明された。鉄分が含まれている海水では、大量の海藻が繁殖する。

次に出てきた疑問点は、鉄分を取り込んだ海藻は海面下に沈んでしまうのかどうか、だった。あるいは「食物網」の相関関係において海面付近まで回転してきたところで、二酸化炭素と化して大気中に溶け込んでしまうのだろうか。もし炭素が死んだ海藻ともども四八〇メートルの深海まで沈むのだとすれば、炭素は大気中に漂うことなく、一世紀ほどは海中深く眠っているはずだ。海底まで到達していれば、何千年もそのままの状態だろう。過去の氷河期には、乾いた陸地から鉄分を含んだ土埃が大量に海洋に溶け込み、一〇〇〇億トンもの炭素が海洋に呑み込まれたはずだ。

二〇〇四年に、ドイツの海洋学者ヴィクター・シュメタチェックは、五〇人の科学者たちとともに、南アフリカと南極の間の海域で、鉄散布の実験をおこなった。三トンの鉄製品（中古車など）を海中に沈め、一カ月後に調べたところ、富栄養化した「水の華」と呼ばれる層の数百メートル下に、死んだ海藻が大量に沈んでいた。だが、深海の状況を詳細に調査する装置が十分ではなかった。二〇〇九年のはじめ、シュメタチェックはインド国立海洋研究所の科学者たちとともに、二〇トンの鉄分をオーストラリア南部の海域に沈めた後に海藻の状況を調査した。その意義が、『サイエンス』誌で次のように報告されている。

新たな実験は、水の華の状況がどうなるのか、大気中の二酸化炭素を海底に沈める効果があるのかどうかを検証するのが眼目だ。科学者たちにも詳しいことはわかっていない。海藻の一部がなぜこれほど速やかに沈下していくのか。沈んでいく過程で、そのうちどれくらいが微生物やその他の海洋生物群に取り込まれていくのか。炭素を海底に隔離する場所はどのあたりで、どのようなプランクトンが作用しているのだろうか。

カナダに拠点を置くETCという遺伝子組み換え反対のグループは、抗議の声を上げた。彼らが援用したのは、南アフリカ生物安全センターの環境関連の弁護士の、次のような見解だ。

「私たちの国は、このように激しい論争を呼び、地球のモラトリアムに反するような地球工学の実験を支援するつもりはないと思えるし、援助もしない。私たちはわが国の環境大臣に要請したところで、実験船を母港に戻させ、鉄材の積み荷を降ろさせるよう働きかけている」

ここでいうモラトリアムとは、二〇〇八年にETCなどの働きかけによって成立した、国連の「生物多様性保護」の申し合わせを指している。それによると、「海中への〝異物投入〟は、『その活動が科学的に妥当だと十分に認定されない限り』執りおこなってはならない」と明記されている。つまり、シュメタチェックの研究を阻止することが狙いで、ETCなどの環境団体は「鉄分を加えることの科学的なプラス効果が確認されない限りやってはならない」、と強固に反対している。

ブッシュ政権も、同じような理屈を持ち出して異常気象の研究を妨げた。——イデオロギー的に受け入れがたい結果が出てくることを恐れたためだ。異常気象の現実を拒んでも、ETCのような屁理屈をもてあそんでも、自分たちに有利な研究結果は出てこないことを感じ取っている。彼らは事実を知らずに、ただ闇雲に自らの信念にしがみついているだけだ。——環境運動家たちは、環境問題に関する研究を決して妨げてはならない。

水の華づくり

ラブロックとクリス・ラプリーは、同じ目標を追求しながら、鉄散布ほど論争のタネにはならない別の提案をした。海面すれすれのところにたくさんのパイプを縦方向に浮かせ、深海から浮き上がって来る、水温が低くて栄養分がたっぷりの海水を絡ませて海藻などの餌にする方法だ。狙いは、水温の異なる層が重なり合う状態の変温層（サーモクライン）を打ち破ることで、太陽光が届く部分に栄養分を集め、湧昇（ゆうしょう）と呼ばれる海水の回転を攪拌（かくはん）によって促進させ、繁殖を促し、生物多様性にも寄与する、という構想だ。ラブロックとラプリーは、『ネイチャー』誌の論文で、このプロジェクトの骨子を次のようにまとめている。

「パイプは長さ一〇〇メートルから二〇〇メートル、直径が一〇メートルくらいあって、下部に一方方向だけに開く蓋が付いている。これが波の動きによってポンプの機能を果たし、海面近くの海藻に養分を与えて〝水の華〟づくりに貢献する。それが二酸化炭素を吸収し、やがて太陽光を反射する雲の核になっていく」

高さ九〇センチほどの波の波力によって、パイプ群は毎秒四トンの冷たい海水を飛び散らせ、海洋エネルギーが威力を発揮する。そのおかげで生物多様性が促進されるばかりでなく、冷たい海水が攪拌されるために、海水温の上昇で危機にさらされているサンゴ礁の保護にも役立つ。さらに、たとえばメキシコ湾上のハリケーンに高い水温の海水を吸われずに威力を削いでくれるから、カトリーナ級ハリケーンもレベルダウンしてくれる。

『ジオフィジカル・リサーチ・レターズ』誌の二〇〇八年の記事によると、それまでの九年間に、地球温暖化のために水温の高い層が増え、不毛な海域が一五%も増加したという。従来は海面の生物がもたらしていた水滴の核が減ったために、海の上空では雲が減少した。海洋におけるクロロフィル（葉緑素）の分布地図と雲の分布図を重ね合わせれば、「海域の砂漠化」現象が一目瞭然になる。たとえば、南米西海岸沿いの南回帰線までの八〇〇〇キロ、太平洋沖に向かって一〇〇〇キロの海域——この広大な面積が、「海の砂漠」だ。このあたりには生きものがほとんど生息していないために雲も少なく、灼熱の太陽光が容赦なく黒っぽい海面に吸い込まれ、生きものに過酷な高温の海水層ができている。それに伴って二重のポジティブ・フィードバックが働き、北極の氷が溶けるのと歩調を合わせて、熱帯雨林が乾燥する。太陽熱はさらに吸収されやすくなり、炭素を吸収できる植物は減る一方だ。

魔法の物質

次に、バイオ炭の話題に移ろう。これは魔法の物質なので、褒めすぎてしまいそうな懸念がある。だがラブロックも、バイオ炭のすごさには一目を置いている。彼はコーネル大学の土壌学の権威ジョハネス・レーマンが『ネイチャー』誌に書いた論文を引用しながら、こう述べている。

「炭素を固定するという意味では、バイオ炭は樹木を植えるより大きな効果がある（木は、燃えてしまう可能性がある）。耕す必要もないし（炭素を固定するため、二〇年は大気中に放出しない）、二酸化炭素を貯蔵する（いくらかは漏れるにしても）。バイオ炭がいったん地中でなじんでしまえば、貯め込んだ炭素を放出することは、まず考えられない」

ラブロックは二〇〇九年に『ニュー・サイエンティスト』誌のインタビューに答えて、バイオ炭の意義について次のように語っている。

私たち人類が救われる道は一つだけあって、それは大量の木炭を地中に埋めることだ。つまり、農業に従事する者は農業廃棄物をすべて焼却する。炭素化した植物は微生物によって分解されることはないから、これを土中に埋めて隔離する。そうすれば大量の炭素がシステムからシャットアウトされるわけだから、二酸化炭素は急速に減る。……植物が取り込んだ炭素の九九％は、バクテリアや虫が介在してほぼ一年のうちにふたたび大気中に放出される。農業従事者たちは、微生物などが活動できないように農業廃棄物を低酸素レベルで燃やして炭化させ、畑に埋め込む。一部は二酸化炭素として大気中に放出されるにしても、大部分は炭素に転化する。燃やす過程で何％かがバイオ燃料になり、その材料として売ることもできる。それによって売却益が出るわけだから、補助金を出す必要はない。

地球上の材木や農業廃棄物は膨大な量になるから、熱分解によってできるバイオ炭も多量にある。何千年も昔にアマゾンのインディオたちが開発した「黒土農法」は当時の土壌改善に効果をもたらしたが、その技法が、今日の気候問題の解決に役だっている。

大気中の炭素を直接、固定してしまおうという合成方法を、コロンビア大学の環境エンジニアであるクラウス・ラクナーが研究している。彼は、「人工の木」という構想を打ち出した。これは同じくらいの大きさの実際の樹木に比べて一〇〇〇倍も多くの炭素を取り込む。アリゾナ州トゥーソンを拠点とする「グローバル・リサーチ・テクノロジーズ」という研究所のアレン・ライトとバーン・ライトの二人は、実用段階を目指す試作品を作った。ビニール布の上に、炭酸ナトリウムの溶液を流す。大気中の二酸化炭素に反応して、重曹（ベイキング・ソーダ）ができる。それを電気分解して二酸化炭素を分離するが、炭酸ナトリウムは繰り返し使える。この抽出装置は船積み用コンテナほどの大きさで、アレン・ライトの話では、一日に一トンほどの二酸化炭素を捕獲し、その費用は約三〇ドルだという。この装置の動力としては、当然ながら炭素を生む化石燃料は使わない。

捕獲した二酸化炭素は、どのように処理するのか。これらのガスはもともと園芸用の温室とか、油田や食糧生産、交通、水資源処理、ソフトパッケージ用品、ドライアイスなどの生産工程のなかで作り出された工業化学廃棄物なので、それぞれの工場で集めたうえで売却すればいい。さらに、「鉱物加工したうえで隔離保存」する方法もある。二酸化炭素に熱や酸を加えて岩石のような不整形の堅固な炭素の塊（炭酸マグネシウム）にする。ラクナーは、こう述べる。

「これは、放っておいても自然がおこなう方法だ。ただ、自然状態では一〇万年もかかる工程を、三〇分ですませるという違いがあるにすぎない」

太陽光の削減

ラブロックから「太陽そのものにサングラスをかける」というアイデアを聞いたとき、度肝を抜かれた。それは一九八六年のことだった。現在では、これが真剣に検討されている。それを設置する魔法の場所は、前にアル・ゴアが提案した深宇宙気象観測衛星DSCOVRを静止させる位置、つまり太陽と地球の重力が拮抗するラグランジュ点だ。五カ所あるうち、ゴアは太陽の陰になるL1地点には反対だった。私が彼に質すと、彼は答えた。「そうだ、ブランド。〝全地球規模〟で試そうじゃないか」

いくつかの計画が検討されている。最も集中的に議論されているのは、アリゾナ大学の天文学者ロジャー・エインジェルの案だ。彼は、望遠鏡の鏡の研究で有名だ。二〇〇六年に『サイエンス』誌に掲載された彼の論文のタイトルは、「ラグランジュ点内部のL1付近における、飛行物体による地球冷却に向けての実現可能な工程手順」とある。地球に到達する太陽光を一・八％減らせば、大気中の二酸化炭素が倍増するのを帳消しにできると見込まれているため、エインジェルの構想では、直径六〇センチほどの円盤一六兆個を、太陽と地球の中間にある幅一万二八〇〇キロ、長さ九万六〇〇〇キロの宇宙空間に雲のように配列する。円盤の重さは一個一グラムで、「太陽光の放射圧を調整するが、自ら移動する必要はない」。つまり、太陽光の「風」によって、ボートのようにゆらいで向きを変える。

総量二〇〇〇万トンの円盤をL1地点まで打ち上げるため、エインジェルの構想では電磁レール砲を用い、飛行推進力としてはイオン推進ロケットを導入する。『ニュー・サイエンティスト』誌の記事には、次のように書かれている。

「エインジェルの計算によると、高さ三キロに及ぶレール砲を二〇基、二四時間、休みなく五分ごとに打ち上げ、それを一〇年間、続ける。それでやっと、地球に到達する太陽光の一・八％削減が実現できる。費用は、数兆ドルに達するものと思われる」

彼は、論文を次のように締めくくっている。

「これに類似した太陽光削減を目指した巨大な規模のテクノロジー・イノベーションやそれに伴う巨額な投資を、再生可能なエネルギーに振り向ければ、もっと成果が上がり、恒久的な解決に導くことが可能かもしれない」

オール・オア・ナッシング

まことに、やっかいな問題だ。直感的な反応としては、「危険だしクレイジーだ」というものから、「壮大で興奮を呼ぶ」「簡単だし安上がりだ」を経て、「危険だしクレイジーだ」に戻ってくる傾向がある。だがもう一つの現実的な反応としては、「いったいどれくらい、そのようなことをやる必要性があるのか」という点だ。二〇〇八年の末、イギリスの『インデペンデント』紙は八〇人の気象学者に、地球工学に関する意見を聞いた。半数以上の学者が、地球工学がきわめて大胆な計画に発展しつつあり、なんらかの支援をすべきだと考えている。だが三五％は、あまりにも荒唐無稽な案なので、温室効果ガスの削減という緊急課題を真剣に考えさせなくなる逆効果を生むと懸念している（一一％は、意見を保留している）。

しかるべき手順としては、まず大規模な実験に着手してみることだろう。プロジェクトは、理念段階から具体策へと発展していかなければならない。つまり、科学者の手からエンジニアの手に移すべきだ。その際には、かなりの資金が必要になる。だがケン・カルデイラは、『サイエンティフィック・アメリカン』誌に、こう語っている。

「取りかかる前に、もっと議論を煮詰めなければならない。どのアイデアも、まだ趣味のレベルを出ていない」

一方、環境科学者のトマス・ホーマー＝ディクソンとデヴィッド・キースは、『ニューヨーク・タイムズ』紙に次のように書いている。

「（地球工学は）かなりタブー視されているため、政府は資金を出すことをはばかる。したがって、気候変動の解決を前面には出さず、テクノロジーにいっそう磨きをかけることが肝要だ。最終的に必要なのは、科学者や環境運動家、気候変動に懐疑的な者まで含め、地球工学に対する現代の風潮にありがちな〝オール・オア・ナッシング〟の不毛な対立――全面賛成、さもなければ全面反対の風潮――を放棄すべきだ」

したがって、手持ちの案をテストしなければならない。新たなアイデアも、付け加えていく必要がある。たとえば、二酸化炭素の分子にレーザー光線を当てて電離（イオン化）させるアイデアがある。これによって地球の両極点の磁場で、大気圏内から二酸化炭素をはじき飛ばせるという論理だ。このメカニズムを私が理解して書いているとお思いかもしれないが、実はわかっていない。それと比べると、二〇〇九年に発表されたCROPSと呼ばれる永久隔離のアイデアは、はるかにわかりやすい。アメリカにおける農業残留物の三割を、容器に入れて海中に沈める。生物学的修復（バイオレディエーション）のエキスパートであるスチュアート・ストランドと物理学者のグレゴリー・ベンフォードによると、地球全体で年間に発生する大気中の二酸化炭素の一五％を帳消しにできるという。この現実的な隔離方法は基準が明確で、私は気に入っている。『サイエンス・デイリー』紙にまとめられている要約では、次のように評価している。

「この方法をとれば、これまで何千年にもわたって累積してきた何百メガトンもの炭素が隔離されることになり、これから何世紀にもわたって実施できるし、現在ある手法を使っていますぐにでも実行できるし、環境にもなんら不都合な影響を与えずにすむし、経済的な負担もそれほどかからない」

さまざまな批判に対して、どのような反論が可能なのだろうか。オリヴァー・モートンは『ネイチャー』誌で、「地球工学は、化石燃料中毒になった人々のあがきだ、と評する者が多い」と述べている。ドイツのマインツにあるマックス・プランク化学研究所の大気気象学者マインラト・アンドレエは、「まるで、麻薬中毒患者が自分の子どもの小遣いからなんとかしてクスねてやろう、と考えをめぐらせているような感じだ」と評している。モートンは、「できる限り慎重に、引き返し可能な状態にしておくため」に、MITの気象学者ロナルド・プリンの言葉を援用して答えている。――「自分が理解していないことを、システム化できるものだろうか」

成層圏に硫黄片をばら撒く案に関しては、二つの大きな懸念がある（この点に関しては、海上の雲を増やして反射率を高める案や、宇宙中間にサングラスを置いて遮光する案についても、同じことが言える）。地球に到達する太陽光をうまく削減できれば、大気中の二酸化炭素も減らすことはできるが、短期的な成果が上がっても、長期的にはマイナス面が出る。このプロジェクトにいったん着手した以上、中断したら元の木阿弥どころか二酸化炭素は急激に増えて、気温は危機的に上昇する。ある気象学者は、世界は髪の毛一本で吊るされたダモクレスの剣の下にいる、という故事になぞらえる。

さらに、海水の酸性化傾向は続くだろうから、海洋が炭素を取り込む重要な能力に支障をきたしかねない。だが、ほのかな希望がないわけではない。イギリスのサウサンプトンにある国立海洋センターのデボラ・イグレシアス＝ロドリゲスは、次のような見解を述べている。——海水が酸性化すると、大量に存在する植物プランクトンのエミリアニア・フクスレイ（Ｅｆｕｘ）と呼ばれる円石藻やその仲間にとっては好都合だ。ところが酸性化が進むにつれて、Ｅｆｕｘが増殖するとともに、石灰化も進行する。大気中や海水中に二酸化炭素が増えると、Ｅｆｕｘは炭素を固定して沈殿する。Ｅｆｕｘの水の華が増え（これは宇宙から人工衛星で観察しても視認できる）、海面の反射率を上げる。水の華は薄い色をしているからで、地球生命体ガイアのメカニズムの兆候が見てとれる。やがて硫化メチルの分子を排出するようになり、雲を生む。Ｅｆｕｘは、気候変動に三重のプラス効果をもたらす、つまりネガティブ・フィードバックをしてくれるように思える。地球温暖化が進むと、地球工学の道具としてのＥｆｕｘは、炭素を固定し、海面の反射率を高め、地球の温度を下げる。これは、天の恵みではないか（だがもし海面の層が逆転すれば、Ｅｆｕｘはほかのものと同じく死んでしまう）。

炭素を固定する方法には、バイオ炭、海洋への異物散布、大気中での捕獲などがあり、ほとんど環境に害を与えずに、大気中の二酸化炭素を一定レベルに押さえて永遠の解決に寄与してくれる。だが、いかにもペースがゆったりとしている。二酸化炭素の排出を抑えるほうも、遅々として進まない。ほとんど不可能なように見える。ラブロックはこう指摘している。

「二酸化炭素の増加に対する地球の対応はあまりにも遅いので、一〇〇年単位で考えなくてはならない状況だ」

気温を下げるために、私たちは太陽光を部分的に遮るにしても反射率を上げるにしても、何か思い切ったことをしなければならない状況に追い込まれている。

地球工学の枠組み

さらにまだ、大きな問題が残っている。地球工学が技術面でかなり可能な段階に至ったとしても、政治面ではどう対処するのか。だれが指示を出すのか。だれが実行に移し、だれがさまざまな部門を統括するのか。だれが資金源になるのか。だれが責任者になるのか。実害を受ける者があるとしたら、だれが賠償するのか。どの賠償請求が妥当だと、だれが決めるのか。気象に関する地球工学に携わる責任者が、気候難民の責任まで負うべきなのか。

最も面倒でないのは、音頭などとらないことだ。地球温暖化は、特定の人物の責任ではない。ほぼ全員の責任だ。しかも、意図的におこなった結果ではない。だが地球工学の手段を踏むとなれば、意図的な意思が働く、代理業のような仕事だ。成功するにしても失敗するにしても、たとえ気配りが足りない面があったとしても、人類の資産を預かるのだから責任は免れない。統治力のあるなしにかかわらず、気候変動はこれからも容赦なく続く。私たちが望む方向に気候状況を誘導していくとなれば、これまで考えられなかったような政治力を発揮しなければならない。

この点に関して現実的な洞察力を示しているのは、スタンフォード大学法学部のデヴィッド・ヴィクター教授で、彼は気候変動問題に取り組んでいる。彼が二〇〇八年に『オックスフォード経済政策レビュー』誌に書いた論文「地球工学の規制について」を参照にしながら、話を進めていこう。

彼によると、人々は、なんらかの規制と条約の下で具体策を進めてほしいと願っている。たとえば、オゾン層の破壊に歯止めをかけた、モントリオール議定書（一九八七年に採択）のような枠組みだ。だがヴィクター教授の見方によれば、地球工学に関する協定の大部分は役に立たないどころか、有害だという。なぜかといえば、現状では「協定によって規制される地球工学の活動が引き起こす事態の影響の範囲や危険性について、専門家も政府も十分に理解できていないから」だ。彼がとくに懸念しているのは、地球工学をタブー視する気運が芽生えてしまうことだ。「タブーになってしまうと、あるプロジェクトに関して責任あるテストや評価をし、実行に踏み切りたくても、当該の国家（および国民）を縛り付けてしまうから」だ。タブー意識が広がると、責任感を感じている政府や個人が尻込みし、その結果、事情には疎いが国際基準の不都合さなどものともしない国際的な大企業が、テクノロジーの運命を牛耳ってしまいかねない。なぜかといえば、地球工学のなかでも割に安価でできるものもあるからで、ヴィクターは次のように予見している。

「グリーンフィンガーと呼ばれるグリーン派のなかでも一匹狼は、自分が地球を守っているという自負は強いが、予算は限られていて、独自の地球工学に走りがちだ。独断的な地球工学を排除し、未熟な協定を防ぐために、ルールづくりより国際基準を設けるほうが重要だ」

さらに、ヴィクターは次のように述べている。

有意義で標準的な基準は、漠とした状況のなかからは生まれない。しかるべき有能な研究者たちが何回も実用実験を重ね、社会で認められなくてはならない。……有用な基準は、集中的な研究を経てこそ到達できるもので、その評価が定まるのは、おそらく少数の先進国の科学者たちのうち、地球工学の才能を持つ人々がお墨付きを与えたものに限定されるに違いない。

広く認知されて定着するのは……おそらく地球の気候変動にインパクトを与えるもので、一般社会が大規模な地球工学手段として受け入れるころには、汚染の垂れ流し国家によってさまざまに手を加えられて、かなりよれよれになっていて、副作用にも目をつぶらなければならない状況になっている可能性もある。最終的にシステムとして展開されるのは銀の弾丸ではなく、力を合わせる共同作業という妥協案に落ち着く。ある者は重要な欠陥の対応に追われ、別の不具合に専念する者も出てくるのだろう。

勝利の図式

私が想像する未来図は、こうだ。——グリーンフィンガーの企業家たちがかなり勢いよく重要な地球工学に取り組み始め、国家の指導的な立場にある学者や科学者たちは、態度を決めて行動に移るまで数年間は慎重に事態の推移を見守る。次に民間資金を得た研究者たちがさまざまなデータを示して評価が定まり、そこから、国際基準や最善の方法が浮かび上がってくる。これは、地球規模の分業だ。そのプロセスは透明性が高くなければならないし、堅固な協力体制も必要だ。人々が初期に見せる反応は、おそらく傍観だろうと想像できる。だが、なんとかしなければならないことがわかってくると、効果的と思われことを少しだけ試すことに賛成する。しかも、できれば時間を限定したがる。妊娠中絶の場合と同じで、地球工学も「安全で合法的でめったに起こらない」ものであることが必須だ。

それでもまだ解決しないのは、だれが実行するのか、という点だ。デヴィッド・ヴィクターは、こう問いかける。

「サーモスタットに手を置くのは、いったいだれか？」

手がけるのは一人ではなく、実際に操作する人々と、全体を監視する者の双方が必要だろう。以前のプラネット・クラフト事業として思い浮かぶのは、一九七〇年代に実施された天然痘の根絶作戦だ。ＷＨＯが音頭をとり、資金も提供した。実行したのは、ドナルド・ヘンダーソンが指揮する「天然痘撲滅タスクフォース」だった。

ヴィクターの構想では、地球工学の基準づくりと指揮体型を確立するためには、何回も密度の濃い会議を開き、研究を重ね、集めたデータをわかち合い、ブレインストーミングを繰り返す必要がある。早い段階で中心になって活動する人物が方向性を定め、資金提供者が時間的なペースを設定する。地球工学を動かすには、国家規模のインフラ整備と国庫なみの予算が必要になる。どこかの国が本腰を入れて取り組み始めれば、ほかの国々も乗り遅れまいとして追従するものと思われる。もし中国が「地球工学に肩入れする」と表明すれば、アメリカやロシア、ＥＵや日本、ブラジルやインドも、「なるほど結構。成果が見えたら教えてくれ」などとそっけない返事をして岡目八目で傍観するのではなく、それぞれ独自の方法で後を追うに違いない。うまく運べば、かつて単一のインターネット国際基準が必要になったとき、「インターネット・エンジニアリング・タスクフォース」がとりあえず「おおまかな合意と運用基準」を設定したように、しかるべき国際基準の枠組みができ上がる期待感がある。気候変動に対処するためにも、同じような共同歩調が望ましい。

地球のエコシステムを改善していくための工学リハーサルとして、まず太陽系宇宙でトレーニングを積むのも、第一段階として有益かもしれない。『アースリングス』（二〇〇六年に公開されたドキュメンタリー映画）の仕組みはかなり解明されているが、宇宙空間から飛来するかもしれない小惑星や彗星が地球に衝突する危険性を防ぐ方法は、まだ開発されていない。宇宙飛行士のラスティ・シュウェイカートは、このテーマを追求している。メカニック担当の彼は、宇宙におけるミッションでめったに遭遇しない恐ろしい状況を体験した。彼が搭乗した一九六九年のアポロ九号宇宙船は、最初に地球を回る軌道に乗ったあと、彼は母船から一七八キロ離れた月面着陸船に乗っていた。このカプセルのままでは地球に帰環する際に燃え尽きてしまうため、彼は（宇宙酔いに苦しみながら）自力で母船まで戻ってドッキングし、死を免れた。

シュウェイカートは、今世紀のうちに「耐えがたい」ほどの小惑星の衝突が起こる確率は二〇％くらいあるだろう、と推定している。長期的に見れば、一〇〇％の可能性が考えられる。直径一キロあまりの小惑星が衝突すれば、一〇億人が死に、気候や生命圏に大変動が起こる。二〇〇八年末の時点で、NASAの観測によれば、地球軌道の周辺をそれくらいの大きさの小惑星が七四二個も回っている。ハワイとチリに設置された新型で強力な天体望遠鏡があり、直径一四〇センチ以上の小惑星が地球周辺に二万一〇〇〇個ほど見つけ出せるのではないか、と考えられている。その規模のものでも、一国家ないし沿岸一帯を破壊することができ、四〇万人ほどが命を失うかもしれない。一九〇八年にシベリア・ツングースカ地方の西方に落下した小惑星は八〇〇平方マイルを爆破したが、この物体は直径わずか四八メートルにすぎなかった。遠からず、地球に被害をもたらしかねない何十個かの小惑星が特定されるだろうが、それに伴って対策を考えなければならない。どのようにすれば、小惑星との衝突は避けられるのだろうか。シュウェイカートは、現在の技術について、次のように述べている。

衝突が差し迫ったことが明らかになったら、その時点ではもはや打つ手がない。蓋然性が高まった段階で、行動を起こす必要がある。危険性が予知されたら、一五年ないし二〇年前から、それほど膨大な費用をかけずに行動に移せる三段階の対処法がある。

一、地球に接近する気配で危険が察知される物体NEO（near earth objects）がかなり大きい容量を持って軌道を回っている場合、その近くにトランスポンダー（通信衛星の中継器）を設置する。トランスポンダーは詳細な情報を得て、次にとるべき措置を判断する。衝突の可能性が二〇分の一まで高まったら、次の第二段階に進む。

二、最初の回避行動に移り、小惑星に宇宙船をぶつける。ただし激突させるのではなく、時速八メートル程度。それによって、地球に向かう軌道からずらすことができる。だがそれでも、軌道が戻ってしまう恐れがある。その場合には、次の第三段階に移る。

三、「引力トラクター」を使って、小惑星の軌道を修正する。この修正スピードは、時速一〇〇万分の一マイルないし一〇マイルほどの微々たるものだ。この方法で軌道を修正した場合には戻る懸念は少なく、永遠に軌道を変えることができる。

ただし小惑星は丸いとは限らず、不規則な形をしているから、回転することがある。したがって、ただ押しただけではダメだ。二〇〇五年に宇宙飛行士のエドワード・ルーとスタンリー・ラヴは、引力トラクターを開発した。宇宙船が小惑星の引力圏内に入って周遊しながら、望んだ方向に小惑星を動かす。

シュウェイカートによると、小惑星回避の技術は、気候変動を修復する地球工学と通じているという。

「しかし、もっと単純で理解しやすく、しかも安上がり」だそうだ。共通点は、ともに地球規模の問題で、だれも共通認識を持ち、全地球がこぞって取り組まなければならない。シュウェイカートは続ける。

「だが、決定的に違う要素がある。NEOと呼ばれる宇宙の小惑星から地球を守ろうという組織が一つもないことだ」

そこでシュウェイカートは、彼が創設した宇宙開発協会という宇宙飛行士の団体で「NEO排除議定書草案」をまとめて、二〇〇九年に国連の宇宙平和利用委員会に提出した。

この草案では、国連が三部の機関を持つことを提案している。一つは小惑星のデータを収集・管理する部門、二つ目は実際の行動を立てて出動する部門、そして総括的な指令を出す部門だ。指令を出すのは、宇宙開発に携わって来た国々――ロシア、アメリカ、ヨーロッパ宇宙機関、日本、中国、イギリス、インドからの代表者だ。この案を具体化するため、シュウェイカートらはアメリカ議会、NASAなどにも働きかけ、アメリカが宇宙開発の主導権を握って、「二〇一五年までに小惑星の軌道変更が可能になるよう」努力している。

巨大なプロジェクトには付きものだが、勝利の図式をはっきりさせておかなければならない。成功した暁には、どうなるのか。シュウェイカートは、こう述べる。

「まず、長期的に見たメリットがある。地球にはこれまで四五億年の間に、おびただしい隕石が降ってきた。それが生命を育み、育ててきた。この歴史に終止符を打ち、宇宙の手によって生命の木が根絶やしにた。

なることを避けられるようにする。もう、これ以上のクレーターはいらない」

「小惑星はニンジンでもあり、鞭でもある」と、ジョン・ルイスは著書『火と氷の雨』(*Rain of Fire and Ice*)のなかで言っている。NEOを操縦できるなら、引っぱってきたい物体もある。ルイスは、こう記す。

「大量の金属を含むM型小惑星で、最も小さくて地球に近いアムン三五五四は、半径五〇〇メートル。ただし一兆ドル相当のコバルト、一兆ドル相当のニッケル、八〇〇〇億ドル相当の鉄、七〇〇〇億ドル相当のプラチナを包含していると見られている。……だがこの小惑星が地球に衝突すれば、八万メガトンもの衝撃を地球に与え、何十億もの生命が失われ、何百兆ドルもの被害をもたらす」

だが急いで言い足しておくと、どのような大きさの小惑星であっても、兵器としては価値がない。狙いが定められないからだ。異常気象も、同じ理由から兵器としては使えない。小惑星から資源を得ようとするくらいなら、宇宙空間に設置した太陽発電を地球に送るほうが、鉱物資源より有効利用できそうだ。

小惑星の回避はこのように、地球工学のなかでも新鮮で実行可能なプログラムであるため、気象状況を以前のような状態に復元するというさらに複雑な事業にも役立てられるモデルになりそうだ。

サバイバル・クライシス

二一世紀の時流に、うまく乗りたいものだ。現在の世相はきわめて多面的で、世代のギャップもあり、問題解決は容易ではない。必要な措置を完遂するには、勤勉さと忍耐が求められる。生涯にわたる努力が必要で、気象・生物学上の変遷、社会の激動などの大変化を乗り越え、懸隔を埋めるための橋渡しをしなければならない。解決案が根づくまで、忍耐強く努力を繰り返す必要がある。急は要するが、まんべんなく気配りすることも欠かせない。そのための方法論についても触れておこう。

あなたは、カギのかかった部屋の外にいる。室内では自殺が起こりそうな気配だ。さあどうするか。ドアを打ち破っても、早とちりになる可能性もある。部屋は無人かもしれない。あるいはだれかが眠っているだけで、荒々しく闖入（ちんにゅう）してきたあなたにびっくりするかもしれない。あるいは、相手に精神的なダメージを与えるかもしれない。それに、ドアを打ち破るのは容易ではないから、うまくいかないかもしれないし、ケガをする可能性もある。近くにいる者が、阻止するかもしれない。想像するだけでも、やっかいだ。

だが、実際に自殺が起こったとしよう。それは、自殺した人間の責任だ。あなたが、そこに介入する権利はあるのだろうか。そこに割り込んでいったんは自殺を阻止できても、また試みるかもしれない。そうであれば、自殺願望者は苦しみが続くだけでやがて究極の結末にたどり着く。だが反面、自殺は発作的であることが多く、薬物の副作用とか悪いニュースを聞いたショックによる場合もある。これは特異なケースの、「生き残りを賭けた危機（サバイバル・クライシス）」だともいえる。

生命が脅かされる状況では、時間がカギを握る。すぐに助けが施されるかどうかが、運命を分ける。あるいは、身体的な損傷の度合を決定づける。ドアのところで自分自身に問いかけたり、他人と相談している余裕はない。選択の幅がなければ、ドアをぶち破るほうを選ぶだろう。

自分自身にはあまり関係がなくても、だれかがやるべき仕事はたくさんある。大企業が正しいことをやって儲けるなら、それで結構。国連が軍事監視の黒いヘリコプターを外国に送り込んで正しいことをやるのであれば、それも許されるだろう。保守派が自らの財産に固執して守ることも、正しいとして認めよう。左派活動家たちがプラカードを掲げて悪いことを止めさせようというデモも、正しいことであれば差し支えない。ポール・ホーケンが描くように、微生物がシステムをうまく動かしている限り文句はない。

私は一般論としては、環境保護運動を好意的に眺めている(大部分の人たちと同じく)。彼らが提起している構想にはおおむね賛同できるし、多くは実現するに違いない。だが、時代の趨勢が変わっても運動の本質は変わらないのではないか、という懸念は払拭できない。環境保護運動は、一九七〇年に最初のアースデーが催されたころには団結して盛り上がった。その状態が一〇年から二〇年は続いた。だが次第にメリットが薄れ、名目上は団結していても、必ずしも助けにはならず、足を引っぱり合うケースも出て来た。バクテリアが分裂するように元気はつらつとした運動が二つか三つに割れても、別に驚くには当たらない。

過去の例を見ても、分派のなかに伝統的なグリーン派として、強い決意と目的意識を持って挑む連中が必ず存在する。また、グリーン色が強くてイノベーションに関心を抱き、リスクを伴っても努力を惜しまない、という一派も派生する。後者はやがて、「ポスト・グリーン派」とか「グリーン・プラス」「グリーン2・0」「オフ・グリーン」などと呼ばれるようになるのだろう。だが私は、もう少し修辞学的にひねったネーミングを考えている。グリーンと、空や地球や海のブルー、生命の象徴であるブルーを混ぜ合わせると、何色になるだろうか。科学とテクノロジーが好きなブルーとグリーンを混合すると——トルコ石のターコイズブルーになる。そう、ターコイズ運動にしよう。身内の仲間は略して「タークス(Turqs)」で、批判派は「ターキーズ(Turqueys)」だ。

旧来のグリーン派と新しいターコイズ派の間でやるべき仕事は分割できるものの、膨大な量に及ぶ。すでに話し合いは進行していて、お互いに尊敬し合って議論を進め、批判点を有意義に生かしていけば、力を結集すべきときに協力する方策を見つけられるに違いない。

グリーン派は都会を白く塗って反射率を高め、大量交通機関を拡充させる一方、家族を重視するターコイズ派は子どもにとって都会が郊外より住みやすい場所に仕立てようとする。周辺地域を歩いて学校に行けるような環境に仕立てる。

ターコイズ派はマイクロ原子炉の推進派で、核融合の研究も支援する。一方グリーン派は核廃棄物の隔離保存に疑念を抱き、風力やソーラーを代替エネルギーとしてもてはやす。

グリーン派は、従来の農作物や野生動物の伝統を守ろうと心がける。ターコイズ派は、そのうえに高度な技術を駆使して遺伝子を組み換えた作物を加え、海藻から直接おいしい食べものを作り出すことも研究する。

ターコイズ派は病気にかかったクリの木をよみがえらせるし、絶滅した大型動物をゲノムをもとに復活させようと試みる。グリーン派が復活させようとするのは、炭素を吸収するトールグラスの草原とか、ピート（泥炭）が堆積された沼地、あるいは大陸規模の広大な野生動物のための回廊などだ。

気候変動への対応の仕方の違いとしては、グリーン派は農業廃棄物を熱分解してバイオ炭として地味を肥やすが、ターコイズ派は成層圏に硫黄片を散らして反射率を高めようとする。ただしどちらも、エネルギー源として燃焼方法には頼らないという点では一致している。

グリーン派はガイアを崇拝するが、ターコイズ派はガイアと取引しようと試みる。

過去から未来へ

だれにとっても運用に当たって基準とすべき原則は、ダニエル・ヒリスが「時間の黄金律（ゴールデン・ルール）」と呼ぶもの――つまり「過去があなたにやってくれて感謝していることを、未来に対してもおこなうべし」だ。それによって、何が正しい行動なのかを悟ることができる。どのように実行すればいいのかについては、先人たちが教えてくれる。ナチュラリストのピーター・ウォーシャルは、こう言っている。「どのような立場にあっても、まずこう問いかけてみる。『何をやりたいのか、何をぜひとも実現したいのか』と。完璧な結果を夢想してみる（現実的でなくてもいい）。しっかりした姿が見えているはずだし、しかも情熱を感じているに違いない。次にまた、自問してみる。『いま自分たちには何がわかっているのだろうか』。状況についての知識と、どのような事実が欠けているのかを、主役たちや力のバランスを考慮しながら見きわめる。最後に、『どういうものなら、受け入れることができるのか』を問う。受け入れ可能な戦略まで公言する必要はないが、考え方をしっかり組み立てておかなければならない」

プログラマーのポール・グレアムのやり方は、次の通りだ。①まず単純な解決策を見つけ出す。②問題の全貌を眺める。③解決すべき必要性を認識する。④できるだけ、形式張らずに答えを出してみる。⑤おおざっぱで初期の1・0段階から始める。⑥手短に繰り返す。

物理学者フリーマン・ダイソンの考え方はこうだ。プロジェクトは、立ち上げる際に安上がりで、そのような状況が長期にわたって見込まれるのであれば、持続可能になる。もし巨額の費用が必要で、大きな政治論争なしには継続できないようなプロジェクトであれば、長続きしない。持続可能なプロジェクトなら、新たな時代の幕開けを飾れるかもしれない。持続不可能なプロジェクトは、古い時代の終わりを象徴する。

大部分のイノベーションは、アマチュアの発想に端を発している。専門家や科学者とは違って思い切ったアイデアの飛躍ができる。専門家や学者たちは、好奇心をイノベーションにつなげる。この二つには、かなり懸隔がある。破格の着想を現実に合ったものにすることは容易ではないし、官民が出資するとしたら保守的なプロジェクトに振り向けられがちだ。アカデミックな資金は、「新発見」に限定して投じられる傾向がある。規格外の新奇なアイデアの実験に出費してくれるとすれば、個人の篤志家だ（財団は、リスクを避けたがる）。だが慈善事業のコンサルタントをやっているキャサリン・フルトンによると、富豪のなかで慈善事業に関心を示してくれる人は一〇人に一人しかいないという。富の九八％は、眠ったままだ。これらの金脈を、地球の危機に当たって利用させてもらえないものだろうか。可能性はあると思う。

各国政府とも、エネルギー源から炭素を除外する努力を奨励する必要がある。また、気候変動によって生じた「難民」に対する措置も、真剣に考慮しなければならない。

変化のとき

哲学者のアルフレッド・ノース・ホワイトヘッドは、「将来のビジネスは、危険なものになる」と予見している。これは、ラブロックの考えとも一致しているようだ。この本でもたびたび触れてきたが、彼は文明の将来に悲観的で、醒めた見方をしているが、九〇歳の彼は決してめげているわけではない。イギリス『ガーディアン』紙の記者は、その理由を次のように報じている。

彼（ラブロック）は、現在の人々が置かれている環境は、一九三八〜三九年当時に酷似しているという。「だれもが、何か恐ろしいことが起こりそうだ、と予感していたが、どのような行動をとるべきなのかがわからなかった」。しかし実際に第二次世界大戦が勃発すると、人々はやるべきことが明確になったために興奮して、長い休暇に入ったように感じた。……したがって、私は現在の宙ぶらりんな危機感は、似たようなものではないかと思う。目的意識——だれもが求めているのはこれだと思う」

恐ろしい状況から、現在は行動に移るべきときに至っている。だが、先行きはまったく不透明だ。相変わらず微生物が世界を動かしていて、大気の復元にいくらか手助けしてくれている気配がある。私たちの努力は、微生物のすばらしい力と比べると微々たるもので、微生物には感謝しなければならない。

読者のみなさんにも、できればこのような努力に加担していただきたい。私の話に耳を傾けていただいて、感謝する。最後に、結論をまとめておこう。

エコロジーのバランスはきわめて大切だ。センチメンタルな感情で語るべきものではなく、科学の力を借りなければならない。自然というインフラの状況は、これまで成り行きに任されっぱなしだった。これからは、エンジニアの力を借りて、修復していかなければならない。

「自然」と「人間」は不可分だ。私たちは互いに、手を携えていかなければならない。

訳者あとがき

この本の原著 *Whole Earth Discipline* が、二〇〇九年一〇月の半ばに発売されると、私はすぐに買い求めた。なんといっても、かの有名な雑誌 *Whole Earth Catalog*（ホール・アース・カタログ）を想起させるタイトルだったからだ。

アメリカには「ヘンな題名の雑誌があるものだ」と、*Whole Earth Catalog* 創刊時（一九六八年）に『週刊朝日』にいた私は思った。買いはしなかったが、この雑誌の評判と影響力は聞き及んでいた。本書は、その *Whole Earth Catalog* 発行人スチュアート・ブランドによる最新作だ——期待は裏切らなかった。私は引き込まれてしまい、長い時間をかけて長文のレジュメをまとめた。そして英治出版が邦訳出版に乗り気になってくれたので、翻訳者としては異例のことだが、権利者との版権交渉にeメールのレターを添付して、「この本の日本語版をぜひ実現したい」と申し出た。

本書の魅力は、人類が直面している難問に多面的に取り組み、その解決を図ろうという壮大な発想と、取り組み方を克明に分析しているところにある。彼がとくに力を入れているのは、「原発」「遺伝子組み換え」「地球工学」など、一般的にはタブー視されていることだ。その根源には、気候変動がもたらす危機感がある。彼は「反核」から「親核」に変節するのだが、そのぶれを告白して恥じない。遺伝子組み換えに関する二つの章は、食品に詳しい女房の怜子に助けてもらった。そのほかの巨大テーマについても、彼は資料を駆使して読者を説得する。それらはほぼ合理的に思え、おおむね納得がいく。

スチュアート・ブランドは七〇代の半ばを過ぎていて、「おそらくこれが最後の作品になるのではないか」との声もある。『地球の論点』は確かに「総括的な集大成」だが、彼が「師」とも仰いでいる「ガイア仮説」の提唱者ジェームズ・ラブロックは、九〇歳でも新しい著作を発表している。しかし、『地球の論点』を超えるスケールの大きな作品は、めったに出ないだろう。

Whole Earth Catalog の発端になったのは、NASAが宇宙から撮った「まるごとの地球」の写真を公開せよ、というキャンペーンだったという。本書の編集担当者は、この本の出版が決まるとすぐ、京都の古書店で、*Whole Earth Catalog* を二点、買い求めてきた。一九七〇年九月号と一九七一年一月号。かつての雑誌 *Life* や *Saturday Evening Post* のような大型判型でモノクロ、定価は一ドルだ。図版は入っているが、小さな活字で、いまでは読む意欲を失わせるが、当時のカウンター・カルチャーの旗手たちは、むさぼり読んだのだろう。その「ホール・アース」の伝説的なカリスマ性が、いま『地球の論点』として結実した。

スチュアート・ブランドが立ち上げた数多くの組織の一つに、本書にも出てくる「ロング・ナウ・ファウンデーション」があり、その団体は「一万年時計」というものを設置している。それによれば、現在はまだ〇二〇一一年だから、一万年まではかなり余裕がある。ブランドはこの本で気候変動のさまざまな解決策を模索しているし、おまけに予期しない小惑星との衝突を避けるテクノロジーまで開発されつつあるという。核戦争を危惧した世界終末時計は、アメリカのオバマ大統領の核廃絶の訴えによって午後一一時五四分へといくらか戻ったが、相変わらず終末まであと六分という切羽詰まった状況だ。それと比べると、一万年時計はいくらか楽観的なゆとりが感じとれる。たとえ淡くても、人類のためには明るい未来のほうにより大きな期待をかけておきたい。

二〇一一年夏　仙名紀

● 著者

スチュアート・ブランド
Stewart Brand

編集者。未来学者。1938年、アメリカ・イリノイ州生まれ。スタンフォード大学で、生物学を学ぶ。1968年に雑誌『ホール・アース・カタログ』を創刊。同誌は全米150万部のベストセラーとなり、カウンター・カルチャーのバイブルになった。また、WELL(Whole Earth `Lectronic Link)、グローバル・ビジネス・ネットワーク、ロング・ナウ・ファウンデーションなどのエコ関連団体を立ち上げ、環境保護論者の大物としても知られる。現在は、ネイティブ・アメリカンの数学者の夫人とともに、サンフランシスコ湾のタグボートで暮らしている。著書に、『メディア・ラボ』(福武書店)、*How Buildings Learn*、*Clock of the Long Now* がある。

● 訳者

仙名 紀
Osamu Senna

翻訳家。1936年、東京生まれ。上智大学新聞学科卒。朝日新聞社では、主として出版局で雑誌編集に携わった。最近の訳書としては、リチャード・フロリダ著『グレート・リセット』、ニーアル・ファーガソン著『マネーの進化史』(ともに早川書房)、ダン・ビュイトナー『ブルーゾーン』(ディスカヴァー・トゥエンティワン)など。

● 英治出版からのお知らせ

本書に関するご意見・ご感想を E-mail（editor@eijipress.co.jp）で受け付けています。
また、英治出版ではメールマガジン、Web メディア、SNS で新刊情報や書籍に関する記事、イベント情報などを配信しております。ぜひ一度、アクセスしてみてください。

メールマガジン：会員登録はホームページにて
Web メディア「英治出版オンライン」：eijionline.com
ツイッター：@eijipress
フェイスブック：www.facebook.com/eijipress

地球の論点

現実的な環境主義者のマニフェスト

発行日	2011 年 6 月 20 日　第 1 版　第 1 刷 2022 年 2 月 20 日　第 1 版　第 4 刷
著者	スチュアート・ブランド
訳者	仙名 紀（せんな・おさむ）
発行人	原田英治
発行	英治出版株式会社 〒 150-0022 東京都渋谷区恵比寿南 1-9-12 ピトレスクビル 4F 電話　03-5773-0193　　FAX　03-5773-0194 http://www.eijipress.co.jp/
プロデューサー	山下智也
スタッフ	高野達成　藤竹賢一郎　鈴木美穂　下田理　田中三枝 安村侑希子　平野貴裕　上村悠也　桑江リリー　石﨑優木 渡邉吏佐子　中西さおり　関紀子　片山実咲　下村美来
印刷・製本	Eiji 21, Inc., Korea
装丁	大森裕二
写真	和田剛

ISBN978-4-86276-105-7　C0030　Printed in Korea

BOPビジネス　市場共創の戦略

テッド・ロンドン、スチュアート・L・ハート編著　清川幸美訳

BOPを単なるボリューム・ゾーンとみなした企業の多くは苦戦、失敗した。その経験で得られた教訓は「BOPと“共に”富を創造する」こと。事業設計から規模の拡大まで、BOPビジネスで本当に成功するためのノウハウを、最先端の研究者・起業家8人が提示する!

定価：本体2,200円+税　ISBN978-4-86276-111-8

アフリカ　動きだす9億人市場

ヴィジャイ・マハジャン著　松本裕訳

いま急成長している巨大市場アフリカ。数々の社会的問題の裏には巨大なビジネスチャンスがあり、中国やインドをはじめ各国の企業や投資家、起業家が続々とこの大陸に向かっている。豊富な事例からグローバル経済の明日が見えてくる。

定価：本体2,200円+税　ISBN978-4-86276-053-1

世界を変えるデザイン2

スラムに学ぶ生活空間のイノベーション

シンシア・スミス編　北村陽子訳

世界10億人が住むスラムは、あっと驚くアイデアの宝庫だ!「貧困」「犯罪」「環境汚染」……これまでのイメージをくつがえすデザイン・プロジェクトの数々。自転車携帯充電器、即席ドラム缶コンピューター。デザインの力で、人々の「暮らし」はこんなにも変えられる!!

定価：本体2,400円+税　ISBN978-4-86276-170-5

ディープエコノミー

生命を育む経済へ

ビル・マッキベン著　大槻敦子訳

気鋭の環境ジャーナリストが世界各地のエコ・レポートをもとに、未来型の新たな経済のあり方を提言する。「持続可能な世界」への扉はどこにあるのか。そもそも「経済」は何のためにあるのか。――人類にとっての「幸福」とは何かを考える視点から語られた経済論。

定価：本体1,900円+税　ISBN978-4-86276-029-6

ワールドインク

なぜなら、ビジネスは政府よりも強いから

ブルース・ピアスキー著　東方雅美訳

いまや企業は、国家よりも強大な力を持っている。人々の生活のすべてが、巨大企業によって左右される。環境問題もエネルギーも貧困も紛争も、カギを握るのは政府よりもパワフルな世界的企業―ワールドインクだ。CSR(企業の社会的責任)の進化形と新しい世界秩序が見えてくる。

定価：本体1,900円+税　ISBN978-4-86276-024-1

未来をつくる資本主義　［増補改訂版］

世界の難問をビジネスは解決できるか

スチュアート・L・ハート著　石原薫訳

環境、エネルギー、貧困……世界の不都合はビジネスが解決する!　真の「持続可能なグローバル資本主義」とは、貧困国を成長させ、地球の生体系を守るビジネスを創造し、かつ利益を上げる資本主義だ。人類規模の課題を論じた話題作。

定価：本体2,200円+税　ISBN978-4-86276-127-9